退耕还林工程
生态效益监测国家报告

■ 国家林业局

中国林业出版社

图书在版编目（CIP）数据

2014退耕还林工程生态效益监测国家报告 / 国家林业局著.
—北京：中国林业出版社，2015.4
ISBN 978-7-5038-7951-7

Ⅰ.①2⋯ Ⅱ.①国⋯ Ⅲ.①退耕还林－生态效应－监测－
研究报告－中国－2014 Ⅳ.①S718.56

中国版本图书馆CIP数据核字（2015）第064917号

中国林业出版社·生态保护出版中心

责任编辑　　刘家玲

出版发行　　中国林业出版社（100009　北京市西城区德内大街刘海胡同7号）
　　　　　　　电话：(010)83143519
　　　　　　　http://lycb.forestry.gov.cn
制　　版　　北京美光设计制版有限公司
印　　刷　　北京卡乐富印刷有限公司
版　　次　　2015年4月第1版
印　　次　　2015年4月第1次
开　　本　　889mm×1194mm　1/16
印　　张　　14
印　　数　　3000册
字　　数　　300千字
定　　价　　120.00元

协调保障组负责人： 李保玉　李少宁　牛　香

协调保障组成员：（按照姓氏笔画为序）

丁学德　王　海　亓建农　张扬纯　张洪明　罗　琦　赵百选　郭熙龙　黄吉勇
寇明逸　董德昆　景佩玉　廖秀云　颜子仪

报告编写组负责人： 王　兵　李保玉　鲁绍伟　张英豪

报告编写组成员： 牛　香　李少宁　王晓燕　王　丹　张维康　周　梅　高　鹏
王雪松　杨会侠　艾训儒　姚　兰　汪金松　宋庆丰　房瑶瑶　师贺雄　陈　波
刘祖英　刘　斌　石　媛　孔令伟　曾　楠

项目名称：

退耕还林工程生态效益监测国家报告（2014）

项目主管单位：

国家林业局退耕还林（草）工程管理中心

项目实施单位：

中国林业科学研究院

北京市农林科学院

项目合作单位：

山西省造林局

内蒙古自治区退耕还林工程领导小组办公室

江西省退耕还林办公室

河南省退耕还林和天然林保护工程管理中心

湖北省退耕还林管理办公室

湖南省退耕还林办公室

重庆市退耕还林管理中心

四川省退耕还林工程管理中心

贵州省退耕还林工程管理中心

云南省林业厅退耕还林办公室

陕西省退耕还林工程管理中心

甘肃省退耕还林工程建设办公室

宁夏回族自治区治沙防沙与退耕还林工作站

山东农业大学

内蒙古农业大学

北京林业大学

辽宁省森林经营研究所

湖北民族学院

特 别 提 示

1. 本报告分别在省级行政区尺度（长江、黄河中上游流经省份）和流域地理尺度（长江流域中上游和黄河流域中上游）进行。

2. 长江、黄河中上游流经省份退耕还林工程生态效益评估范围包括内蒙古、宁夏、甘肃、山西、陕西、河南、四川、重庆、云南、贵州、湖北、湖南和江西13个省（自治区、直辖市）的163个市（盟、州、区）；长江流域中上游退耕还林工程生态效益评估范围包括四川、重庆、云南、贵州、湖南、湖北、江西、陕西、甘肃和河南10个省级区域的84个市级区域；黄河流域中上游退耕还林工程生态效益评估范围包括内蒙古、宁夏、甘肃、山西、陕西和河南6个省级区域的42个市级区域。

3. 本报告评估指标包含：涵养水源、保育土壤、固碳释氧、林木积累营养物质、净化大气环境、生物多样性保护和森林防护7项功能，并将退耕还林工程营造林吸滞TSP和PM$_{2.5}$功能从净化大气环境中的滞尘功能中分离出来，进行了单独评估。

4. 本报告所涉及的价格参数均以《退耕还林工程生态效益监测国家报告（2013）》中2013年的价格作为基准价格，再根据贴现率转换为2014年的现价。

5. 本报告对《退耕还林工程生态效益监测国家报告（2013）》中涉及省份的数据源进行了细化和精度修正；评估将竹林合并到了生态林，不涉及退耕还草。

前　言

2014年是我国全面深化改革的开局之年，也是新一轮退耕还林工程实施元年。国务院批准实施《新一轮退耕还林还草总体方案》，成为我国全面深化林业改革的又一重大突破。以此为标志，我国退耕还林事业进入了巩固已有退耕还林成果和实施新一轮退耕还林并重的新阶段。开展退耕还林工程生态效益监测评估工作，增强监测评估工作的针对性、科学性、应用性，已经成为拿数据说话，全面评价退耕还林工程建设成效，有力指导退耕还林成果巩固和高效推进的重要急迫工作。

《退耕还林工程生态效益监测国家报告（2014）》（以下简称《报告》）是在国家林业局领导和相关司局的指导下，由国家林业局退耕还林（草）工程管理中心、中国林业科学研究院、北京市农林科学院等单位相关专家共同参与完成。《报告》以《退耕还林工程生态效益监测国家报告（2013）》为基础，在技术标准上，严格遵照《退耕还林工程生态效益监测评估技术标准与管理规范》（办退字〔2013〕16号）确定的监测评估方法开展工作。在评估范围上，选择了长江、黄河流域中上游的13个省级行政区（内蒙古、宁夏、甘肃、山西、陕西、河南、四川、重庆、云南、贵州、湖北、湖南、江西）；在数据采集上，利用了全国退耕还林工程生态连清数据集，包括工程区内45个退耕还林工程生态效益专项监测站，69个中国森林生态系统定位观测研究网络（CFERN）所属的森林生态站，400多个以林业生态工程为观测目标的辅助观测点以及7000多块固定样地的大数据；在测算方法上，采用分布式测算方法，分别在省级行政区尺度（长江、黄河中上游流经的13个退耕还林工程省份）和流域地理尺度（长江、黄河流域中上游）对13个退耕还林工程生态效益评估省份的163个市级区域和126个市级区域同时按照三种植被恢复类型（退耕地还林、宜林荒山荒地造林、封山育林）和三个林种类型（生态林、经济林、灌木林）的四级分布式测算等级，分别划分为1467个和1134个相对均质化的生态效益测算单元进行评估测算；在评估指标上，包括涵养水源、保育土壤、固碳释氧、林木积累营养物质、净化大气环境、生物多样性保护和森林防护7项功能14类指标。

《报告》结果表明：截至2014年底，长江、黄河中上游流经的13个省份退耕还林工程生态效益物质量评估结果为：涵养水源307.31亿立方米/年、固土4.47亿吨/年、保肥1524.33万吨/年、固碳3448.54万吨/年、释氧8175.71万吨/年、林木积累营养物质79.42万吨/年、提供空气负离子6620.86×10^{22}个/年、吸收污染物248.33万吨/年、滞尘3.22亿吨/年（其中，吸滞TSP 2.58亿吨/年，吸滞PM$_{2.5}$ 1288.69万吨/年）、防风固沙1.79亿吨/年。按照2014年现价评估，13个省级区域退耕还林工程每年产生的生态效益总价值量为10071.50亿元，其中，涵养水源3680.28亿元、保育土壤941.76亿元、固碳释氧1560.21亿元、林木积累营养物质143.36亿元、净化大气环境1919.77亿元（其中，吸滞TSP 61.46亿元，吸滞PM$_{2.5}$ 1040.96亿元）、生物多样性保护1444.87亿元、森林防护381.25亿元。

长江、黄河流域中上游退耕还林工程生态效益物质量评估结果为：涵养水源259.00亿立方米/年、固土3.89亿吨/年、保肥1370.41万吨/年、固碳2936.70万吨/年、释氧6965.36万吨/年、林木积累营养物质65.09万吨/年、提供空气负离子5715.91×10^{22}个/年、吸收污染物214.66万吨/年、滞尘2.82亿吨/年（其中，吸滞TSP 2.26亿吨/年，吸滞PM$_{2.5}$ 1128.04万吨/年）、防风固沙1.35亿吨/年。按照2014年现价评估，长江、黄河流域中上游退耕还林工程每年产生的生态效益总价值量为8503.58亿元，其中，涵养水源3102.14亿元、保育土壤813.60亿元、固碳释氧1330.20亿元、林木积累营养物质117.95亿元、净化大气环境1591.22亿元（其中，吸滞TSP 53.27亿元，吸滞PM$_{2.5}$ 904.74亿元）、生物多样性保护1261.80亿元、森林防护289.35亿元。

其中，长江流域中上游退耕还林工程生态效益物质量评估结果为：涵养水源194.91亿立方米/年、固土2.62亿吨/年、保肥958.13万吨/年、固碳2035.35万吨/年，释氧4902.28万吨/年、林木积累营养物质36.66万吨/年、提供空气负离子3996.15×10^{22}个/年、吸收污染物133.71万吨/年、滞尘1.88亿吨/年（其中，吸滞TSP 1.50亿吨/年，吸滞PM$_{2.5}$ 752.43万吨/年）、防风固沙791.81万吨/年。按照2014年现价评估，长江流域中上游退耕还林工程每年产生的生态效益总价值量为5828.68亿元，其中，涵养水源2333.78亿元、保育土壤538.20亿元、固碳释氧933.06亿元、林木积累营养物质67.48亿元、净化大气环境1028.69亿元（其中，吸滞TSP 35.31亿元，吸滞$PM_{2.5}$ 600.61亿元）、生物多样性保护917.23亿元、森林防护12.92亿元。

黄河流域中上游退耕还林工程生态效益物质量评估结果为：涵养水源64.09亿立方米/年、固土1.27亿吨/年、保肥412.28万吨/年、固碳901.35万吨/年，释氧2063.08万吨/年、林木积累营养物质28.43万吨/年、提供空气负离子1719.76×10^{22}个/年、吸收污染物80.95万吨/年、滞尘9390.01万吨/年（其中，吸滞TSP 7512.06万吨/年，吸滞$PM_{2.5}$ 375.61万吨/年）、防风固沙1.27亿吨/年。按照2014年现价评估，黄河流域中上游退耕还林工程每年产生的生态效益总价值量为2674.90亿元，其中，涵养水源768.36亿元、保育土壤275.40亿元、固碳释氧397.14亿元、林木积累营养物质50.47亿元、净化大气环境562.53亿元（其中，吸滞TSP 17.96亿元，吸滞$PM_{2.5}$ 304.13亿元）、生物多样性保护344.57亿元、森林防护276.43亿元。

国家林业局高度重视退耕还林工程生态效益监测评估工作，《报告》在起草的过程中得到了国家林业局有关领导、相关司局的大力支持。在评估过程中，长江、黄河中上游流经的13个省份的退耕管理部门和相关技术支撑单位的人员付出了辛勤的劳动。在此一并表示敬意和感谢。

退耕还林工程生态效益监测评估工作涉及多个学科，监测评估过程极为复杂，2014年是国家第二次系统开展该项工作，与第一次报告相比，在监测评估方法、指标体系选择等方面都做了进一步完善，我们相信，随着工作的不断深入开展，退耕还林工程生态效益监测评估工作会越来越完善。在此，我们敬请广大读者提出宝贵意见，以便在今后的工作中及时改进。

编委会
2015年4月

目　录

第一章
退耕还林工程生态连清体系

退耕还林工程生态效益监测与评估采用退耕还林工程生态连清体系（图1-1）。退耕还林工程生态连清是退耕还林工程生态效益全指标体系连续观测与清查的简称，指以生态地理区划为单位，依托退耕还林工程生态效益专项监测站和国家现有森林生态系统国家定位观测研究站（简称森林生态站），采用长期定位观测技术和分布式测算方法，定期对退耕还林工程生态效益进行全指标体系观测与清查，它与国家森林资源和退耕还林资源连续清查耦合，评估一定时期和范围内的退耕还林工程生态效益，进一步了解退耕还林工程生态效益的动态变化。

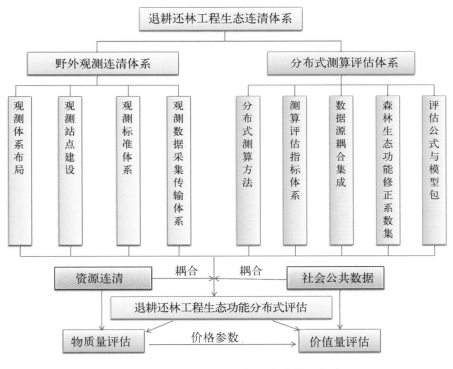

图1-1 退耕还林工程生态连清体系框架

1.1 野外观测连清体系

1.1.1 退耕还林工程生态效益监测站布局与建设

野外观测连清体系是构建退耕还林工程生态连清体系的重要基础，为了做好这一基础工作，需要考虑如何构架观测体系布局。退耕还林工程生态效益专项监测站与国家森林生态站作为退耕还林工程生态效益监测的两大平台，在建设时坚持"统一规划、统一布局、统一建设、统一规范、统一标准，资源整合，数据共享"的原则。

退耕还林工程生态效益专项监测站的建设首先要考虑其在全国布局的数量，选择能代表该区域主要退耕还林类型，且能表征土壤、水文及生境等特征，交通、水电等条件相对便利的典型植被区域。为此，国家相关部门进行了大量的前期工作，包括科学规划、站点设置、合理性评估等。

退耕还林各工程区的自然条件、社会经济发展状况各不相同，因此在监测方法和监测指标上应各有侧重。目前，依据我国25个省级行政区和新疆生产建设兵团退耕还林工程建设和自然、经济、社会的实际情况，将全国退耕还林规划建设区分为6个大区，即东北黑土区（包括黑、吉、辽）、西北黄土区（包括陕、甘、宁、新、晋和新疆兵团）、北部风沙区（包括内蒙古、京、津、冀）、青藏高原区（包括藏、青）、西南高山峡谷区（包括云、贵、川、渝）、中南部山地丘陵区（包括豫、鄂、湘、赣、皖、桂、琼），对全国退耕还林综合效益监测体系建设进行了详细科学的规划布局。为了保证监测精度和获取足够的监测数据，至少需要对其中5%的县（市）进行长期监测，全国退耕还林工程实施总县数2279个，以此计算，至少需要设置112个退耕还林工程生态效益专项监测站。

森林生态站作为退耕还林工程生态效益监测站，与退耕还林工程生态效益专项监测站发挥着同等重要作用。且目前有些森林生态站本身就将退耕还林工程生态效益作为主要监测目标之一。中国目前的森林生态站和辅助站点在布局上能够充分体现区位优势和地域特色，兼顾了森林生态站布局在国家和地方等层面的典型性和重要性，目前已形成层次清晰、代表性强的森林生态站网，可以负责相关站点所属区域的森林生态连清工作。

森林生态站网络布局是以典型抽样为指导思想，以全国水热分布和森林立地情况为布局基础，选择具有典型性、代表性和层次性明显的区域完成森林生态网络布局。首先，依据《中国森林立地区划图》和《中国地理区域系统》两大区划体系完成中国森林生态区，并将其作为森林生态站网络布局区划的基础。同时，结合重点生态功能区、生物多样性优先保护区，量化并确定我国重点森林生态站的布局区域。最后，将中国森林生态区和重点森林生态站布局区域相结合，作为森林生态站的布局依据，确保每个森林生态区内至少有一个森林生态站，区内如有重点生态功能区，则优先布设森林生态站。

借助这些退耕还林工程生态效益专项监测站和森林生态站，可以满足退耕还林工程生态效益监测和科学研究需求。随着国家生态环境建设形势的发展，必将建立起退耕还林工程生态效益监测的完备体系，为科学全面地评估退耕还林工程建设成效奠定坚实的基础。同时，通过各综合效益监测站点作用长期、稳定的发挥，必将为健全和完善国家生态监测网络，特别是构建完备的林业及其生态建设监测评估体系作出重大贡献。

长江、黄河中上游流经省份退耕还林工程生态效益监测站点分布如图1-2所示。

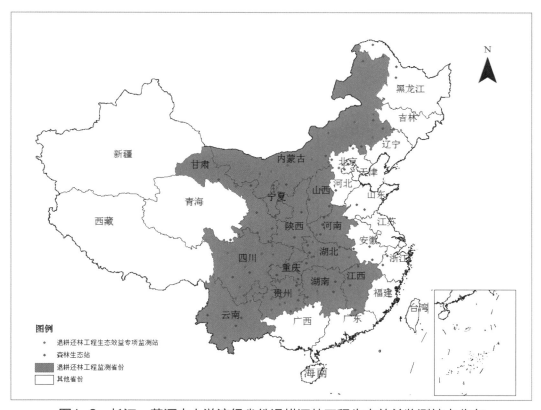

图1-2　长江、黄河中上游流经省份退耕还林工程生态效益监测站点分布

1.1.2　退耕还林工程生态效益监测评估标准体系

退耕还林工程生态效益监测评估所依据的标准体系如图1-3所示。包含了从退耕

还林工程生态效益监测站点建设，到观测指标、观测方法、数据管理，乃至数据应用各个阶段的标准。退耕还林工程生态效益监测站点建设、观测指标、观测方法、数据管理及数据应用的标准化保证了不同站点所提供退耕还林生态连清数据的准确性和可比性，为退耕还林工程生态效益评估的顺利进行提供了保障。

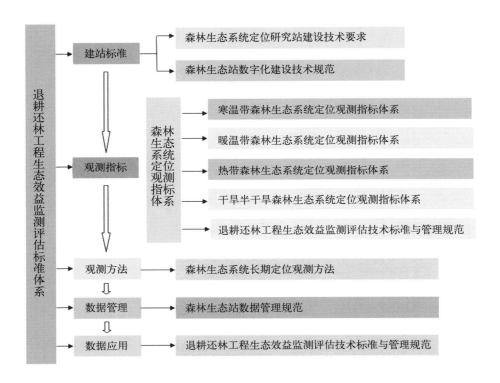

图1-3 退耕还林工程生态效益监测评估标准体系

1.2 分布式测算评估体系

1.2.1 分布式测算方法

分布式测算源于计算机科学，是研究如何把一项整体复杂的问题分割成相对独立运算的单元，并将这些单元分配给多个计算机进行处理，最后将计算结果统一合并得出结论的一种计算科学。

退耕还林工程生态效益测算是一项非常庞大、复杂的系统工程，很适合划分成多个均质化的生态测算单元开展评估。因此，分布式测算方法是目前评估全国退耕还林工程生态效益所采用的较为科学有效的方法。并且，通过第一次（2008年）和第二次（2013）全国森林生态系统服务评估以及《退耕还林工程生态效益监测国家报告

（2013）》已经证实，分布式测算方法能够保证结果的准确性及可靠性。

《退耕还林工程生态效益监测国家报告（2013）》是以辽宁、河北、湖北、湖南、甘肃和云南6个退耕还林工程重点监测省份作为一级测算单元，并以6个省的703个县（区）作为二级测算单元评估了退耕还林工程生态效益。2014年退耕还林工程生态效益评估主要针对长江、黄河流域中上游地区（不包含青海省）。因此，本次退耕还林工程生态效益评估区域在2013年湖北、湖南、甘肃和云南4个省级区域的基础上，增加了内蒙古、宁夏、山西、陕西、河南、四川、重庆、贵州和江西9个省级区域，共13个省级区域。以13个长江、黄河中上游流经省份和长江、黄河流域中上游并列作为两组一级测算单元，并以市级区域作为二级测算单元。2014年退耕还林工程生态效益评估分布式测算方法如图1-4和图1-5所示。

2014年长江、黄河中上游流经省份退耕还林工程生态效益评估分布式测算方法为：①按照退耕还林工程省级区域划分为13个一级测算单元；②每个一级测算单元按照市级区域划分成163个二级测算单元；③每个二级测算单元再按照不同退耕还林工程植被恢复类型分为退耕地还林、宜林荒山荒地造林和封山育林三个三级测算单元；④按照退耕还林林种类型将每个三级测算单元再分为生态林、经济林和灌木林。最

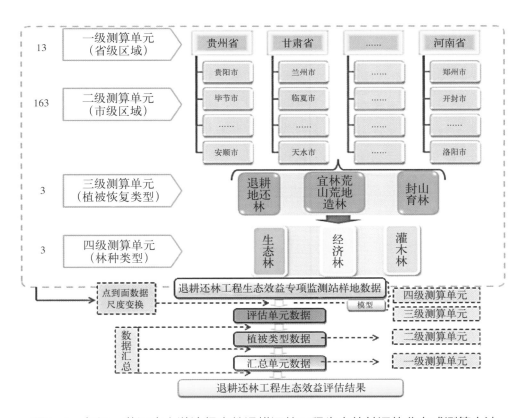

图1-4　长江、黄河中上游流经省份退耕还林工程生态效益评估分布式测算方法

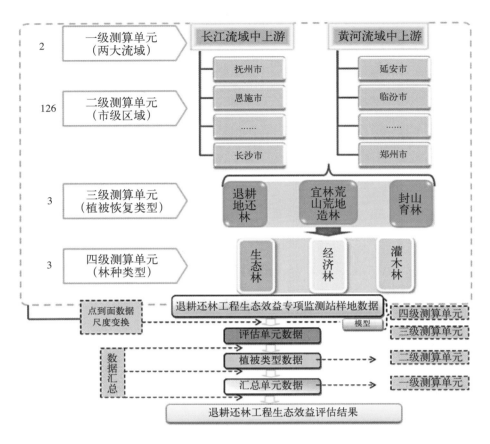

图1-5　长江、黄河流域中上游退耕还林工程生态效益评估分布式测算方法

后，结合不同立地条件的对比观测，确定1467个相对均质化的生态效益评估单元。

2014年长江、黄河流域中上游退耕还林工程生态效益评估分布式测算方法为：①将退耕还林工程的13个省级区域按照长江流域中上游和黄河流域中上游划分为2个一级测算单元；②每个一级测算单元按照市级区域划分成126个二级测算单元；③每个二级测算单元再按照不同退耕还林工程植被恢复类型分为退耕地还林、宜林荒山荒地造林和封山育林3个三级测算单元；④按照退耕还林林种类型将每个三级测算单元再分为生态林、经济林和灌木林。最后，结合不同立地条件的对比观测，确定1134个相对均质化的生态效益评估单元。

基于生态系统尺度的定位实测数据，运用遥感反演、模型模拟等技术手段，进行由点到面的数据尺度转换，将点上实测数据转换至面上测算数据，得到各生态效益评估单元的测算数据；以上均质化的单元数据累加的结果即为退耕还林工程评估区域生态效益测算结果。

1.2.2 监测评估指标体系

2014年退耕还林工程生态效益评估指标体系依据《退耕还林工程生态效益监测评估技术标准与管理规范》（办退字〔2013〕16号），在《退耕还林工程生态效益监测国家报告（2013）》的基础上增加了森林防护功能指标，并将退耕还林工程营造林吸滞TSP和PM$_{2.5}$从净化大气环境的滞尘指标中分离出来，进行了单独评估。测算评估指标体系如图1-6所示，共包括7项功能14个评估指标。监测评估有针对性的完善了退耕还林工程生态效益的部分评估方法和指标体系，使得整个评估结果更加具有针对性和全面性。

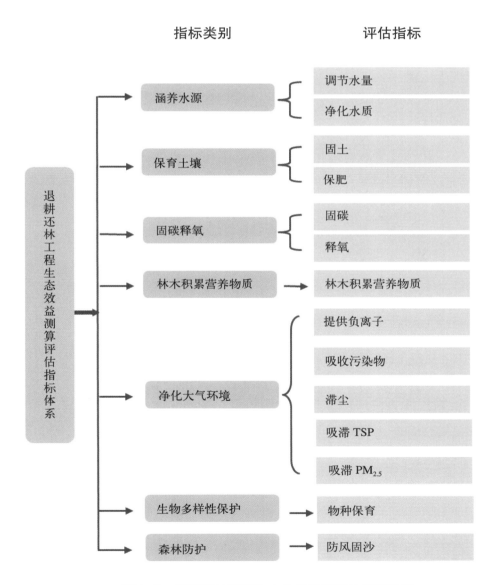

图1-6　退耕还林工程生态效益监测评估指标体系

1.2.3 数据源耦合集成

退耕还林工程生态效益评估分为物质量和价值量两大部分。物质量评估所需数据来源于退耕还林生态连清数据集和退耕还林工程资源连清数据集；价值量评估所需数据除以上两个来源外还包括社会公共数据集。

（1）**退耕还林生态连清数据集**　数据来源于45个退耕还林工程生态效益专项监测站、中国森林生态系统定位观测研究网络（CFERN）所属69个森林生态站（图1-2）、400多个辅助观测点以及7000多块样地，依据《退耕还林工程生态效益监测评估技术标准与管理规范》（办退字〔2013〕16号）、中华人民共和国林业行业标准《森林生态系统服务功能评估规范》（LY/T 1721-2008）和中华人民共和国林业行业标准《森林生态系统长期定位观测方法》（LY/T 1952-2011）等开展的退耕还林生态连清数据。

（2）**退耕还林工程资源清查数据集**　退耕还林工程资源清查工作主要由国家林业局退耕还林（草）办公室牵头，各工程省退耕还林管理机构负责组织有关部门及其科技支撑单位，于每年3月前，将上一年本省的退耕还林工程三种植被恢复类型中各退耕还林树种营造面积、树龄等资源数据进行清查，最终整合上报至国家林业局退耕还林（草）办公室。

（3）**社会公共数据集**　退耕还林工程生态效益评估中所使用的社会公共数据主要采用我国权威机构公布的社会公共数据（附表4），主要来源于《中国水利年鉴》（1993～1999年）、《中华人民共和国水利部水利建筑工程预算定额》、农业部信息网（http://www.agri.gov.cn/）、卫生部网站（http://wsb.moh.gov.cn/）、中华人民共和国国家发展和改革委员会第四部委2003年第31号令《排污费征收标准及计算方法》等。

将上述三类数据源有机地耦合集成，应用于一系列的评估公式中，最终可以获取评估区域退耕还林工程生态效益评估结果。

1.2.4 森林生态功能修正系数

森林生态系统服务价值的合理测算对绿色国民经济核算具有重要意义，社会进步程度、经济发展水平、森林资源质量等对森林生态系统服务均会产生一定影响，而森林自身结构和功能状况则是体现森林生态系统服务可持续发展的基本前提。"修正"作为一种状态，表明系统各要素之间具有相对"融洽"的关系。当用现有的野外实测值不能代表同一生态单元同一目标林分类型的结构或功能时，就需要采用森林生态功能修正系数（Forest Ecological Function Correction Coefficient，简称FEF-CC）客观地从生态学精度的角度反映同一林分类型在同一区域的真实差异。其理论公式为：

$$FEF\text{-}CC = \frac{Be}{Bo} = \frac{BEF \cdot V}{Bo} \qquad\qquad 1\text{-}1$$

公式中：

　　　　　$FEF\text{-}CC$—森林生态功能修正系数；

　　　　　Be—评估林分的生物量（千克/立方米）；

　　　　　Bo—实测林分的生物量（千克/立方米）；

　　　　　BEF—蓄积量与生物量的转换因子；

　　　　　V—评估林分的蓄积量（立方米）。

实测林分的生物量可以通过退耕还林工程生态连清的实测手段来获取，而评估林分的生物量在本次退耕还林工程资源连续清查中还没有完全统计，但其蓄积量可以获得。因此，通过评估林分蓄积量和生物量转换因子（BEF，附表2），测算评估林分的生物量。

1.2.5 贴现率

退耕还林工程生态效益价值量评估中，由物质量转价值量时，部分价格参数并非评估年价格参数，因此需要使用贴现率将非评估年价格参数换算为评估年份价格参数以计算各项功能价值量的现价。

退耕还林工程生态效益价值量评估中所使用的贴现率指将未来现金收益折合成现在收益的比率。贴现率是一种存贷款均衡利率，利率的大小，主要根据金融市场利率来决定，其计算公式为：

$$t = (Dr + Lr) / 2 \qquad\qquad 1\text{-}2$$

公式中：

　　　　　t—存贷款均衡利率（%）；

　　　　　Dr—银行的平均存款利率（%）；

　　　　　Lr—银行的平均贷款利率（%）。

贴现率利用存贷款均衡利率，将非评估年份价格参数，逐年贴现至评估年2014的价格参数。贴现率的计算公式为：

$$d = (1 + t_{n+1})(1 + t_{n+2}) \cdots (1 + t_m) \qquad\qquad 1\text{-}3$$

公式中：

　　　　　d—贴现率；

t—存贷款均衡利率（%）；

n—价格参数可获得年份（年）；

m—评估年年份（年）。

1.2.6 评估公式与模型包

退耕还林工程生态效益物质量评估主要是从物质量的角度对退耕还林工程提供的各项生态服务进行定量评估；价值量评估是指从货币价值量的角度对退耕还林工程提供的生态服务价值进行定量评估，在价值量评估中，主要采用等效替代原则用替代品的价格进行等效替代核算某项评估指标的价值量。同时，在具体选取替代品的价格时应遵守权重当量平衡原则，考虑计算所得的各评估指标价值量在总价值量中所占的权重，使其保持相对平衡。

1.2.6.1 涵养水源功能

退耕还林工程涵养水源功能主要是指森林对降水的截留、吸收和贮存，将地表水转为地表径流或地下水的作用。主要功能表现在增加可利用水资源、净化水质和调节径流三个方面。本报告选定2个指标，即调节水量指标和净化水质指标，以反映退耕还林工程的涵养水源功能。

（1）调节水量指标

①年调节水量

退耕还林工程生态系统年调节水量公式为：

$$G_{调} = 10A \cdot (P - E - C) \cdot F \qquad\qquad 1\text{-}4$$

公式中：

$G_{调}$—实测林分年调节水量（立方米/年）；

P—实测林外降水量（毫米/年）；

E—实测林分蒸散量（毫米/年）；

C—实测地表快速径流量（毫米/年）；

A—林分面积（公顷）；

F—森林生态功能修正系数。

②年调节水量价值

由于森林对水量主要起调节作用，与水库的功能相似。因此退耕还林工程生态系统年调节水量价值根据水库工程的蓄水成本（替代工程法）来确定，计算公式为：

$$U_{调} = 10C_{库} \cdot A \cdot (P-E-C) \cdot F \cdot d \qquad\qquad 1\text{-}5$$

公式中：

$U_{调}$—实测森林年调节水量价值（元/年）；

$C_{库}$—水库库容造价（元/吨）（附表4）；

P —实测林外降水量（毫米/年）；

E —实测林分蒸散量（毫米/年）；

C —实测地表快速径流量（毫米/年）；

A —林分面积（公顷）；

F—森林生态功能修正系数；

d—贴现率。

（2）净化水质指标

①年净化水量

退耕还林工程生态系统年净化水量采用年调节水量的公式：

$$G_{净} = 10A \cdot (P-E-C) \cdot F \qquad\qquad 1\text{-}6$$

公式中：

$G_{净}$—实测林分年净化水量（立方米/年）；

P —实测林外降水量（毫米/年）；

E —实测林分蒸散量（毫米/年）；

C —实测地表快速径流量（毫米/年）；

A —林分面积（公顷）；

F —森林生态功能修正系数。

②年净化水质价值

由于森林净化水质与自来水的净化原理一致，所以参照水的商品价格，即居民用水平均价格，根据净化水质工程的成本（替代工程法）计算退耕还林工程森林生态系统年净化水质价值。这样也可以在一定程度上引起公众对森林净化水质的物质化和价值化的感性认识。具体计算公式为：

$$U_{水质} = 10K_{水} \cdot A \cdot (P-E-C) \cdot F \cdot d \qquad\qquad 1\text{-}7$$

公式中：

$U_{水质}$—实测林分净化水质价值（元/年）；

$K_{水}$—水的净化费用（元/吨）（附表4）；

P —实测林外降水量（毫米/年）；

E—实测林分蒸散量（毫米/年）；

C—实测地表快速径流量（毫米/年）；

A—林分面积（公顷）；

F—森林生态功能修正系数；

d—贴现率。

1.2.6.2 保育土壤功能

退耕还林工程营造林凭借庞大的树冠、深厚的枯枝落叶层及强壮且成网络的根系截留大气降水，减少或免遭雨滴对土壤表层的直接冲击，有效地固持土体，降低了地表径流对土壤的冲蚀，使土壤流失量大大降低。而且退耕还林工程营造林的生长发育及其代谢产物不断对土壤产生物理及化学影响，参与土体内部的能量转换与物质循环，使土壤肥力提高，营造林是土壤养分的主要来源之一。为此，本报告选用2个指标，即固土指标和保肥指标，以反映退耕还林工程营造林保育土壤功能。

（1）固土指标

①年固土量

林分年固土量公式为：

$$G_{固土} = A \cdot (X_2 - X_1) \cdot F \qquad\qquad 1\text{-}8$$

公式中：

$G_{固土}$—实测林分年固土量（吨/年）；

X_1—退耕还林工程实施后土壤侵蚀模数〔吨/（公顷·年）〕；

X_2—退耕还林工程实施前土壤侵蚀模数〔吨/（公顷·年）〕；

A—林分面积（公顷）；

F—森林生态功能修正系数。

②年固土价值

由于土壤侵蚀流失的泥沙淤积于水库中，减少了水库蓄积水的体积，因此本报告根据蓄水成本（替代工程法）计算林分年固土价值，公式为：

$$U_{固土} = A \cdot C_土 \cdot (X_2 - X_1) \cdot F/\rho \cdot d \qquad\qquad 1\text{-}9$$

公式中：

$U_{固土}$—实测林分年固土价值（元/年）；

X_1—退耕还林工程实施后土壤侵蚀模数〔吨/（公顷·年）〕；

X_2—退耕还林工程实施前土壤侵蚀模数〔吨/（公顷·年）〕；

$C_{\pm}$—挖取和运输单位体积土方所需费用（元/立方米）（附表4）；

ρ—土壤容重（克/立方厘米）；

A—林分面积（公顷）；

F—森林生态功能修正系数；

d—贴现率。

（2）保肥指标

①年保肥量

$$G_{N} = A \cdot N \cdot (X_{2} - X_{1}) \cdot F \qquad 1\text{-}10$$

$$G_{p} = A \cdot P \cdot (X_{2} - X_{1}) \cdot F \qquad 1\text{-}11$$

$$G_{k} = A \cdot K \cdot (X_{2} - X_{1}) \cdot F \qquad 1\text{-}12$$

$$G_{有机质} = A \cdot M \cdot (X_{2} - X_{1}) \cdot F \qquad 1\text{-}13$$

公式中：

G_{N}—退耕还林工程营造林固持土壤而减少的氮流失量（吨/年）；

G_{P}—退耕还林工程营造林固持土壤而减少的磷流失量（吨/年）；

G_{K}—退耕还林工程营造林固持土壤而减少的钾流失量（吨/年）；

$G_{有机质}$—退耕还林工程营造林固持土壤而减少的有机质流失量（吨/年）；

X_{1}—退耕还林工程实施后土壤侵蚀模数〔吨/（公顷·年）〕；

X_{2}—退耕还林工程实施前土壤侵蚀模数〔吨/（公顷·年）〕；

N—退耕还林工程营造林土壤平均含氮量（%）；

P—退耕还林工程营造林土壤平均含磷量（%）；

K—退耕还林工程营造林土壤平均含钾量（%）；

M—退耕还林工程营造林土壤平均有机质含量（%）；

A—林分面积（公顷）；

F—森林生态功能修正系数。

②年保肥价值

年固土量中氮、磷、钾的物质量换算成化肥价值即为林分年保肥价值。本报告的林分年保肥价值以固土量中的氮、磷、钾数量折合成磷酸二铵化肥和氯化钾化肥的价值来体现。公式为：

$$U_{肥} = A \cdot (X_{2} - X_{1}) \cdot \left(\frac{N \cdot C_{1}}{R_{1}} + \frac{P \cdot C_{1}}{R_{2}} + \frac{K \cdot C_{2}}{R_{3}} + M \cdot C_{3} \right) \cdot F \cdot d \qquad 1\text{-}14$$

公式中：

$U_{肥}$—实测林分年保肥价值（元/年）；

X_1—退耕还林工程实施后土壤侵蚀模数〔吨/（公顷·年）〕；

X_2—退耕还林工程实施前土壤侵蚀模数〔吨/（公顷·年）〕；

N—退耕还林工程营造林土壤平均含氮量（%）；

P—退耕还林工程营造林土壤平均含磷量（%）；

K—退耕还林工程营造林土壤平均含钾量（%）；

M—退耕还林工程营造林土壤平均有机质含量（%）；

R_1—磷酸二铵化肥含氮量（%）；

R_2—磷酸二铵化肥含磷量（%）；

R_3—氯化钾化肥含钾量（%）；

C_1—磷酸二铵化肥价格（元/吨）（附表4）；

C_2—氯化钾化肥价格（元/吨）（附表4）；

C_3—有机质价格（元/吨）（附表4）；

A—林分面积（公顷）；

F—森林生态功能修正系数；

d—贴现率。

1.2.6.3 固碳释氧功能

退耕还林工程营造林与大气的物质交换主要是二氧化碳与氧气的交换，即营造林固定并减少大气中的二氧化碳和提高并增加大气中的氧气，这对维持大气中的二氧化碳和氧气动态平衡、减少温室效应以及为人类提供生存的基础都有巨大的、不可替代的作用。为此本报告选用固碳、释氧两个指标反映退耕还林工程营造林固碳释氧功能。根据光合作用化学反应式，营造林植被每积累1.0克干物质，可以吸收1.63克二氧化碳，释放1.19克氧气。

（1）固碳指标

①植被和土壤年固碳量

$$C_{碳} = A \cdot (1.63 R_{碳} \cdot B_{年} + F_{土壤碳}) \cdot F \qquad 1\text{-}15$$

公式中：

$G_{碳}$—实测年固碳量（吨/年）；

$B_{年}$—实测林分年净生产力〔吨/（公顷·年）〕；

$F_{土壤碳}$—单位面积林分土壤年固碳量〔吨/（公顷·年）〕；

$R_{碳}$—二氧化碳中碳的含量，为27.27%；

A—林分面积（公顷）；

F—森林生态功能修正系数。

公式得出退耕还林工程营造林的潜在年固碳量，再从其中减去由于林木采伐造成的生物量移出从而损失的碳量，即为退耕还林工程营造林的实际年固碳量。

②年固碳价值

鉴于欧美发达国家正在实施温室气体排放税收制度，并对二氧化碳的排放征税。为了与国际接轨，便于在外交谈判中有可比性，采用国际上通用的碳税法进行评估。退耕还林工程植被和土壤年固碳价值的计算公式为：

$$U_{碳} = A \cdot C_{碳} \cdot (1.63 R_{碳} \cdot B_{年} + F_{土壤碳}) \cdot F \cdot d \qquad 1\text{-}16$$

公式中：

$U_{碳}$—实测林分年固碳价值（元/年）；

$B_{年}$—实测林分年净生产力〔吨/（公顷·年）〕；

$F_{土壤碳}$—单位面积森林土壤年固碳量〔吨/（公顷·年）〕；

$C_{碳}$—固碳价格（元/吨）（附表4）；

$R_{碳}$—二氧化碳中碳的含量，为27.27%；

A—林分面积（公顷）；

F—森林生态功能修正系数；

d—贴现率。

公式得出退耕还林工程营造林的潜在年固碳价值，再从其中减去由于林木年采伐消耗量造成的碳损失，即为退耕还林工程营造林的实际年固碳价值。

（2）释氧指标

①年释氧量

公式为：

$$C_{氧气} = 1.19 A \cdot B_{年} \cdot F \qquad 1\text{-}17$$

公式中：

$G_{氧气}$—实测林分年释氧量（吨/年）；

$B_{年}$—实测林分年净生产力〔吨/（公顷·年）〕；

A—林分面积（公顷）；

F—森林生态功能修正系数。

②年释氧价值

因为价值量的评估是经济的范畴，是市场化、货币化的体现，因此本报告采用国家权威部门公布的氧气商品价格计算退耕还林工程营造林的年释氧价值。计算公式为：

$$U_氧 = 1.19\, C_氧 \cdot A \cdot B_年\, F \cdot d \qquad\qquad 1\text{-}18$$

公式中：

$U_氧$——实测林分年释氧价值（元/年）；

$B_年$——实测林分年净生产力〔吨/（公顷·年）〕；

$C_氧$——制造氧气的价格（元/吨）（附表4）；

A——林分面积（公顷）；

F——森林生态功能修正系数；

d——贴现率。

1.2.6.4 林木积累营养物质功能

退耕还林工程营造林在生长过程中不断从周围环境吸收营养物质，固定在植物体中，成为全球生物化学循环不可缺少的环节。林木积累营养物质功能首先是维持自身生态系统的养分平衡，其次才是为人类提供生态系统服务。林木积累营养物质功能与固土保肥中的保肥功能，无论从机理、空间部位，还是计算方法上都有本质区别，它属于生物地球化学循环的范畴，而保肥功能是从水土保持的角度考虑，即如果没有这片森林，每年水土流失中也将包含一定的营养物质，属于物理过程。考虑到指标操作的可行性和营养物质在植物体内的含量，选用林木积累氮、磷、钾指标反映营造林积累营养物质功能。

（1）林木年营养物质积累量

$$C_氮 = A \cdot N_营养 \cdot B_年 \cdot F \qquad\qquad 1\text{-}19$$

$$C_磷 = A \cdot P_营养 \cdot B_年 \cdot F \qquad\qquad 1\text{-}20$$

$$C_钾 = A \cdot K_营养 \cdot B_年 \cdot F \qquad\qquad 1\text{-}21$$

公式中：

$G_氮$——植被固氮量（吨/年）；

$G_磷$——植被固磷量（吨/年）；

$G_钾$——植被固钾量（吨/年）；

$N_营养$——林木氮元素含量（%）；

$P_营养$——林木磷元素含量（%）；

$K_营养$——林木钾元素含量（%）；

$B_年$——实测林分年净生产力〔吨/（公顷·年）〕；

A—林分面积（公顷）；

F—森林生态功能修正系数。

（2）林木年营养物质积累价值

采取把营养物质折合成磷酸二铵化肥和氯化钾化肥方法计算林木营养物质积累价值，公式为：

$$U_{营养} = A \cdot B \cdot (\frac{N_{营养} \cdot C_1}{R_1} + \frac{P_{营养} \cdot C_1}{R_2} + \frac{K_{营养} \cdot C_2}{R_3}) \cdot F \cdot d \qquad 1\text{-}22$$

公式中：

$U_{营养}$—实测林分氮、磷、钾年增加价值（元/年）；

$N_{营养}$—实测林木含氮量（%）；

$P_{营养}$—实测林木含磷量（%）；

$K_{营养}$—实测林木含钾量（%）；

R_1—磷酸二铵含氮量（%）；

R_2—磷酸二铵含磷量（%）；

R_3—氯化钾含钾量（%）；

C_1—磷酸二铵化肥价格（元/吨）（附表4）；

C_2—氯化钾化肥价格（元/吨）（附表4）；

B—实测林分年净生产力〔吨/（公顷·年）〕；

A—林分面积（公顷）；

F—森林生态功能修正系数；

d—贴现率。

1.2.6.5 净化大气环境功能

近年灰霾天气的频繁、大范围出现，使空气质量状况成为民众和政府部门关注的焦点，大气颗粒物（如$PM_{2.5}$、TSP）被认为是造成灰霾天气的罪魁出现在人们的视野中。特别是$PM_{2.5}$更是由于其对人体健康的严重威胁，成为人们关注的热点。如何控制大气污染、改善空气质量成为众多科学家研究的热点。

退耕还林工程营造林能有效吸收有害气体、吸滞粉尘、降低噪音、提供负离子等，从而起到净化大气环境的作用。为此，本报告选取提供负离子、吸收污染物、滞尘、吸滞TSP和$PM_{2.5}$ 5个指标反映营造林净化大气环境能力，由于降低噪音指标计算方法尚不成熟，所以本报告中不涉及降低噪音指标。

（1）提供负离子指标

①年提供负离子量

$$G_{负离子} = 5.256 \times 10^{15} \cdot Q_{负离子} \cdot A \cdot H \cdot F / L \qquad 1\text{-}23$$

公式中：

$G_{负离子}$—实测林分年提供负离子个数（个/年）；

$Q_{负离子}$—实测林分负离子浓度（个/立方厘米）；

H—林分高度（米）；

L—负离子寿命（分钟）；

A—林分面积（公顷）；

F—森林生态功能修正系数。

②年提供负离子价值

国内外研究证明，当空气中负离子达到600个/立方厘米以上时，才能有益人体健康，所以林分年提供负离子价值采用如下公式计算：

$$U_{负离子} = 5.256 \times 10^{15} A \cdot H \cdot K_{负离子} \cdot (Q_{负离子} - 600) \cdot F / L \cdot d \qquad 1\text{-}24$$

公式中：

$U_{负离子}$—实测林分年提供负离子价值（元/年）；

$K_{负离子}$—负离子生产费用（元/个）（附表4）；

$Q_{负离子}$—实测林分负离子浓度（个/立方厘米）；

L—负离子寿命（分钟）；

H—林分高度（米）；

A—林分面积（公顷）；

F—森林生态功能修正系数；

d—贴现率。

（2）吸收污染物指标

二氧化硫、氟化物和氮氧化物是大气污染物的主要物质，因此本报告选取退耕还林工程营造林吸收二氧化硫、氟化物和氮氧化物3个指标评估营造林吸收污染物的能力。退耕还林工程营造林对二氧化硫、氟化物和氮氧化物的吸收，可使用面积－吸收能力法、阈值法、叶干质量估算法等。本报告采用面积－吸收能力法评估退耕还林工程营造林吸收污染物的总量和价值。

①吸收二氧化硫

a. 二氧化硫年吸收量

$$G_{二氧化硫} = Q_{二氧化硫} \cdot A \cdot F / 1000 \qquad 1\text{-}25$$

公式中：

$G_{二氧化硫}$——实测林分年吸收二氧化硫量（吨/年）；

$Q_{二氧化硫}$——单位面积实测林分年吸收二氧化硫量〔千克/（公顷·年）〕；

A——林分面积（公顷）；

F——森林生态功能修正系数。

b. 年吸收二氧化硫价值

$$U_{二氧化硫} = K_{二氧化硫} \cdot Q_{二氧化硫} \cdot A \cdot F \cdot d \qquad 1\text{-}26$$

公式中：

$U_{二氧化硫}$——实测林分年吸收二氧化硫价值（元/年）；

$K_{二氧化硫}$——二氧化硫的治理费用（元/千克）（附表4）；

$Q_{二氧化硫}$——单位面积实测林分年吸收二氧化硫量〔千克/（公顷·年）〕；

A——林分面积（公顷）；

F——森林生态功能修正系数；

d——贴现率。

②吸收氟化物

a. 氟化物年吸收量

$$G_{氟化物} = Q_{氟化物} \cdot A \cdot F / 1000 \qquad 1\text{-}27$$

公式中：

$G_{氟化物}$——实测林分年吸收氟化物量（吨/年）；

$Q_{氟化物}$——单位面积实测林分年吸收氟化物量〔千克/（公顷·年）〕；

A——林分面积（公顷）；

F——森林生态功能修正系数。

b. 年吸收氟化物价值

$$U_{氟化物} = K_{氟化物} \cdot Q_{氟化物} \cdot A \cdot F \cdot d \qquad 1\text{-}28$$

公式中：

$U_{氟化物}$——实测林分年吸收氟化物价值（元/年）；

$Q_{氟化物}$——单位面积实测林分年吸收氟化物量〔千克/（公顷·年）〕；

$K_{氟化物}$——氟化物治理费用（元/千克）（附表4）；

A——林分面积（公顷）；

F——森林生态功能修正系数；

d——贴现率。

③吸收氮氧化物

a. 氮氧化物年吸收量

$$G_{氮氧化物} = Q_{氮氧化物} \cdot A \cdot F / 1000 \qquad\qquad 1\text{-}29$$

公式中：

$G_{氮氧化物}$—实测林分年吸收氮氧化物量（吨/年）；

$Q_{氮氧化物}$—单位面积实测林分年吸收氮氧化物量〔千克/（公顷·年）〕；

A—林分面积（公顷）；

F—森林生态功能修正系数。

b. 年吸收氮氧化物价值

$$U_{氮氧化物} = K_{氮氧化物} \cdot Q_{氮氧化物} \cdot A \cdot F \cdot d \qquad\qquad 1\text{-}30$$

公式中：

$U_{氮氧化物}$—实测林分年吸收氮氧化物价值（元/年）；

$K_{氮氧化物}$—氮氧化物治理费用（元/千克）（附表4）；

$Q_{氮氧化物}$—单位面积实测林分年吸收氮氧化物量〔千克/（公顷·年）〕；

A—林分面积（公顷）；

F—森林生态功能修正系数；

d—贴现率。

（3）滞尘指标

鉴于近年来人们对TSP和$PM_{2.5}$的关注，本报告在评估总滞尘量及其价值的基础上，将TSP和$PM_{2.5}$从总滞尘量中分离出来进行了单独的物质量和价值量核算。

① 年总滞尘量

$$G_{滞尘} = Q_{滞尘} \cdot A \cdot F / 1000 \qquad\qquad 1\text{-}31$$

公式中：

$G_{滞尘}$—实测林分年滞尘量（吨/年）；

$Q_{滞尘}$—单位面积实测林分年滞尘量〔千克/（公顷·年）〕；

A—林分面积（公顷）；

F—森林生态功能修正系数。

②年滞尘总价值

滞尘价值量本报告参考《退耕还林工程生态效益监测国家报告（2013）》的核算方法，但鉴于$PM_{2.5}$可进入人体肺部，年平均浓度每立方米增加10微克，全病因死亡率、心血管死亡率和肺癌死亡率分别上升4%、6%和8%（Pope等，1995），在所有粒径的颗粒物中对人体健康的危害最大。因此，在年滞尘总价值量的计算中，本报告用健康危害损失法计算林分吸滞$PM_{2.5}$的价值，林分吸滞其余颗粒物的价值仍选用降尘清理费用计算。

$$U_{滞尘} = [C_{PM_{2.5}} \cdot p_{PM_{2.5}} \cdot Q_{滞尘} + K_{滞尘} \cdot (1 - p_{PM_{2.5}}) \cdot Q_{滞尘}] \cdot A \cdot F \cdot d \qquad 1-32$$

公式中：

$U_{滞尘}$—实测林分年滞尘价值（元/年）；

$C_{PM_{2.5}}$—由$PM_{2.5}$所造成的健康危害经济损失（元/千克）（附表4）；

$p_{PM_{2.5}}$—单位面积实测林分年滞尘量中$PM_{2.5}$所占比例（%）；

$Q_{滞尘}$—单位面积实测林分年滞尘量〔千克/（公顷·年）〕；

$K_{滞尘}$—降尘清理费用（元/千克）（附表4）；

A—林分面积（公顷）；

F—森林生态功能修正系数；

d—贴现率。

（4）吸滞TSP

① 年吸滞TSP量

$$G_{TSP} = p_{TSP} \cdot Q_{滞尘} \cdot A \cdot F / 1000 \qquad 1-33$$

公式中：

G_{TSP}—实测林分年吸滞TSP的量（吨/年）；

p_{TSP}—单位面积实测林分年滞尘量中TSP所占比例（%）；

$Q_{滞尘}$—单位面积实测林分年滞尘量〔千克/（公顷·年）〕；

A—林分面积（公顷）；

F—森林生态功能修正系数。

② 年吸滞TSP价值

$$U_{TSP} = K_{滞尘} \cdot p_{TSP} \cdot Q_{滞尘} \cdot A \cdot F \cdot d \qquad 1-34$$

公式中：

U_{TSP}—实测林分年吸滞TSP价值（元/年）；

$K_{滞尘}$—降尘清理费用（元/千克）（附表4）；

p_{TSP}—单位面积实测林分年滞尘量中TSP所占比例（%）；

$Q_{滞尘}$—单位面积实测林分年滞尘量〔千克/（公顷·年）〕；

A—林分面积（公顷）；

F—森林生态功能修正系数；

d—贴现率。

（5）吸滞PM$_{2.5}$

①年吸滞PM$_{2.5}$量

$$G_{PM_{2.5}} = p_{PM_{2.5}} \cdot Q_{滞尘} \cdot A \cdot F / 1000 \qquad 1-35$$

公式中：

$G_{PM_{2.5}}$—实测林分年吸滞PM$_{2.5}$的量（吨/年）；

$p_{PM_{2.5}}$—单位面积实测林分年滞尘量中PM$_{2.5}$所占比例（%）；

$Q_{滞尘}$—单位面积实测林分年滞尘量〔千克/（公顷·年）〕；

A—林分面积（公顷）；

F—森林生态功能修正系数。

②年吸滞PM$_{2.5}$价值

$$U_{PM_{2.5}} = C_{PM_{2.5}} \cdot p_{PM_{2.5}} \cdot Q_{滞尘} \cdot A \cdot F \cdot d \qquad 1-36$$

公式中：

$U_{PM_{2.5}}$—实测林分年吸滞PM$_{2.5}$价值（元/年）；

$C_{PM_{2.5}}$—由PM$_{2.5}$所造成的健康危害经济损失（元/千克）（附表4）；

$p_{PM_{2.5}}$—单位面积实测林分年滞尘量中PM$_{2.5}$所占比例（%）；

$Q_{滞尘}$—单位面积实测林分年滞尘量〔千克/（公顷·年）〕；

A—林分面积（公顷）；

F—森林生态功能修正系数；

d—贴现率。

1.2.6.6 生物多样性保护功能

生物多样性维护了自然界的生态平衡，并为人类的生存提供了良好的环境条件。生物多样性是生态系统不可缺少的组成部分，对生态系统服务的发挥具有十分重要的作用。Shannon-Wiener指数是反映森林中物种的丰富度和分布均匀程度的经典指标。传统Shannon-Wiener指数对生物多样性保护等级的界定不够全面。本次报告增加濒危指数和特有种指数，通过对Shannon-Wiener指数进行修正，有利于生物资源的合理利用和退耕还林相关部门保护工作的合理分配。

修正后的生物多样性保护功能评估公式如下：

$$U_{总} = \left(1 + 0.1\sum_{m=1}^{x} E_m + 0.1\sum_{m=1}^{y} B_n + 0.1\sum_{r=1}^{z} O_r \right) \cdot S_l \cdot A \cdot d \qquad 1\text{-}37$$

公式中：

$U_{总}$—实测林分年生物多样性保护价值（元/年）；

E_m—实测林分或区域内物种 m 的濒危分值（表1-1）；

B_n—评估林分或区域内物种 n 的特有种（表1-2）；

O_r—评估林分（或区域）内物种 r 的古树年龄指数（表1-3）；

x—计算濒危指数物种数量；

y—计算特有种指数物种数量；

z—计算古树年龄指数物种数量；

S_l—单位面积物种多样性保护价值量〔元/（公顷·年）〕；

A—林分面积（公顷）；

d—贴现率。

本报告根据Shannon-Wiener指数计算生物多样性价值，共划分7个等级：

当指数<1时，S_l为3000元/（公顷·年）；

当1≤指数<2时，S_l为5000元/（公顷·年）；

当2≤指数<3时，S_l为10000元/（公顷·年）；

当3≤指数<4时，S_l为20000元/（公顷·年）；

当4≤指数<5时，S_l为30000元/（公顷·年）；

当5≤指数<6时，S_l为40000元/（公顷·年）；

当指数≥6时，S_l为50000元/（公顷·年）。

表1-1 特有种指数体系

特有种指数	分布范围
4	仅限于范围不大的山峰或特殊的自然地理环境下分布
3	仅限于某些较大的自然地理环境下分布的类群，如仅分布于较大的海岛（岛屿）、高原、若干个山脉等
2	仅限于某个大陆分布的分类群
1	至少在2个大陆都有分布的分类群
0	世界广布的分类群

注：参见《植物特有现象的量化》（苏志尧，1999）；特有种指数主要针对封山育林而言。

表1-2 物种濒危指数体系

濒危指数	濒危等级	物种种类
4	极危	
3	濒危	参见《中国物种红色名录 (第一卷) : 红色名录》
2	易危	
1	近危	

注：物种濒危指数主要针对封山育林而言。

表1-3 古树年龄指数体系

古树年龄	指数等级	来源及依据
100～299年	1	参见全国绿化委员会、国家林业局文件《关于开展古树名木普查建档工作的通知》
300～499年	2	
≥500年	3	

注：截至2014年底，退耕还林工程仅实施15年，未达到指数等级1级，故古树年龄指数物种数量取0。

1.2.6.7 森林防护功能

植被根系能够固定土壤，改善土壤结构，降低土壤的裸露程度；植被地上部分能够增加地表粗糙程度，降低风速，阻截风沙。地上地下的共同作用能够减弱风的强度和携沙能力，减少因风蚀导致的土壤流失和风沙危害。与保育土壤中的固土功能不同的是，此处所说的土壤流失减少量是由降低风蚀而获得的，而保育土壤中的土壤流失减少量是由减小水蚀而获得的。

（1）防风固沙量

$$G_{防风固沙} = A_{防风固沙} \cdot (Y_2 - Y_1) \cdot F \qquad 1-38$$

公式中：

$G_{防风固沙}$—森林防风固沙物质量（吨/年）；

Y_1—退耕还林工程实施后林地输沙量〔吨/（公顷·年）〕；

Y_2—退耕还林工程实施前林地输沙量〔吨/（公顷·年）〕；

$A_{防风固沙}$—防风固沙林面积（公顷）；

F—森林生态功能修正系数。

（2）防风固沙价值

$$U_{防风固沙} = K_{防风固沙} \cdot A_{防风固沙} \cdot (Y_2 - Y_1) \cdot F \cdot d \qquad \text{1-39}$$

公式中：

$U_{防风固沙}$——森林防风固沙价值量（元）；

$K_{防风固沙}$——工业粉尘排污收费（元/吨）（附表4）；

Y_1——退耕还林工程实施后林地输沙量〔吨/（公顷·年）〕；

Y_2——退耕还林工程实施前林地输沙量〔吨/（公顷·年）〕；

$A_{防风固沙}$——防风固沙林面积（公顷）；

F——森林生态功能修正系数；

d——贴现率。

1.2.6.8 退耕还林工程生态效益总价值评估

退耕还林工程评估区生态效益总价值为上述分项之和，公式为：

$$U_I = \sum_{i-1}^{12} U_i \qquad \text{1-40}$$

公式中：

U_I——退耕还林工程评估区生态效益总价值（元/年）；

U_i——退耕还林工程评估区生态效益各分项年价值（元/年）。

第二章

退耕还林工程区概况

鉴于本报告是在省级行政区尺度和流域地理尺度对内蒙古、宁夏、甘肃、山西、陕西、河南、四川、重庆、云南、贵州、湖北、湖南和江西13个省级区域的退耕还林工程生态效益进行评估。因此，本章将对长江、黄河中上游流经省份及长江、黄河流域中上游的退耕还林工程资源概况分别进行介绍。

2.1 退耕还林工程区自然概况

2.1.1 地形地貌

中国地势西高东低，地形地貌复杂。**内蒙古自治区**西部地区的地形以阴山山系为"脊梁"向南北两翼展开，地貌类型沿中山山地、低山丘陵、高平原等依次过渡。东部地区的地形则以大兴安岭山地为"轴"向东西两侧展开。向西依次出现中山、低山、高原地貌，向东出现中山、低山、丘陵、平原地貌（内蒙古林业，1980）。自西向东，分布的高原为阿拉善高原、鄂尔多斯高原、内蒙古高原和呼伦贝尔高原。**宁夏回族自治区**按地形大体可分为黄土高原、鄂尔多斯台地和洪积冲积平原。地势南高北低。从地貌类型看，南部以流水侵蚀的黄土地貌为主，中部和北部以干旱剥蚀、风蚀地貌为主，是内蒙古高原的一部分。境内有较为高峻的山地和广泛分布的丘陵，也有由于地层断陷又经黄河冲积而成的冲积平原，还有台地和沙丘。**甘肃省**地形狭长，山地、平川、河谷等交错分布，地势自西南向东北倾斜，位于第一级阶梯到第二级阶梯过渡地带，以第二级阶梯为主。**山西省**地貌主要为典型的黄土高原，地势东北高西南低，高原内部起伏不平，河谷纵横，地貌类型复杂多样，有山地、丘陵、台地、平原，山多川少，山地、丘陵面积为12.5万平方千米，占全省总面积的80.1%，平川、河谷面积仅3.1万平方千米，占19.9%（山西省人民政府网，http://www.shanxigov.cn/n16/n8319541/n8319597/n8319777/8393537.html）。全省大部分地区海拔在1500米以上。地貌呈现整体隆起的地势，在高原中部，分列着一列雁行排列的断陷盆地。中部断陷盆地把山西高原斜截为二，东西两侧为山地和高原，使山西的地貌截面轮廓很像一个"凹"字形。**陕西省**地势南北高、中间低，有高原、山地、平原和盆地等多种地形。南北长约870千米，东西宽200～500千米。从北到南可以分为陕北高原、关中平原、秦巴山地三个地貌区。其中高原926万公顷，山地面积为741万公顷，平原面积391万公顷（陕西省地情网，http://www.sxsdq.cn/sqgk/）。主要山脉有秦岭、大巴山等。秦岭在陕西境内有许多闻名全国的峰岭，如华山、太白山、终南山、骊山。**河南省**地势西高东低，北、西、南三面的太行山脉、伏牛山脉、桐柏山脉、大别山脉沿省界呈半环形分布；中、东部为豫东平原；西南部为南阳盆地，跨越海河、黄河、淮河、长江四大水系，山水相连。平原和盆地、山地、丘陵分别占总面积的55.7%、26.6%、17.7%（河南省人民政府网，http://www.henan.gov.cn/hngk/system/2006/09/19/010008384.shtml）。

　　四川省地貌东西差异大，地形复杂多样。西部为高原、山地，海拔多在4000米以上；东部为盆地、丘陵，海拔多在1000～3000米之间。全省可分为四川盆地、川西北高原和川西南山地三大部分（四川省人民政府网，http://www.sc.gov.cn/10462/wza2012/scgk/scgk.shtml）。**重庆市**地处中国西南部，长江上游地区，其北部、东部及南部分别有大巴山、巫山、武陵山、大娄山环绕。地貌以丘陵、山地为主，其中山地占76%，坡地面积较大，有"山城"之称（重庆市人民政府网，http://www.cq.gov.cn/cqgk/ 82826.shtml）。重庆地势由南北向长江河谷逐级降低，西北部和中部以丘陵、低山为主，东北部靠大巴山和东南部连武陵山两座大山脉。**云南省**河谷盆地、丘陵、山地、高原相间分布，高山峡谷相间，各类地貌之间差异极大。**贵州省**地处云贵高原，属于中国西南部高原山地，境内地势西高东低，自中部向北、东、南三面倾斜，平均海拔在1100米左右。贵州高原山地居多，素有"八山一水一分田"之说。全省地貌可概括分为高原山地、丘陵和盆地三种基本类型，其中92.5%的面积为山地和丘陵（贵州省人民政府网，http://info.gzgov.gov.cn /dcgz/index.shtml#）。**湖北省**山地、丘陵、岗地和平原兼备，地势相差悬殊，西部有神农架，北边三面环山，中南部为江汉平原；**湖南省**以中低山与丘陵为主，东、南、西三面环山，南部地势较高，中部和北部地势低平；湖北省、湖南省和云南省均位于中国第二级阶梯。**江西省**是江南丘陵的重要组成部分，地形复杂多样，平原、盆地、丘陵和山地皆有分布。省境周围多山地，中部是丘陵，北部是平原。在地形上包括三种类型：第一，沿赣江等大河有连续不断的小型冲积平原与第四纪红土砾石台地；第二，在这些平原和台地的两侧，是相对高度为数十米至二三百米破碎分散的丘陵地带，占地最广；第三，海拔1000米以上的中山地，如幕阜山、九岭山、武功山、万洋山、诸广山、大庾岭、九连山、武夷山、怀玉山等。退耕还林省级区域地形地貌分布概况见表2-1。

表2-1 退耕还林省级区域地形地貌

省级区域	地域	主要地形	主要城市
内蒙古	中西部及东北地区	山地、丘陵	兴安盟、巴彦淖尔市、呼和浩特市、包头市、乌兰察布市、赤峰市、呼伦贝尔市东部
	西部、北部及中东部地区	高原	阿拉善盟、鄂尔多斯市、呼伦贝尔市西部、乌海市、锡林郭勒盟
	东南部地区	平原	通辽市
宁夏	南部、西南部地区	山地	固原市、中卫市
	北部地区	平原	银川市、石嘴山市
	中东部地区	丘陵	吴忠市
甘肃	陇南地区	山地	陇南市、甘南藏族自治州、临夏回族自治州
	陇东、陇中地区	黄土高原	庆阳市、平凉市、天水市、定西市、兰州市、白银市
	河西走廊	平原	武威市、张掖市、酒泉市、金昌市、嘉峪关市
山西	东部、西部地区	山地、丘陵	阳泉市、晋中市、晋城市、临汾市、吕梁市、朔州市、忻州市
	中部地区	盆地	长治市、太原市、运城市、大同市
陕西	陕北地区	黄土高原	榆林市、延安市
	关中地区	平原	宝鸡市、咸阳市、渭南市、铜川市、西安市、韩城市
	陕南地区	山地	汉中市、安康市、商洛市
河南	西南部、东部、中部、东北部地区	盆地、平原	濮阳市、开封市、商丘市、周口市、漯河市、南阳市、许昌市、新乡市、郑州市、鹤壁市、驻马店市
	西部、西北部和南部地区	山地、丘陵	三门峡市、洛阳市、济源市、焦作市、平顶山市、安阳市、信阳市
四川	西部地区	高原、山地	攀枝花市、凉山彝族自治州、阿坝藏族羌族自治州、甘孜藏族自治州、雅安市
	东部地区	盆地、丘陵	成都市、德阳市、绵阳市、自贡市、泸州市、遂宁市、内江市、乐山市、资阳市、宜宾市、南充市、达州市、广安市、巴中市、广元市、眉山市
重庆	整个地区	丘陵、山地	—

（续）

省级区域	地域	主要地形	主要城市
云南	滇东、滇中地区	高原、低山丘陵	昭通市、昆明市、曲靖市、文山壮族自治州、红河哈尼族彝族自治州、玉溪市、楚雄彝族自治州
	滇西地区	高山、峡谷	迪庆藏族自治州、怒江傈僳族自治州、丽江市、大理白族自治州、保山市、德宏傣族景颇族自治州、临沧市、普洱市、西双版纳傣族自治州
贵州	西部地区	山地	六盘水市、黔西南布依族苗族自治州、毕节市、安顺市
	中部地区	丘陵	贵阳市、黔南布依族苗族自治州、遵义市
	东部地区	盆地	铜仁市、黔东南苗族侗族自治州
湖北	鄂北地区	低山丘陵	襄阳市、随州市、荆门市、黄石市、孝感市、黄冈市、鄂州市
	鄂西地区	山地	十堰市、神农架林区、恩施土家族苗族自治州、宜昌市西部
	江汉平原	平原	荆州市、宜昌市东部、潜江市、仙桃市、天门市、武汉市
	鄂东南地区	山地	咸宁市
湖南	北部和中部地区	平原	岳阳市、益阳市
	东南和西北山区	山地	常德市、张家界市、湘西土家族苗族自治州、怀化市、邵阳市、永州市、郴州市、衡阳市、湘潭市、长沙市、娄底市、株洲市
江西	边缘、中部、南部	丘陵、山地	上饶市东南和东北部、赣州市、新余市西部、抚州市、吉安市、宜春市、鹰潭市、九江市、萍乡市
	北部	平原	南昌市、景德镇市、新余市东部、上饶市西部

2.1.2 降水条件

中国降水分布从北到南、从西到东有增多的趋势，该变化主要由于纬度变化和水陆位置变化引起。13个省级区域具体降水量情况见表2-2。

内蒙古自治区属于温带大陆性季风气候区，气候复杂多样，年均降水量表现为自西向东依次增加；**宁夏回族自治区**地处半湿润、半干旱区向干旱区过渡带的西北地区东部，降水量由南向北逐渐减少；**甘肃省**深居西北内陆，属大陆性很强的温带季风气候，降水量由东南向西北递减；**山西省**气候受海洋影响较弱，在气候类型上属于温带大陆性季风气候，年降水量南部高于北部，山区高于盆地。由于地形的抬升作用，暖湿气流遇山地极易成云致雨，致使山地降水量在大致相同的纬度普遍多于川谷（张国

表2-2 退耕还林省级区域年均降水量

省级区域	年均降水量（毫米）	省级区域	年均降水量（毫米）
内蒙古	50～500	重庆	1000～1450
宁夏	157～400	云南	584～2700
甘肃	37～735	贵州	688～1480
山西	358～621	湖北	800～1600
陕西	340～1240	湖南	1200～1700
河南	533～1381	江西	1341～1940
四川	900～1200	—	—

宏等，2008）。**陕西省**横跨三个气候带，南北气候差异较大。陕南地区属北亚热带气候，关中及陕北地区大部属暖温带气候，陕北北部长城沿线属中温带气候，降水南多北少，陕南为湿润区，关中为半湿润区，陕北为半干旱区。**河南省**属于暖温带-亚热带、湿润、半湿润季风气候，年均降水量较大的区域分布在该省南部和西部山地。

四川省是亚热带湿润季风气候和高原山地气候并存，省内降水量总体表现为自东向西递减的趋势，东部盆地区降水量远远高于西部高山高原区；**重庆市**属亚热带季风性湿润气候，海拔高度对降水的影响非常明显，降水量随着海拔高度的增加而增加，降水的大值区出现在东北部的大巴山区和东南部的部分高山地区，西部的盆地地区为降水的低值区；**云南省**气候兼具低纬气候、季风气候、山原气候的特点，由于区内地形起伏较大，降水量分布随着海拔变化明显，分布不均匀；**贵州省**属亚热带湿润季风气候，降水最多的区域分布在该省西南部的黔西南布依族苗族自治州全部、黔南布依族苗族自治州南部及六盘水市和安顺市大部，苗岭山脉南侧以南的黔东南苗族侗族自治州中部以南及黔南布依族苗族自治州东部和该省东北部武陵山脉东西两侧的铜仁地区；**湖北省**属于北亚热带季风气候，降水量由东南向西北递减；**湖南省**属于亚热带季风湿润气候，降水量由东南向西北递减；**江西省**属于亚热带季风气候区，降水量一般表现为南多北少、东多西少、山区多盆地少。

2.1.3 土壤条件

土壤作为岩石圈表面的疏松表层，是生物生活的基底，其分布与经纬度、地形地貌、气候、植被等因子密切相关。我国广阔的陆地面积、复杂的地形、多种多样的成土母质、干、湿、冷、暖各种类型的气候及种类繁多的植物决定了我国土壤类型的多样化及其分布格局。退耕还林省级区域土壤类型分布见表2-3。

表2-3 退耕还林省级区域土壤分类及面积比例

省级区域	主要土类及面积比例
内蒙古	栗钙土（22.19）、风沙土（15.56%）、棕钙土（8.92%）、灰棕漠土（7.80%）、暗棕壤（6.72%）、黑钙土（5.16%）
宁夏	黄绵土（28.53%）、灰钙土（26.60%）、风沙土（10.71%）、灰褐土（7.11%）、灌淤土（6.30%）、新积土（6.17%）
甘肃	灰棕漠土（19.11%）、黄绵土（12.74%）、风沙土（5.49%）、灰钙土（5.40%）、黑毡土（5.14%）
山西	黄绵土（30.49%）、褐土（29.76%）、栗褐土（11.99%）、粗骨土（8.28%）、潮土（8.10%）
陕西	黄绵土（30.94%）、黄棕壤（16.51%）、褐土（12.29%）、棕壤（12.07%）、新积土（5.94%）、风沙土（5.71%）
河南	潮土（31.52%）、褐土（18.02%）、黄褐土（13.97%）、砂姜黑土（10.06%）
四川	紫色土（19.45%）、黑毡土（15.14%）、草毡土（13.72%）、水稻土（8.19%）、暗棕土（7.80%）、棕壤（6.39%）、黄壤（5.52%）
重庆	紫色土（32.32%）、黄壤（28.21%）、水稻土（15.38%）、石灰（岩）土（11.28%）、黄棕壤（7.98%）
云南	红壤（30.81%）、赤红壤（14.25%）、紫色土（13.01%）、黄棕壤（10.17）、黄壤（7.58%）、棕壤（5.53%）
贵州	黄壤（41.69%）、石灰（岩）土（24.78%）、水稻土（9.13%）、红壤（6.76%）、黄棕壤（6.18%）
湖北	黄棕壤（32.54%）、水稻土（24.76%）、石灰（岩）土（8.35%）、潮土（8.27%）、红壤（6.48%）
湖南	红壤（45.59%）、水稻土（23.46%）、黄壤（10.63%）、紫色土（7.60%）、石灰（岩）土（5.58%）
江西	红壤（65.86%）、水稻土（22.74%）

*来源：中国土壤数据库。

中国是世界上土壤侵蚀最严重的国家之一，退耕还林工程对于扭转我国土壤侵蚀状况作用巨大。土壤侵蚀分为水力侵蚀、风力侵蚀和冻融侵蚀三种。中国水蚀区主要分布在大兴安岭东坡，沿内蒙古高原和青藏高原向西南直到藏东高山峡谷区以东；风蚀区分布在中国北部和西北部的蒙新青高原上；冻融区分布在青藏高原、天山、阿尔泰山和大兴安岭北部。退耕还林省级区域土壤侵蚀区划见表2-4。

表2-4 退耕还林省级区域土壤侵蚀情况（参照中国土壤侵蚀区划）

省级区域	中国土壤侵蚀区划	主 要 城 市
内蒙古	内蒙高原草原中度风蚀水蚀区	阿拉善盟、巴彦淖尔市、包头市、鄂尔多斯市、呼和浩特市、乌兰察布市、锡林郭勒盟、通辽市、乌海市
	大兴安岭北部山地森林微度融冻水蚀区	呼伦贝尔市
	大小兴安岭山地森林轻度水蚀区	呼伦贝尔市、兴安盟
	辽西冀北山地林灌中度水蚀区	赤峰市
宁夏	黄土高原栽培植被极强度水蚀区	固原市、中卫市、吴忠市、银川市、石嘴山市
甘肃	黄土高原栽培植被极强度水蚀区	庆阳市、平凉市、天水市、定西市、兰州市、白银市、陇南市、甘南藏族自治州、临夏回族自治州
	蒙新青高原盆地荒漠强度风蚀区	武威市、张掖市、酒泉市、金昌市、嘉峪关市
山西	太行山山地林灌中度水蚀区	大同市、长治市、阳泉市、晋城市、晋中市、太原市、朔州市、忻州市
	黄土高原栽培植被极强度水蚀区	吕梁市、临汾市、运城市、朔州市、忻州市
陕西	黄土高原栽培植被极强度水蚀区	榆林市、延安市、宝鸡市、咸阳市、渭南市、铜川市、西安市、韩城市
	秦岭大别山鄂西山地森林轻度水蚀区	汉中市、安康市、商洛市
河南	太行山山地林灌中度水蚀区	安阳市、焦作市、新乡市、鹤壁市
	黄淮海平原栽培植被微度水蚀区	安阳市、鹤壁市、新乡市、焦作市、濮阳市、商丘市、开封市、周口市、郑州市、许昌市、漯河市、驻马店市
	秦岭大别山鄂西山地森林轻度水蚀区	洛阳市、三门峡市、南阳市、信阳市、平顶山市、济源市
四川	秦岭大别山鄂西山地森林轻度水蚀区	绵阳市、广元市、阿坝藏族羌族自治州、
	四川山地丘陵森林栽培植被强度水蚀区	绵阳市、广元市、德阳市、成都市、达州市、广安市、巴中市、南充市、遂宁市、资阳市、眉山市、乐山市、宜宾市、泸州市、自贡市、内江市
	川西山地草甸微度水蚀区	甘孜藏族自治州、阿坝藏族羌族自治州、雅安市
	横断山山地森林栽培植被轻度水蚀区	凉山彝族自治州、攀枝花市
	青藏高原山地高寒巾甸微度融冻侵蚀区	甘孜藏族自治州
重庆	秦岭大别山鄂西山地森林轻度水蚀区	—
	四川山地丘陵森林栽培植被强度水蚀区	—

（续）

省级区域	中国土壤侵蚀区划	主要城市
云南	黔桂滇高原山地森林栽培植被轻度水蚀区	昭通市、昆明市、曲靖市、文山壮族苗族自治州、红河哈尼族彝族自治州、玉溪市、楚雄彝族自治州
	横断山山地森林栽培植被轻度水蚀区	迪庆藏族自治州、怒江傈僳族自治州、西双版纳傣族自治州、丽江市、大理白族自治州、保山市、德宏傣族景颇族自治州、临沧市、普洱市
贵州	四川山地丘陵森林栽培植被强度水蚀区	铜仁市、遵义市
	黔桂滇高原山地森林栽培植被轻度水蚀区	铜仁市、遵义市、毕节市、六盘水市、黔西南布依族苗族自治州、贵阳市、安顺市、黔东南苗族侗族自治州、黔南布依族苗族自治州
湖北	秦岭大别山鄂西山地森林轻度水蚀区	十堰市、神农架林区、恩施土家族苗族自治州
	长江中下游平原栽培植被微度水蚀区	荆州市、武汉市、宜昌市、仙桃市、天门市、潜江市、襄阳市、随州市、黄石市、黄冈市、孝感市、鄂州市
	江南山地丘陵森林栽培植被微度水蚀区	咸宁市
湖南	长江中下游平原栽培植被微度水蚀区	岳阳市、株洲市、湘潭市、益阳市、常德市
	江南山地丘陵森林栽培植被微度水蚀区	长沙市、衡阳市、邵阳市、永州市、郴州市、娄底市
	黔桂滇高原山地森林栽培植被轻度水蚀区	张家界市、湘西土家族苗族自治州、怀化市
江西	长江中下游平原栽培植被微度水蚀区	景德镇市、上饶市
	江南山地丘陵森林栽培植被微度水蚀区	上饶市、赣州市、新余市、抚州市、吉安市、宜春市、鹰潭市、南昌市、九江市

　　退耕还林省级区域各级水力侵蚀强度面积与比例见表2-5，风力侵蚀强度面积与比例见表2-6。

　　退耕还林工程各省级区域都有水力侵蚀，以水力侵蚀总面积进行比较：四川省>云南省>内蒙古自治区>甘肃省>陕西省>山西省>贵州省>湖北省>湖南省>重庆市>江西省>河南省>宁夏回族自治区。各省的轻度侵蚀和中度侵蚀占主要方面，约占水力侵蚀总面积的64.29%～87.65%。强烈、极强烈和剧烈侵蚀所占比重最大的省级区域是重庆市，为35.71%，其次为陕西省、山西省、云南省、甘肃省和四川省，所占比重均在25.00%～30.00%，强烈、极强烈和剧烈侵蚀所占比重最小的省级区域为江西省、内蒙古自治区和湖南省，分别占该省水力侵蚀总面积的15.26%、13.30%和12.35%。

表2-5 退耕还林省级区域水力侵蚀强度面积与比例

省级区域	水力侵蚀总面积(平方千米)	轻度		中度		强烈		极强烈		剧烈	
		面积(平方千米)	比例(%)	面积(平方千米)	比例(%)	面积(平方千米)	比例(%)	面积(平方千米)	比例(%)	面积(平方千米)	比例(%)
内蒙古	102398	68480	66.88	20300	19.82	10118	9.88	2923	2.86	577	0.56
宁夏	13891	6816	49.07	4281	30.82	2065	14.86	526	3.79	203	1.46
甘肃	76112	30263	39.76	25455	33.45	12866	16.90	5407	7.10	2121	2.79
山西	70283	26707	38.00	24172	34.39	14069	20.02	4277	6.09	1058	1.50
陕西	70807	48221	68.10	2124	3.00	14679	20.73	4569	6.45	1214	1.72
河南	23464	10180	43.39	7444	31.72	4028	17.17	1444	6.15	368	1.57
四川	114420	48480	42.37	35854	31.34	15573	13.61	9748	8.52	4765	4.16
重庆	31363	10644	33.94	9520	30.35	5189	16.54	4356	13.89	1654	5.28
云南	109588	44876	40.95	34764	31.72	15860	14.47	8963	8.18	5125	4.68
贵州	55269	27700	50.12	16356	29.59	6012	10.88	2960	5.36	2241	4.05
湖北	36903	20732	56.18	10272	27.83	3637	9.86	1573	4.26	689	1.87
湖南	32288	19615	60.75	8687	26.90	2515	7.79	1019	3.16	452	1.40
江西	26497	14896	56.22	7558	28.52	3158	11.92	776	2.93	109	0.41

来源：第一次全国水利普查水土保持情况公报，2013。

表2-6 退耕还林省级区域风力侵蚀强度面积与比例

省级区域	风力侵蚀总面积(平方千米)	轻度		中度		强烈		极强烈		剧烈	
		面积(平方千米)	比例(%)	面积(平方千米)	比例(%)	面积(平方千米)	比例(%)	面积(平方千米)	比例(%)	面积(平方千米)	比例(%)
内蒙古	526624	232674	44.18	46463	8.82	62090	11.79	82231	15.62	103166	19.59
宁夏	5728	2562	44.73	405	7.07	482	8.41	2094	36.56	185	3.23
甘肃	125075	24972	19.97	11280	9.02	11325	9.05	33858	27.07	43640	34.89
山西	63	61	96.83	2	3.17	0	0	0	0	0	0
陕西	1879	734	39.06	154	8.20	682	36.30	308	16.39	1	0.05
河南	0	0	0	0	0	0	0	0	0	0	0
四川	6622	6502	98.19	109	1.65	6	0.09	5	0.07	0	0
重庆	0	0	0	0	0	0	0	0	0	0	0
云南	0	0	0	0	0	0	0	0	0	0	0
贵州	0	0	0	0	0	0	0	0	0	0	0
湖北	0	0	0	0	0	0	0	0	0	0	0
湖南	0	0	0	0	0	0	0	0	0	0	0
江西	0	0	0	0	0	0	0	0	0	0	0

来源：第一次全国水利普查水土保持情况公报，2013。

风力侵蚀仅限于中国北方的内蒙古自治区、宁夏回族自治区、甘肃省，中部的山西省、陕西省和四川省。各省级区域风力侵蚀总面积最大的为内蒙古自治区，其次为甘肃省、四川省、宁夏回族自治区、陕西省，山西省风力侵蚀总面积最小。其中，四川省和山西省由轻度风力侵蚀造成的侵蚀面积最大，占风力侵蚀总面积的96%以上。甘肃省、内蒙古自治区、陕西省和宁夏回族自治区由强烈、极强烈和剧烈风力侵蚀造成侵蚀面积占风力侵蚀总面积的比例在47.00%～71.01%。其中，甘肃省由剧烈风力侵蚀造成侵蚀面积所占比例最大，为34.89%，极强度风力侵蚀造成侵蚀面积所占比例为27.07%。内蒙古自治区由剧烈风力侵蚀造成侵蚀面积所占比例为19.59%，极强度风力侵蚀造成侵蚀面积所占比例为15.62%。宁夏回族自治区由极强度风力侵蚀造成侵蚀面积所占比例最大，达36.56%。陕西省由强烈风力侵蚀造成侵蚀面积最大，达36.30%，极强度风力侵蚀造成侵蚀面积为16.39%。

2.1.4 植被条件

根据中国植被区划，中国被分为寒温带落叶针叶林区域、温带针叶落叶阔叶混交林区域、暖温带落叶阔叶林区域、亚热带常绿阔叶林区域、热带季风雨林/雨林区域、温带草原区域、温带荒漠区域和青藏高原高寒植被区域（中国科学院中国植被图编辑委员会，2008），中国植被区划示意图见图2-1。

13个省级区域中，**内蒙古自治区**大部分地区位于温带草原区域，西部部分地区位于温带荒漠区域，东北部少部分地区位于寒温带针叶林区域；**宁夏回族自治区**大部分地区位于温带草原区域；**甘肃省**西北部地区位于温带荒漠区域，中部地区位于温带荒漠区域、温带草原区域、暖温带落叶阔叶林区域和亚热带常绿阔叶林区域交汇处，东南部地区位于亚热带常绿阔叶林区域；**山西省**大部分地区位于暖温带落叶阔叶林区域，北部少部分地区位于温带草原区域；**陕西省**北部地区位于温带草原区域，中部地区位于暖温带落叶阔叶林区域，南部地区位于亚热带常绿阔叶林区域；**河南省**除东南部小部分地区位于亚热带常绿阔叶林区域外，绝大部分地区位于暖温带落叶阔叶林区域；**江西省**、**贵州省**、**重庆市**、**四川省**、**湖北省**和**湖南省**均位于亚热带常绿阔叶林区域；**云南省**除西部及南部少部分区域位于热带季雨林、雨林区域外，其余绝大部分区域均位于亚热带常绿阔叶林区域。与植被区划相对应的，退耕还林省级区域的主要树种类型见表2-7。

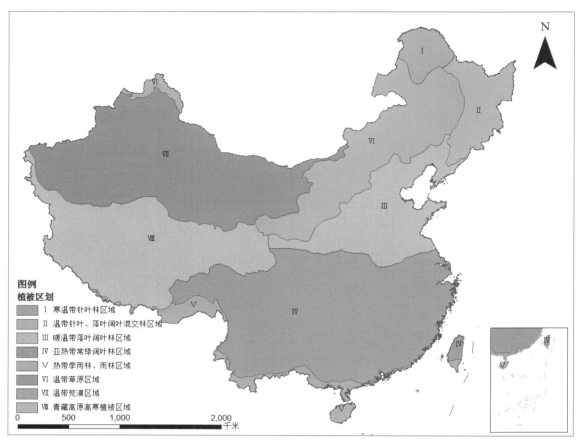

图2-1 中国植被区划示意图

表2-7 退耕还林省级区域主要树种

省级区域	林种类型	主要树种
内蒙古	生态林	油杉、云杉、落叶松、樟子松、油松、榆、杨、柳、柳杉、柏木、栎类、桦、楠木、其他硬阔类、其他软阔类、竹林
	经济林	苹果、沙棘、葡萄、李子、梨、桃、山杏、沙果、扁杏、枣、枸杞、樱桃
	灌木林	灌木林
宁夏	生态林	云杉、油杉、落叶松、樟子松、油松、其他松类、柏木、栎类、桦、榆、杨、柳、其他软阔类、其他硬阔类
	经济林	杏、花椒、梨树、沙棘、山桃、桑、核桃、枸杞、枣、苹果等
	灌木林	灌木林
甘肃	生态林	云杉、落叶松、油松、华山松、其他松类、柏木、栎类、榆、泡桐、杨、刺槐、柳、桦、其他硬阔类、其他软阔类、针叶混交林、阔叶混交林、针阔混交林
	经济林	板栗、樱桃、花椒、山杏、仁用杏、柿子、杜仲、山桃、杏、桃树、苹果、梨树、葡萄、漆树、油桃、枸杞、山楂、油橄榄
	灌木林	灌木林

（续）

省级区域	林种类型	主要树种
山西	生态林	云杉、落叶松、樟子松、油松、华山松、柏木、栎类、桦木、榆、枫香、杨、柳、泡桐、水曲柳、胡桃楸、黄波罗、阔叶混交林、针阔混交林、其他软阔类
	经济林	梨、花椒、枣、板栗、苹果、香椿、柿、核桃、桑树、李、山茱萸、文冠果
	灌木林	灌木林
陕西	生态林	云杉、落叶松、樟子松、油松、华山松、马尾松、其他松类、杉木、柳杉、水杉、柏木、其他杉类、栎类、桦、樟木、楠木、榆、枫香、杨、柳、椴、泡桐、水曲柳、胡桃楸、黄波罗、针叶混交林、阔叶混交林、针阔混交林、其他软阔类、其他硬阔类
	经济林	板栗、桃、杜仲、柿子、木瓜、枣、枇杷、苹果、李、梨、杏、樱桃、柑橘、香料树种、山茱萸、山杏、杜仲、花椒、文冠果
	灌木林	灌木林
河南	生态林	马尾松、其他松类、柏木、栎类、枫香、杨树、泡桐、针叶混交林、阔叶混交林、针阔混交林、其他软阔类、其他硬阔类
	经济林	核桃、柿子、花椒、山桃、桃、杏、黄连木、枣、油桐、李、樱桃、葡萄、板栗、栀子、苹果、杜仲、茶树、石榴、木瓜、梨、金银花、山茱萸
	灌木林	灌木林
四川	生态林	冷杉、云杉、铁杉、油杉、落叶松、黑松、油松、华山松、马尾松、云南松、思茅松、高山松、国外松、其他松类、杉木、柳杉、水杉、池杉、柏木、紫杉、其他杉类、栎类、桦木、水曲柳、胡桃楸、黄波罗、樟木、楠木、榆树、木荷、枫香、其他硬阔类、椴、檫木、杨、柳、泡桐、桉树、相思、木麻黄、楝、针叶混交林、阔叶混交林、针阔混交林、其他软阔类
	经济林	桑、茶树、油樟、木本药材、枇杷、桃、梨、柑橘、核桃、板栗等
	灌木林	灌木林
重庆	生态林	落叶松、油松、华山松、马尾松、其他松类、杉木、柳杉、水杉、柏木、紫杉、栎类、桦木、樟木、楠木、木荷、枫香、其他硬阔类、檫木、杨、柳、桉、相思、楝、其他软阔类、针叶混交林、阔叶混交林、针阔混交林
	经济林	柑橘、枇杷、桃、梨、柚子、龙眼、板栗、核桃、李子、柿子、枣、茶树、花椒、樱桃、佛手、龙眼、葡萄、杨梅、柚子、猕猴桃、百香果、脐橙、香蕉、荔枝、山茱萸、石榴、黄柏、香桂、厚朴、金银花、桂圆、油桐
	灌木林	灌木林
云南	生态林	云南松、华山松、冷杉、云杉、落叶松、其他松类、杉木、柳杉、柏木、栎类、桦木、枫香、桉树、檫木、楝、杨、柳、油杉、其他硬阔类、其他软阔类、阔叶混交林、针叶混交林、针阔混交林
	经济林	板栗、核桃、柑橘、桃树、李、花椒、柿子、八角、枇杷、橡胶、杨梅、杜仲、梨树、茶叶、杧果、油茶、柿、油桐、油橄榄、樱桃、龙眼、咖啡
	灌木林	灌木林

（续）

省级区域	林种类型	主要树种
贵州	生态林	黑松、华山松、马尾松、云南松、国外松、其他松类、杉木、柳杉、水杉、池杉、柏木、其他杉类、栎类、桦木、樟木、楠木、榆、木荷、枫香、檫木、楝树、水曲柳、胡桃楸、黄波罗、其他软阔类、针阔混交林、阔叶混交林、针叶混交林、其他硬阔类
	经济林	茶树、板栗、核桃、油茶、中药材
	灌木林	灌木林
湖北	生态林	落叶松、油松、华山松、马尾松、高山松、国外松、其他松类、杉木、柳杉、水杉、池杉、柏木、栎类、桦木、樟木、楠木、木荷、枫香、檫木、杨、柳、泡桐、针叶混交林、针阔混交林、阔叶混交林、其他硬阔类、其他软阔类
	经济林	油茶、胡柚、桃、李子、厚朴、油桐、漆树、核桃、甜柿、板栗、茶叶、梨树、柑橘、枣树、脐橙
	灌木林	无
湖南	生态林	马尾松、国外松、杉木、柏木、枫香、针阔混交林、阔叶混交林、针叶混交林、其他硬阔类、其他软阔类
	经济林	柑橘、油茶、板栗、核桃、柿子、油桐、锥栗、枣树、桃树、李、杜仲、花椒、厚朴、杨梅、黄柏、山苍子、猕猴桃
	灌木林	无
江西	生态林	华山松、马尾松、国外松、其他松类、杉木、柳杉、水杉、池杉、其他杉类、樟木、楠木、木荷、枫香、杨、柳、泡桐、桉树、木麻黄、楝树、其他硬阔类、其他软阔类
	经济林	柑橘、梨、油茶、柚子、桃、枇杷、杨梅、脐橙、柿子、李子、枣树、黄柏、山苍子、花椒、黄栀子、吴茱萸、茶叶、金银花、枣树
	灌木林	灌木林

植被净初级生产力（NPP）是对植被生产能力特征进行定量描述的指标，由于林分类型、水热条件和土壤状况的差异性，各区域的植被NPP亦不同。根据适地适树的原则，在不同地区选择不同的树种，才能更好地达到退耕还林的效果，对指导退耕还林工程实施和评估退耕还林工程生态效益有一定指导作用。全国植被年NPP分布见图2-2。可以看出，在退耕还林工程各省级区域中，位于我国南部亚热带常绿阔叶林区域的江西省、贵州省、重庆市和四川省的植被NPP最高，位于我国北部温带草原区域和温带荒漠区域的内蒙古西部和中部地区及宁夏回族自治区的植被NPP最低。

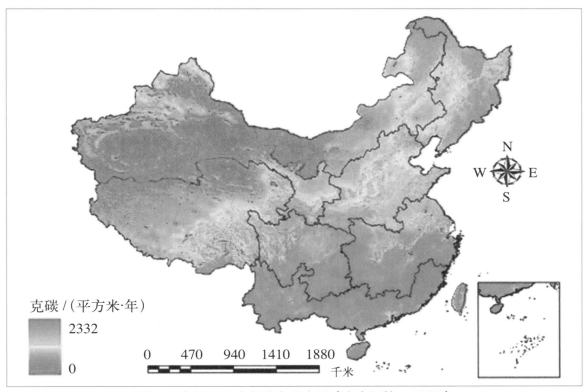

图2-2　中国NPP空间分布示意图（高志强等，2008）

2.2 退耕还林工程资源概况

自1999年退耕还林工程实施以来，截至2013年，全国退耕还林面积达到2981.91万公顷，其中退耕地还林面积926.41万公顷，宜林荒山荒地造林面积1745.50万公顷，封山育林面积310.00万公顷，面积核实率和造林合格率都在90%以上。

2014年9月25日，新一轮退耕还林工程正式实施。国家林业局安排符合退耕条件、群众积极性高、前期工作准备充分的山西省、湖北省、湖南省、广西壮族自治区、重庆市、四川省、贵州省、云南省、陕西省、甘肃省及新疆生产建设兵团退耕还林还草500万亩[①]。鉴于2014年退耕还林工程开始实施的时间较晚，因此，本报告的资源数据统计中不包含2014年的退耕还林面积。

2.2.1 长江、黄河中上游流经省份退耕还林工程资源概况
2.2.1.1 植被恢复类型及林种类型
在本次生态效益评估中，退耕还林工程共分三种植被恢复类型，即退耕地还

---

①：1亩=1/15公顷，下同。

林、宜林荒山荒地造林和封山育林。退耕还林工程林种主要分为生态林、经济林和灌木林。退耕还林工程省级区域1999～2013年退耕还林工程实施情况见表2-8。退耕还林工程各省级区域三种植被恢复类型及三个林种类型面积比例见图2-3和图2-4。

表2-8 截至2013年各省级区域退耕还林工程实施情况

省级区域	总面积（万公顷）	三种植被恢复类型			三个林种类型		
		退耕地还林（万公顷）	宜林荒山荒地造林（万公顷）	封山育林（万公顷）	生态林（万公顷）	经济林（万公顷）	灌木林（万公顷）
内蒙古	286.09	92.20	171.83	22.06	98.89	1.91	185.29
宁夏	80.40	31.20	45.12	4.08	14.95	0.48	64.97
甘肃	189.69	66.89	106.76	16.04	99.75	24.06	65.88
山西	156.50	46.27	98.70	11.53	89.63	5.82	61.05
陕西	245.46	101.56	128.11	15.79	132.19	60.35	52.92
河南	109.34	25.11	71.46	12.77	85.17	22.91	1.26
四川	197.65	88.74	94.63	14.28	156.54	26.16	14.95
重庆	127.73	44.12	69.84	13.77	111.26	9.66	6.81
云南	120.32	36.11	69.39	14.82	76.14	29.88	14.30
贵州	133.53	43.79	73.23	16.51	118.85	6.96	7.72
湖南	140.94	50.40	75.77	14.77	137.94	3.00	0
湖北	107.57	33.13	71.87	2.57	88.46	19.11	0
江西	70.94	18.61	40.62	11.71	63.34	5.85	1.75
合计	1966.16	678.13	1117.33	170.70	1273.11	216.15	476.90

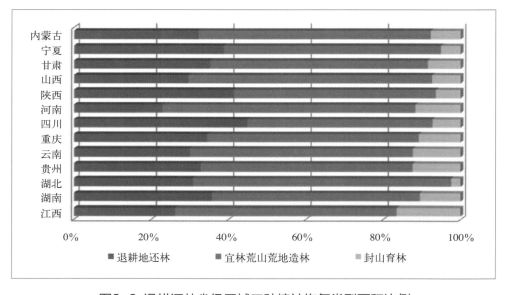

图2-3 退耕还林省级区域三种植被恢复类型面积比例

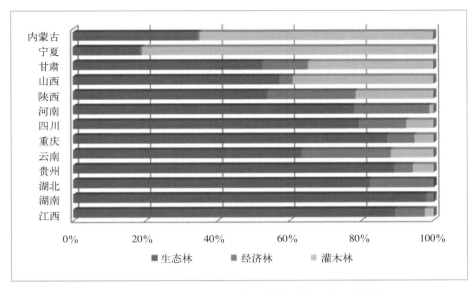

图2-4 退耕还林省级区域三个林种类型面积比例

　　根据全国退耕还林工程的总体规划，各省级区域的不同植被恢复类型所占比例总体表现一致。但由于各省级区域的立地条件差异较大，不同退耕还林工程省级区域的三个林种类型所占比例存在明显差异。宁夏回族自治区和内蒙古自治区位于年均降水量400毫米以下的温带草原区域和温带荒漠区域，立地条件不利于耗水量较大的乔木林的存活与生长，因此，该地区生态林面积所占比例相对较少，而耗水量相对较低的灌木林则成为该地区退耕还林的主要林种类型，该地区灌木林面积所占比例达该自治区退耕还林工程总面积的60%以上。此外，大面积的灌木林也更有利于退耕还林植被对当地风沙土的固定。地处暖温带落叶阔叶林区域的河南省、山西省和陕西省，生态林所占比例显著高于内蒙古自治区和宁夏回族自治区，但低于年均降水量大于800毫米，地处亚热带常绿阔叶林区域的四川省、重庆市、贵州省、江西省、湖北省和湖南省。

2.2.1.2 退耕还林工程实施进展

　　自1999年实施退耕还林工程以来，在不同的阶段退耕还林工程实施特点不同（图2-5）。1999～2001年是退耕还林工程的试点期，此阶段退耕还林面积相对较少。随着试点期退耕还林工作的顺利进行，自2002年起退耕还林工作全面开展，并于2003年到达顶峰。由于这一阶段完成了大部分退耕地还林工作和宜林荒山荒地造林工作，自2004年始，退耕还林工程造林面积逐渐下降。

　　退耕地还林在工程实施前期发展非常迅速。于2003年达到最大，此后逐渐减少，并于2007年暂停（退耕还林网，http://www.forestry.gov.cn/portal/tghl/s/3815/content-618012.html）（图2-6）。

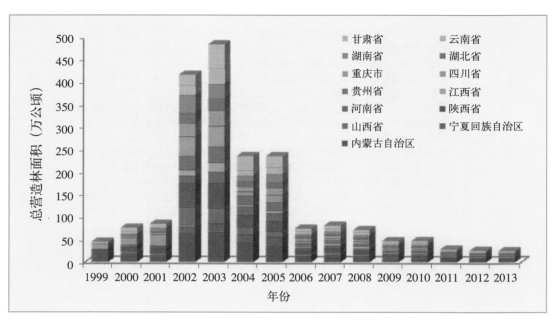

图2-5 1999～2013年省级区域退耕还林工程实施进展

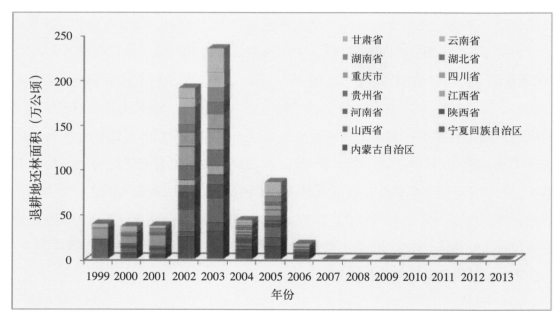

图2-6 1999～2013年退耕还林省级区域退耕地还林实施进展

　　针对宜林荒山荒地造林，退耕还林工程各省级区域在工程初期发展同样非常迅速，逐年增多，并于2003年达到最大（图2-7），此后逐年减少。

　　针对封山育林，退耕还林工程省级区域在工程初期开展较少。1999～2004年、2006年和2007年均无封山育林工作。2005年是封山育林造林最多的一年，2008～2013年，封山育林面积趋于平稳（图2-8）。

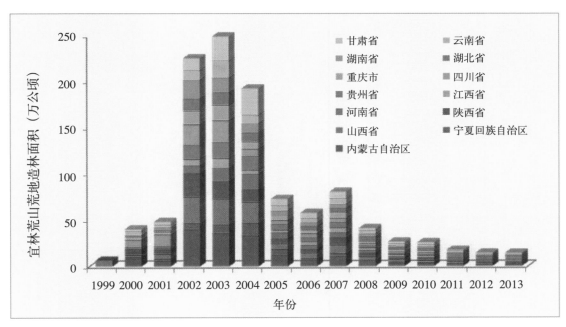

图2-7　1999～2013年退耕还林省级区域宜林荒山荒地造林实施进展

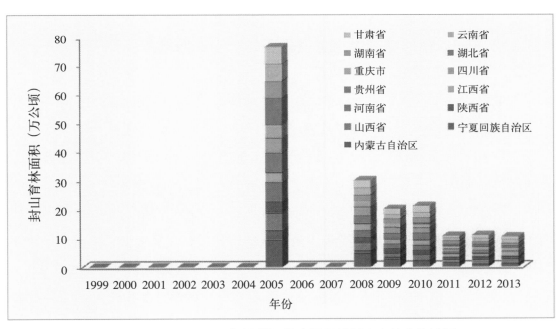

图2-8　1999～2013年退耕还林省级区域封山育林实施进展

　　图2-9是省级区域1999～2013年三种植被恢复类型实施进展，在工程前期，退耕地还林和宜林荒山荒地造林是各省级区域的主要工作，但随着工程进展，陡坡耕地等不适宜耕作的土地越来越少，退耕地还林工作基本完成，在退耕还林工程后期，封山育林逐渐成为退耕还林工程的主要植被恢复类型，宜林荒山荒地造林虽然也在逐渐减少，但仍然是退耕还林工程的主要工作。

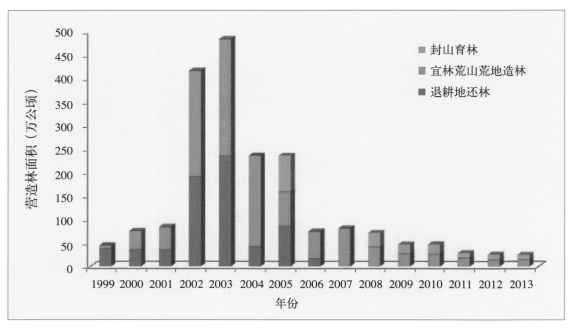

图2-9 1999～2013年退耕还林省级区域三种植被恢复类型实施进展

2.2.2 长江、黄河流域中上游退耕还林工程资源概况

2.2.2.1 植被恢复类型及林种类型

根据退耕还林工程在长江流域中上游和黄河流域中上游实施政策的不同，长江流域中上游和黄河流域中上游的退耕还林总面积存在差异。表2-9是截至2013年底长江流域中上游和黄河流域中上游退耕还林工程实施情况。可以看出，长江流域中上游的退耕还林总面积大于黄河流域中上游，其退耕还林总面积是黄河流域中上游的1.27倍。同一流域的不同区域，退耕还林面积也有所不同。黄河流域上游和中游的退耕还林面积基本相等；而长江流域上游和中游的退耕还林面积差异较大，上游的退耕还林面积是中游的1.74倍。

长江、黄河流域中上游3种植被恢复类型及三个林种类型面积比例见图2-10和图2-11。长江流域中上游与黄河流域中上游退耕还林工程不同植被恢复类型所占比例表现一致。但由于长江流域中上游和黄河流域中上游水热条件的显著差异，导致长江流域中上游和黄河流域中上游三个林种类型所占比例存在明显差异。

长江流域平均年降水量为1067毫米，而黄河流域年均降水量在143.3～849.6毫米。相比之下，长江流域更有利于耗水性强的乔木树种生长，因此长江流域中上游的生态林面积所占比例较大，约为83%。

黄河流域中上游的生态林面积所占比例则仅为45.48%。黄河流域年均降水量空间

表2-9 截至2013年底长江、黄河流域中上游退耕还林工程实施情况

流域	位置	总计 (万公顷)	三种植被恢复类型			三个林种类型		
			退耕地还林 (万公顷)	宜林荒山荒地造林 (万公顷)	封山育林 (万公顷)	生态林 (万公顷)	经济林 (万公顷)	灌木林 (万公顷)
黄河流域中上游	上游	363.70	128.02	215.67	20.01	116.43	21.71	225.56
	中游	361.39	121.48	213.61	26.30	213.37	46.66	101.36
	合计	725.09	249.50	429.28	46.31	329.80	68.37	326.92
长江流域中上游	上游	586.61	228.11	306.44	52.06	466.79	82.38	37.44
	中游	337.45	105.94	199.85	31.66	302.27	30.26	4.92
	合计	924.06	334.05	506.29	83.72	769.06	112.64	42.36

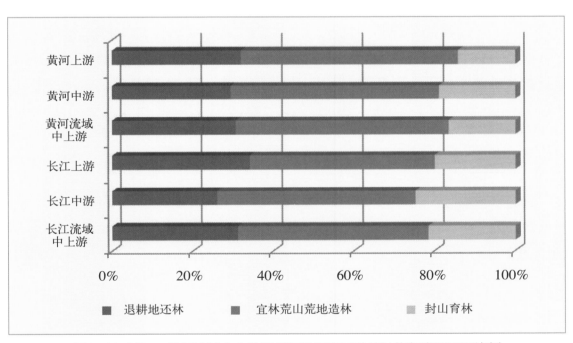

图2-10 长江、黄河流域中上游退耕还林工程三种植被恢复类型面积比例

差异大，最大值出现在黄河中游河南省境内的栾川县，为849.6毫米；最小值出现在黄河上游内蒙古自治区境内的磴口县，为143.3毫米。黄河流域东南部属半湿润气候，中部属半干旱气候，西北部属干旱气候。黄河流域内降水和气候条件的差异导致该流域上游和中游的退耕还林林种类型面积所占比例有所差异。由于黄河上游的自然条件不适于乔木林生长，因此其退耕还林面积中灌木林所占比例大于生态林，而黄河中游的自然条件适合乔木的生长，所以其退耕还林面积中灌木林所占比例则小于生态林。

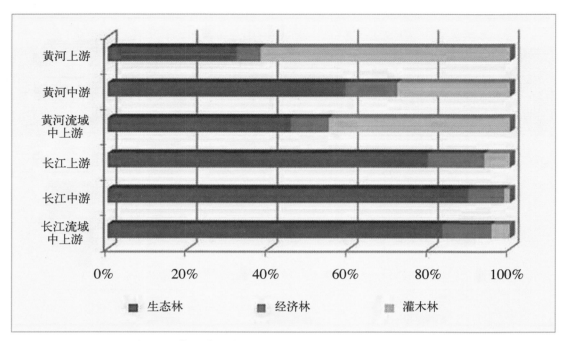

图2-11 长江、黄河流域中上游退耕还林工程三个林种类型面积比例

2.2.2.2 退耕还林工程实施进展

图2-12是长江、黄河流域中上游1999~2013年退耕还林工程实施进展。可以看出，除1999年和2004年外，长江流域中上游1999~2013年每年的退耕还林面积均大于黄河流域，并且在2002年和2003年长江流域中上游和黄河流域中上游的退耕还林面积差异最大。

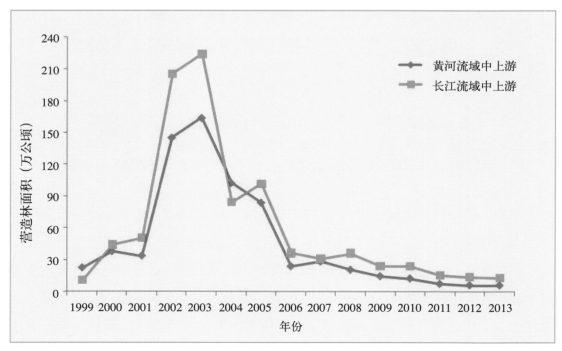

图2-12 1999~2013年长江、黄河流域中上游退耕还林工程实施进展

　　图2-13是长江流域中上游1999～2013年退耕还林工程三种植被恢复类型实施进展，图2-14黄河流域中上游1999～2013年退耕还林工程三种植被恢复类型实施进展。可以看出，1999～2013年两大流域中上游退耕还林工程三种植被恢复类型的逐年实施情况基本一致。前期退耕还林工程均表现为以退耕地还林和宜林荒山荒地造林为主，后期仅为封山育林和宜林荒山荒地造林。

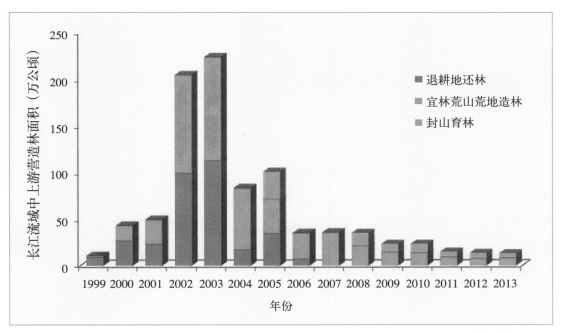

图2-13　1999～2013年长江流域中上游退耕还林工程三种植被恢复类型实施进展

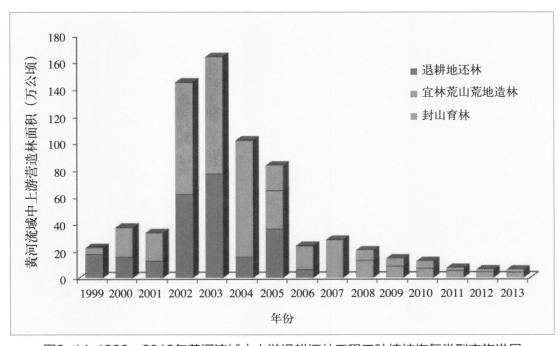

图2-14　1999～2013年黄河流域中上游退耕还林工程三种植被恢复类型实施进展

长江、黄河中上游流经省份
退耕还林工程生态效益

依据国家林业局《退耕还林工程生态效益监测评估技术标准与管理规范》（办退字〔2013〕16号），本章将在省级行政区尺度，采用长江、黄河中上游流经省份退耕还林工程生态效益评估分布式测算方法，对13个长江、黄河中上游流经省份（内蒙古自治区、宁夏回族自治区、甘肃省、山西省、陕西省、河南省、四川省、重庆市、云南省、贵州省、湖北省、湖南省和江西省）的退耕还林工程开展生态效益评估工作，探讨各省级区域的退耕还林工程生态效益特征。

3.1 退耕还林工程生态效益

退耕还林工程生态效益评估分为物质量和价值量两个部分。物质量评估主要是从物质量的角度对退耕还林工程提供的各项服务进行定量评估；价值量评估是指从货币价值量的角度对退耕还林工程提供的服务进行定量评估，其评估结果都是货币值，可以将不同生态系统的同一项生态系统服务进行比较，也可以将退耕还林工程生态效益的各单项服务综合起来，就使得价值量更具有直观性。本节将从物质量和价值量两方面对13个长江、黄河中上游流经省份的退耕还林工程生态效益进行评估。

3.1.1 物质量

13个长江、黄河中上游流经省份退耕还林工程涵养水源、保育土壤、固碳释氧、林木积累营养物质、净化大气环境和森林防护6个类别17个分项的生态效益物质量评估结果及其空间分布如表3-1和图3-1至图3-14所示。

13个退耕还林工程省级区域涵养水源总物质量为307.31亿立方米/年；固土总物

表3-1 退耕还林省级区域生态效益物质量

| 省级区域 | 涵养水源(亿立方米/年) | 保育土壤 | | | | | 固碳释氧 | | 林木积累营养物质 | | | 净化大气环境 | | | | | 森林防护 |
		固土(万吨/年)	固氮(万吨/年)	固磷(万吨/年)	固钾(万吨/年)	固有机质(万吨/年)	固碳(万吨/年)	释氧(万吨/年)	氮(万吨/年)	磷(万吨/年)	钾(万吨/年)	提供负离子(×10²²个/年)	吸收污染物(万吨/年)	滞尘(万吨/年)	吸滞TSP(万吨/年)	吸滞PM₂.₅(万吨/年)	防风固沙(万吨/年)
内蒙古	30.52	5815.06	5.48	2.15	96.29	39.31	362.49	834.22	7.44	0.54	6.09	460.03	30.41	3599.70	2879.76	143.99	5440.14
宁夏	6.39	986.65	2.60	0.34	18.69	19.71	73.47	158.78	1.23	0.11	0.37	238.72	8.28	875.51	700.40	35.02	1352.70
甘肃	19.92	3129.44	16.37	3.35	45.64	68.80	231.19	528.52	2.09	0.48	2.04	440.95	23.05	2782.80	2226.24	111.31	4005.18
山西	13.61	2506.20	6.74	0.98	41.91	25.41	181.00	417.71	2.94	0.15	0.71	313.03	17.47	2121.95	1697.56	84.88	869.08
陕西	22.90	4017.17	6.23	1.90	67.83	80.54	387.01	906.67	9.08	1.14	5.69	918.16	30.47	3383.66	2706.93	135.35	5323.86
河南	13.70	2653.02	3.67	0.64	2.72	41.19	214.78	515.30	3.77	1.29	1.63	387.05	11.91	1410.59	1128.47	56.42	874.14
四川	55.75	6611.26	7.24	3.40	97.33	174.73	512.22	1246.40	4.35	0.41	2.20	794.82	29.07	3979.75	3183.80	159.19	—
重庆	36.23	3408.51	13.10	2.71	47.02	94.35	295.66	713.82	2.47	0.94	1.70	458.01	19.15	2676.10	2140.88	107.04	—
云南	27.72	1841.85	22.96	1.64	0.37	12.58	233.93	559.75	1.42	0.28	0.72	433.42	13.45	1775.10	1420.08	71.00	—
贵州	16.04	3020.45	4.46	1.85	19.52	67.06	299.41	723.79	2.72	0.35	2.01	524.06	21.94	3041.91	2433.53	121.68	—
湖北	17.93	2334.87	3.93	2.92	13.12	55.21	243.34	589.49	3.47	0.48	1.95	613.13	12.18	1564.91	1251.93	62.60	—
湖南	31.96	5229.11	5.75	7.42	48.26	113.44	262.09	618.13	2.58	0.23	1.41	680.98	20.95	3429.60	2743.68	137.18	—
江西	14.64	3097.18	4.72	2.88	29.77	68.10	151.95	363.13	1.78	0.31	0.85	358.50	10.00	1575.82	1260.66	63.03	—
总计	307.31	44650.77	103.25	32.18	528.47	860.43	3448.54	8175.71	45.34	6.71	27.37	6620.86	248.33	32217.40	25773.92	1288.69	17865.10

注：表中固碳为植物固碳与土壤固碳的物质量总和；吸收污染物是森林吸收二氧化硫、氟化物和氮氧化物的物质量总和。

49

质量为4.47亿吨/年，固定土壤氮、磷、钾和有机质总物质量分别为103.25万吨/年、32.18万吨/年、528.47万吨/年和860.43万吨/年；固碳总物质量为3448.54万吨/年，释氧总物质量为8175.71万吨/年；林木积累氮、磷和钾总物质量分别为45.34万吨/年、6.71万吨/年和27.37万吨/年；提供负离子总物质量为6620.86×10^{22}个/年，吸收污染物总物质量为248.33万吨/年，滞尘总物质量为3.22亿吨/年（其中，吸滞TSP总物质量为 2.58亿吨/年，吸滞$PM_{2.5}$总物质量为1288.69万吨/年）；防风固沙总物质量为1.79亿吨/年。

13个退耕还林工程省级区域同一退耕还林工程生态效益评估指标表现出明显的地区差异，并且不同省级区域的生态效益主导功能不同（图3-1至图3-14）。

（1）**涵养水源** 在13个省级区域中，退耕还林总面积位居第三的四川省涵养水源物质量最大，为55.75亿立方米/年，比退耕还林总面积位居第一的内蒙古自治区高25.23亿立方米/年，比位居第二的陕西省高32.85亿立方米/年；重庆市、湖南省和内蒙古自治区位居其下，其涵养水源物质量在30.00亿～40.00亿立方米/年；其余各省级区域中，除宁夏回族自治区涵养水源物质量小于10亿立方米/年外，另外8个省级区域涵养水源物质量均在10亿～30亿立方米/年（图3-1）。

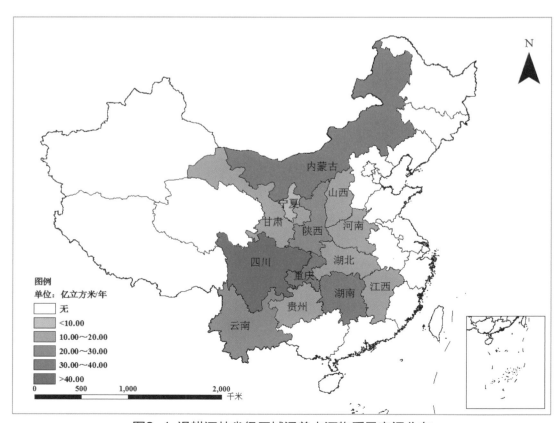

图3-1 退耕还林省级区域涵养水源物质量空间分布

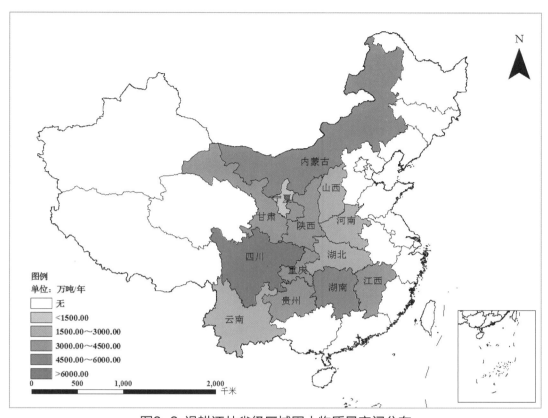

图3-2 退耕还林省级区域固土物质量空间分布

（2）**固土和保肥** 固土物质量最大的省级区域为四川省，其固土物质量为6611.26万吨/年；内蒙古自治区和湖南省次之，固土物质量在5000.00万～6000.00万吨/年；固土物质量在3000.00万吨/年以上的省级区域还有陕西省、重庆市、甘肃省、江西省和贵州省；固土物质量不足1000.00万吨/年的省级区域仅为宁夏回族自治区。保肥物质量最大的省级区域仍然为四川省，其保肥物质量为282.70万吨/年；位居其次的为湖南省、重庆市、陕西省、内蒙古自治区、甘肃省和江西省，其保肥物质量在100.00万～200.00万吨/年；其余各省级区域保肥物质量均在100.00万吨/年以下，其中，云南省、宁夏回族自治区和河南省的保肥物质量小于50万吨/年（图3-2和图3-3）。

（3）**固碳、释氧物质量** 13个省级区域的固碳物质量排序和释氧物质量排序表现一致。固碳物质量和释氧物质量最大的省级区域均为四川省，固碳物质量为512.22万吨/年，释氧物质量为1246.40万吨/年；其次为陕西省和内蒙古自治区，其固碳物质量在300.00万～400.00万吨/年，释氧物质量在750.00万～950.00万吨/年；固碳物质量不足100.00万吨/年的省级区域为宁夏回族自治区，释氧物质量不足350.00万吨/年的省级区域同样为宁夏回族自治区（图3-4和图3-5）。

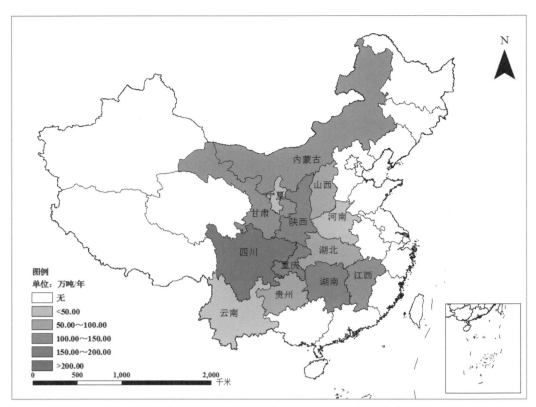

图3-3 退耕还林省级区域保肥物质量空间分布

注：保肥是固定土壤氮、磷、钾和有机质的物质量总和

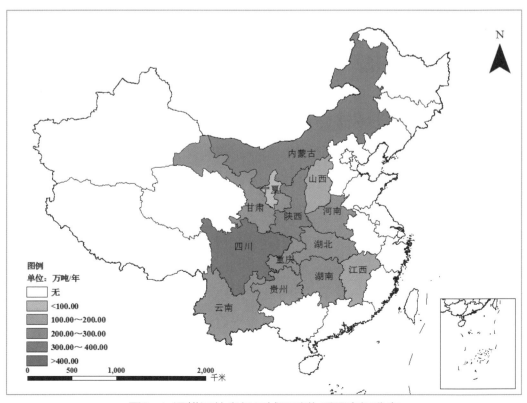

图3-4 退耕还林省级区域固碳物质量空间分布

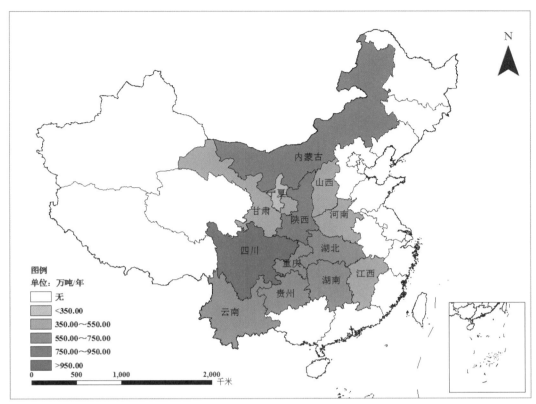

图3-5　退耕还林省级区域释氧物质量空间分布

（4）**林木积累氮、磷、钾**　不同省级区域存在地区差异。林木积累氮物质量最大的省级区域为陕西省（9.08万吨/年），林木积累磷物质量最大的省级区域为河南省（1.29万吨/年）和陕西省（1.14万吨/年），林木积累钾物质量最大的省级区域为内蒙古自治区（6.09万吨/年）和陕西省（5.69万吨/年）；林木积累氮物质量较小的省级区域为江西省、云南省和宁夏回族自治区，其林木积累氮物质量在1.00万～2.00万吨/年，林木积累磷物质量较小的省级区域为山西省和宁夏回族自治区，其林木积累磷物质量小于0.20万吨/年，林木积累钾物质量较小的省级区域为江西省、云南省、山西省和宁夏回族自治区，其林木积累钾物质量在1.00万吨/年以下，其中，林木积累钾物质量不足0.50万吨/年的省级区域为宁夏回族自治区（图3-6至图3-8）。

（5）**净化大气环境**　提供负离子物质量最大的省级区域为陕西省（918.16×10^{22}个/年）和四川省（794.82×10^{22}个/年）；其次为湖南省和湖北省，其提供负离子物质量在600.00×10^{22}～700.00×10^{22}个/年；提供负离子物质量小于300.00×10^{22}个/年的省级区域为宁夏回族自治区。吸收污染物物质量最大的省级区域为陕西省（30.47万吨/年）、内蒙古自治区（30.41万吨/年）和四川省（29.07万吨/年）；其次为甘肃省、贵州省和湖南省，其吸收污染物物质量在20.00万～25.00万吨/年；其余各省级区域吸收污染物

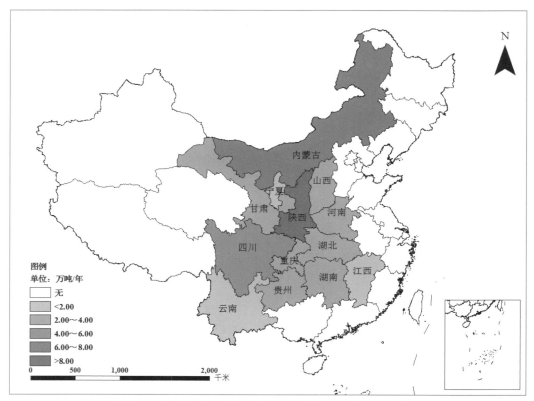

图3-6 退耕还林省级区域林木积累氮物质量空间分布

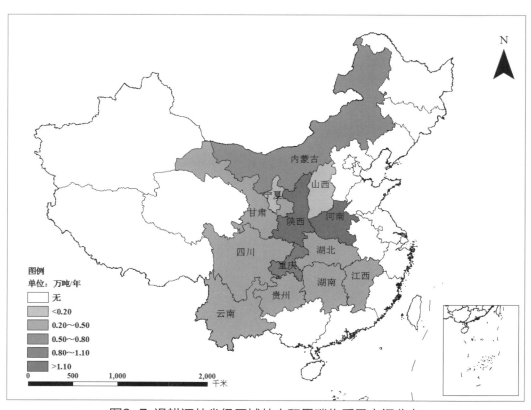

图3-7 退耕还林省级区域林木积累磷物质量空间分布

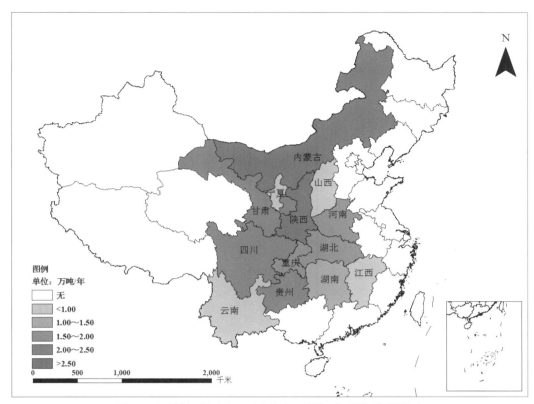

图3-8 退耕还林省级区域林木积累钾物质量空间分布

物质量均小于20.00万吨/年，其中，宁夏回族自治区吸收污染物物质量为8.28万吨/年。各省级区域滞尘、吸滞TSP和吸滞$PM_{2.5}$物质量排序表现一致，均为四川省、内蒙古自治区、湖南省和陕西省最大，宁夏回族自治区相对较小（图3-9至图3-13）。

（6）防风固沙　其退耕还林工程生态效益的评估是针对防风固沙林进行的。我国中南部地区的云南省、贵州省、四川省、重庆市、湖北省、湖南省和江西省的退耕还林工程中没有营造防风固沙林，因此，其退耕还林工程生态效益评估中不包含防风固沙功能。对于中北部地区，在退耕还林工程中营造防风固沙林的内蒙古、甘肃、宁夏、陕西、山西和河南6个省级区域中，防风固沙物质量最大的省级区域为内蒙古自治区和陕西省，每年的防风固沙物质量在5400.00万吨左右，显著高于其余退耕还林工程省级区域。这一方面是由于内蒙古自治区和陕西省的防风固沙林面积最大，另一方面也与当地的风力侵蚀强度等因子有关。相同面积的同一类型林分，在风力侵蚀强度剧烈的地区能够固定更多的风沙；河南省和山西省防风固沙林的防风固沙物质量相对较小，每年在870万吨左右（图3-14）。

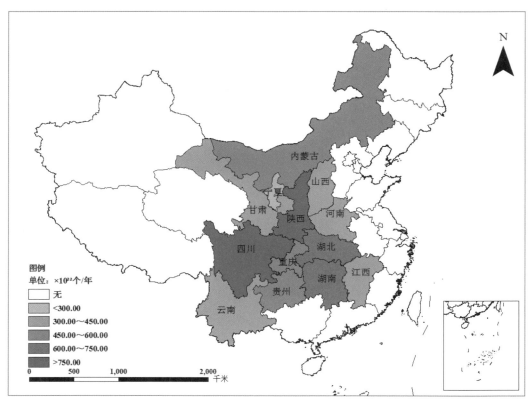

图3-9 退耕还林省级区域提供负离子物质量空间分布

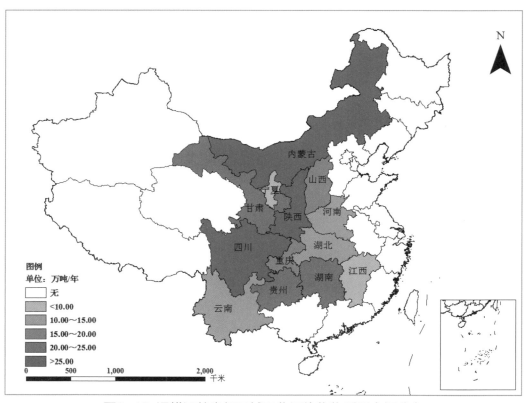

图3-10 退耕还林省级区域吸收污染物物质量空间分布

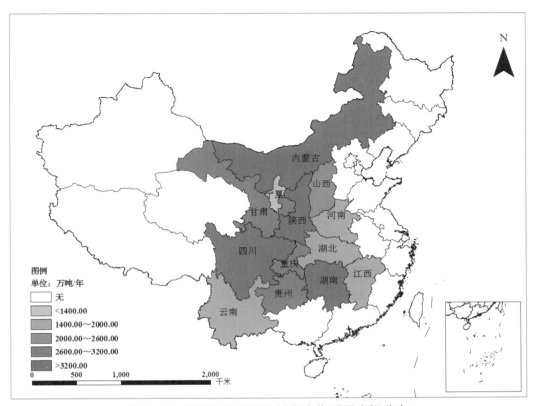

图3-11 退耕还林省级区域滞尘物质量空间分布

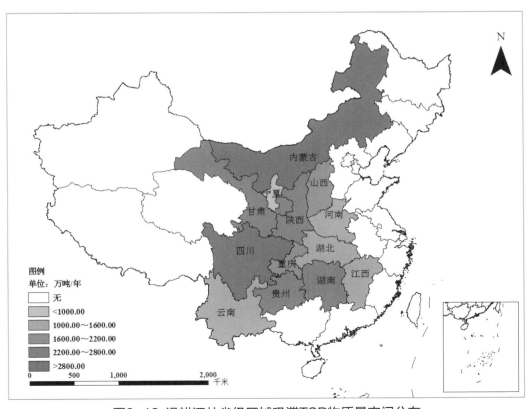

图3-12 退耕还林省级区域吸滞TSP物质量空间分布

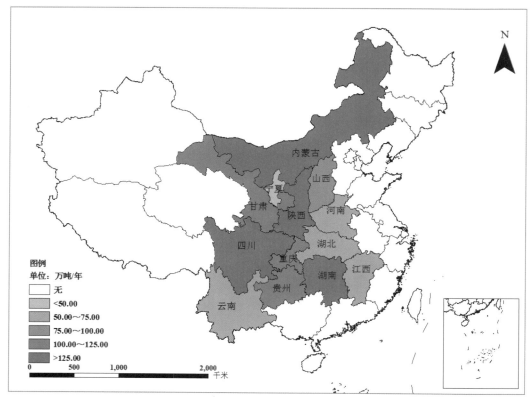

图3-13 退耕还林省级区域吸滞PM$_{2.5}$物质量空间分布

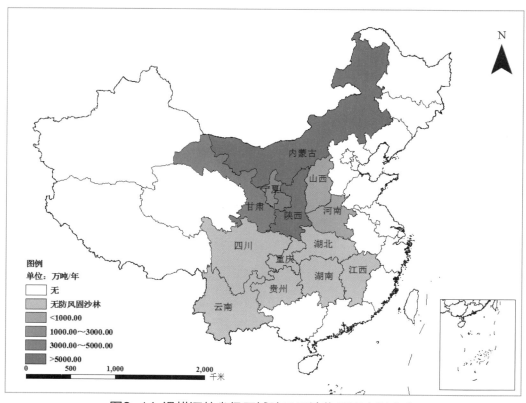

图3-14 退耕还林省级区域防风固沙物质量空间分布

3.1.2 价值量

13个长江、黄河中上游流经省份的退耕还林工程生态效益价值量及其分布如表3-2和图3-15所示。13个省级区域退耕还林工程每年产生的生态效益总价值量为10071.50亿元，其中涵养水源3680.28亿元，保育土壤941.76亿元，固碳释氧1560.21亿元，林木积累营养物质143.36亿元，净化大气环境1919.77亿元（其中，吸滞TSP 61.46亿元，吸滞PM$_{2.5}$ 1040.96亿元），生物多样性保护1444.87亿元，森林防护381.25亿元。

13个省级区域中，四川省退耕还林工程生态效益总价值量最大，为1535.71亿元/年；内蒙古自治区、重庆市、陕西省和湖南省次之，每年退耕还林工程生态效益总价值量在950.00亿～1150.00亿元；贵州省、云南省和甘肃省的退耕还林工程生态效益总价值量在650.00亿～850.00亿元；河南省、江西省、山西省和湖北省退耕还林工程生态效益总价值量在440.00亿～550.00亿元；宁夏回族自治区退耕还林工程生态效益总价值量为255.69亿元/年。

退耕还林工程实施引起的林地面积增加是森林生态系统服务价值上升的主要原因（Zhang *et al.*，2013）。各省级区域退耕还林工程生态效益价值量的高低与其退耕还

表3-2 退耕还林省级区域生态效益价值量

| 省级区域 | 涵养水源(亿元/年) | 保育土壤(亿元/年) | 固碳释氧(亿元/年) | 林木积累营养物质(亿元/年) | 净化大气环境 | | | 生物多样性保护(亿元/年) | 森林防护(亿元/年) | 总价值量(亿元/年) |
					总计(亿元/年)	吸滞TSP(亿元/年)	吸滞PM$_{2.5}$(亿元/年)			
内蒙古	365.97	102.29	161.27	23.04	216.12	6.91	117.35	133.34	130.75	1132.78
宁夏	76.62	25.96	31.29	3.49	52.61	1.68	28.54	33.21	32.51	255.69
甘肃	238.85	97.13	102.38	7.44	167.18	5.34	90.72	95.29	96.26	804.53
山西	163.16	58.60	80.59	7.95	127.53	4.07	69.17	68.98	20.86	527.67
陕西	274.06	89.13	173.95	28.26	203.96	6.50	110.31	124.25	79.86	973.47
河南	164.26	28.49	94.03	13.17	82.10	2.71	43.22	45.37	21.01	448.43
四川	668.52	136.80	237.03	12.91	238.56	7.64	129.74	241.89	—	1535.71
重庆	434.45	93.82	136.06	9.84	160.33	5.14	87.24	195.11	—	1029.61
云南	332.34	71.04	106.97	4.58	106.54	3.41	57.87	122.67	—	744.14
贵州	192.36	46.77	137.60	8.66	171.63	5.84	99.17	99.64	—	656.66
湖北	211.14	39.88	111.12	10.78	94.19	3.00	51.02	76.71	—	543.82
湖南	383.16	95.56	118.63	7.67	204.88	6.58	111.81	143.12	—	953.02
江西	175.39	56.29	69.29	5.57	94.14	2.64	44.80	65.29	—	465.97
合计	3680.28	941.76	1560.21	143.36	1919.77	61.46	1040.96	1444.87	381.25	10071.50

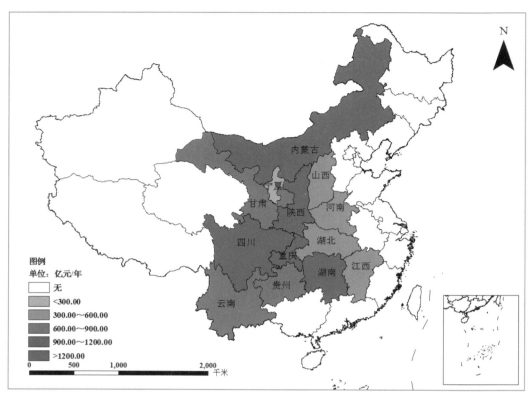

图3-15 退耕还林省级区域生态效益总价值量空间分布

林面积大小表现基本一致，退耕还林面积较大的内蒙古自治区、陕西省、四川省，其退耕还林工程生态效益总价值量也相对较高，但除了面积外，林种组成及降水和温度等影响林木生长发育的环境因子也在很大程度上影响着退耕还林工程生态效益的发挥。如湖南省的退耕还林总面积虽然相对较少，仅为退耕还林工程总面积最大的内蒙古自治区的一半，但其生态林的总面积却仅低于四川省，为137.94万公顷，这使得其退耕还林工程生态效益总价值量相对较高，为内蒙古自治区退耕还林工程生态效益总价值量的84.13%。当然，湖南省有利于林木生长的水热条件也是其退耕还林工程生态效益总价值量相对较高的原因之一。

图3-16是退耕还林工程各功能生态效益价值量占13个省级区域退耕还林工程生态效益总价值量的比例分布。可以看出，13个省级区域退耕还林工程各功能生态效益价值量中，涵养水源价值量所占比例最大，为36.54%；其次为净化大气环境、固碳释氧和生物多样性保护，价值量所占比例分别为19.06%、15.49%和14.35%，这与各省森林生态系统服务的评估结果及第一次退耕还林工程生态效益评估结果有所不同（中国森林生态服务功能评估项目组，2010；国家林业局，2013）。区别在于此次评估结果的净化大气环境价值量所占比例较大。其原因为本次评估在净化大气环境价值量计算公式中重点考虑了退耕还林工程营造林吸滞$PM_{2.5}$的价值。在以往的评估中，$PM_{2.5}$的价值

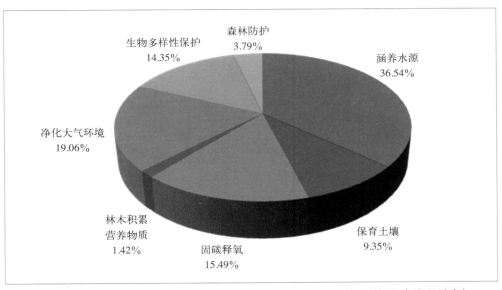

图3-16 长江、黄河中上游流经省份退耕还林各指标生态效益价值量比例

量核算被包含在了降尘的清理费用中。但鉴于$PM_{2.5}$对人体健康的危害，本报告用健康危害损失法计算退耕还林工程营造林分吸滞$PM_{2.5}$的价值。由于$PM_{2.5}$所造成的健康危害经济损失远远高于降尘清理费用（附表4），因此导致此次评估结果与其余研究结果的差异。林木吸滞$PM_{2.5}$价值量的独立核算是对以往净化大气环境价值量核算的一次重大改进，与当前$PM_{2.5}$对人体健康危害程度的加剧及人们对$PM_{2.5}$的关注密切相关，具有与时俱进的重要意义。

实施退耕还林工程，首要目的是恢复和改善生态环境，控制水土流失，减缓土地荒漠化，因此，在退耕还林工程形式和植被的选择上，更侧重于涵养水源生态效益较高的方式。提高退耕还林林地的生物多样性，使其更接近于自然状态，是巩固退耕还林工程成果、增加退耕还林工程生态效益、促进退耕还林工程可持续发展的必要手段。此外，退耕还林工程实施十多年来，大多数新营造林分处于幼龄林或是中龄林阶段，在适宜的生长条件下，相对于成熟林或过熟林，具有更长的固碳期，累积的固碳量会更多。由此可见，人为的选择和退耕还林工程的特殊性决定了各项生态效益价值量间的比例关系。

3.2 三种植被恢复类型生态效益

退耕还林工程建设内容包括退耕地还林、宜林荒山荒地造林和封山育林3种植被恢复类型。其中，退耕地还林是我国持续时间最长、工程范围最广、政策性最强、社会关注度最高、民众受益最直接、增加森林资源最多的生态工程和惠民工程。本节在退耕还林工程生态效益评估的基础之上，分别针对这三种植被恢复类型的物质量和价值量进行评估。

3.2.1 退耕地还林生态效益

我国退耕地还林于1999年率先在陕西省、甘肃省、四川省开展试点，经过3年的试点后，于2002年在全国正式启动。从2007年开始，国家暂停了退耕地还林年度计划任务，退耕地还林从数量发展转入成果巩固阶段（杨传金等，2011）。为全面掌握退耕地还林建设成果的巩固情况，开展退耕地还林生态效益监测评估工作意义重大。

13个长江、黄河中上游流经省份退耕地还林涵养水源总物质量为111.18亿立方米/年；固土总物质量为1.61亿吨/年，固定土壤氮、磷、钾和有机质总物质量分别为37.26万吨/年、11.83万吨/年、200.92万吨/年和322.26万吨/年；固碳总物质量为1210.15万吨/年，释氧总物质量为2861.70万吨/年；林木积累氮、磷和钾总物质量分别为16.66万吨/年、2.20万吨/年和9.28万吨/年；提供负离子总物质量为2373.40×10^{22}个/年，吸收污染物总物质量为83.94万吨/年，滞尘总物质量为1.07亿吨/年（其中，吸滞TSP总物质量为8538.45万吨/年，吸滞PM$_{2.5}$总物质量为426.93万吨/年）；防风固沙总物质量为6321.70万吨/年（表3-3）。

13个长江、黄河中上游流经省份退耕地还林生态效益价值量及其分布如表3-4和图3-17所示。13个退耕还林省级区域退耕地还林营造林每年产生的生态效益总价值量为3553.11亿元，其中涵养水源1329.47亿元，保育土壤347.42亿元，固碳释氧543.34亿元，林木积累营养物质51.40亿元，净化大气环境637.72亿元（其中，吸滞TSP 20.12亿元，吸滞PM$_{2.5}$ 341.36亿元），生物多样性保护510.06亿元，森林防护133.70亿元。

对于不同退耕还林省级区域退耕地还林生态效益总价值量而言，四川省退耕地还林生态效益价值量最大，为713.14亿元/年；陕西省、内蒙古自治区、湖南省和重庆市退耕地还林生态效益价值量次之，在300.00亿～400.00亿元/年；甘肃省、云南省和贵州省退耕地还林生态效益价值量在200.00亿～300.00亿元/年；湖北省、山西省、江西省和宁夏回族自治区退耕地还林生态效益价值量在100.00亿～200.00亿元/年；河南省退耕地还林生态效益总价值量为96.34亿元/年。

就各个退耕还林省级区域退耕地还林的各项生态效益评估指标而言，各省级区域退耕地还林生态效益更偏重于涵养水源功能，其涵养水源价值量所占比例为29.35%～45.35%。四川省、重庆市、贵州省、江西省、云南省、湖北省和湖南省在退

表3-3 退耕还林省级区域退耕地还林生态效益物质量

省级区域	涵养水源(亿立方米/年)	保育土壤					固碳释氧		林木积累营养物质			净化大气环境					森林防护
		固土(万吨/年)	固氮(万吨/年)	固磷(万吨/年)	固钾(万吨/年)	固有机质(万吨/年)	固碳(万吨/年)	释氧(万吨/年)	氮(百吨/年)	磷(百吨/年)	钾(百吨/年)	提供负离子(×10²²个/年)	吸收污染物(万吨/年)	滞尘(万吨/年)	吸滞TSP(万吨/年)	吸滞PM$_{2.5}$(万吨/年)	防风固沙(万吨/年)
内蒙古	10.01	1833.99	1.75	0.69	30.42	12.34	113.04	259.78	231.15	17.01	190.24	132.68	9.64	1147.09	917.67	45.88	1814.12
宁夏	2.71	395.81	1.03	0.13	7.63	8.09	30.08	65.43	54.64	4.47	15.13	109.22	3.20	334.39	267.51	13.38	431.52
甘肃	6.98	1136.42	5.82	1.34	15.54	23.99	79.04	179.16	71.05	15.10	65.39	158.11	7.66	889.91	711.93	35.60	1553.17
山西	4.65	873.70	2.47	0.35	16.24	8.95	63.17	145.41	97.66	4.58	19.40	104.58	5.32	582.66	466.13	23.31	324.36
陕西	9.93	1697.96	2.74	0.93	29.04	33.90	162.05	379.03	392.23	46.60	222.65	351.87	11.46	1214.45	971.56	48.58	2018.88
河南	3.04	654.31	1.10	0.24	0.95	10.61	51.55	123.76	99.11	30.96	36.49	119.08	2.51	262.38	209.90	10.50	179.65
四川	25.88	3076.30	3.47	1.68	47.25	84.40	233.23	566.75	206.89	18.36	103.55	378.03	13.08	1773.56	1418.85	70.94	—
重庆	13.02	1256.17	4.92	1.03	18.03	33.53	99.61	239.25	84.10	31.15	59.73	155.43	5.19	695.96	556.77	27.84	—
云南	8.43	594.55	7.62	0.50	0.12	4.14	74.64	178.36	51.11	9.04	23.62	144.15	4.30	550.37	440.30	22.01	—
贵州	5.25	1016.20	1.51	0.63	6.42	22.32	100.58	243.20	101.04	12.18	65.22	179.18	6.90	941.36	753.08	37.65	—
湖北	5.60	769.29	1.36	1.02	4.58	18.86	72.88	175.41	111.30	14.64	54.63	185.31	3.67	446.01	356.81	17.84	—
湖南	11.76	1973.04	2.31	2.59	17.11	43.17	89.28	207.95	94.93	7.90	48.36	261.57	8.85	1525.46	1220.37	61.02	—
江西	3.92	801.39	1.16	0.70	7.59	17.96	41.00	98.21	70.47	8.13	23.24	94.19	2.16	309.46	247.57	12.38	—
总计	111.18	16079.13	37.26	11.83	200.92	322.26	1210.15	2861.70	1665.68	220.12	927.65	2373.40	83.94	10673.06	8538.45	426.93	6321.70

注：表中固碳为植物固碳与土壤固碳的物质量总和；"吸收污染物"是森林吸收二氧化硫、氟化物和氮氧化物的物质量总和。

表3-4 退耕还林省级区域退耕地还林生态效益价值量

省级区域	涵养水源(亿元/年)	保育土壤(亿元/年)	固碳释氧(亿元/年)	林木积累营养物质(亿元/年)	净化大气环境			生物多样性保护(亿元/年)	森林防护(亿元/年)	总价值量(亿元/年)
					总计(亿元/年)	吸滞TSP(亿元/年)	吸滞PM2.5(亿元/年)			
内蒙古	120.02	32.35	50.24	7.18	68.88	2.20	37.40	44.71	43.60	366.98
宁夏	32.45	10.39	12.87	1.53	20.09	0.64	10.90	12.39	10.37	100.09
甘肃	83.71	34.59	34.79	2.47	53.51	1.71	29.01	32.68	37.33	279.08
山西	55.74	21.67	28.10	2.62	35.12	1.12	18.99	22.44	7.80	173.49
陕西	119.04	38.45	72.92	12.00	73.30	2.33	39.59	46.13	30.28	392.12
河南	36.45	7.88	19.26	3.36	15.86	0.50	8.55	9.21	4.32	96.34
四川	310.33	65.17	107.82	6.12	106.35	3.41	57.82	117.35	—	713.14
重庆	156.16	34.75	45.67	3.13	41.75	1.34	22.69	62.85	—	344.31
云南	101.11	23.29	34.10	1.60	33.06	1.06	17.94	33.51	—	226.67
贵州	62.90	15.75	46.33	3.14	53.32	1.81	30.69	32.84	—	214.28
湖北	63.49	13.45	32.42	3.41	26.89	0.86	14.54	27.11	—	166.77
湖南	141.04	35.35	40.06	2.79	91.03	2.93	49.73	51.65	—	361.92
江西	47.03	14.33	18.76	2.05	18.56	0.21	3.51	17.19	—	117.92
合计	1329.47	347.42	543.34	51.40	637.72	20.12	341.36	510.06	133.70	3553.11

耕地还林中没有营造防风固沙林，因此其生态效益评估中不包括森林防护功能。林木积累营养物质价值量在各退耕还林省级区域退耕地还林生态效益价值量中所占比例均为最小（图3-18）。

《退耕还林条例》第十五条规定，水土流失严重，沙化、盐碱化、石漠化严重，生态地位重要、粮食产量低而不稳，江河源头及其两侧、湖库周围的陡坡耕地以及水土流失和风沙危害严重等生态地位重要区域的耕地可纳入退耕地还林的范围。现有坡耕地无论是土层厚度还是地形条件，都要好于荒山、荒坡、荒沟（裴新富等，2003）。而且，从中央到地方政府，对退耕地还林验收、核查等工作较为重视，同时给予退耕户的补贴也相对较高。因此，相对于宜林荒山荒地造林和封山育林，除了受到自然环境等客观因素影响外，退耕地还林还得到人为维护，其长势更好，所产生的生态效益也更高。

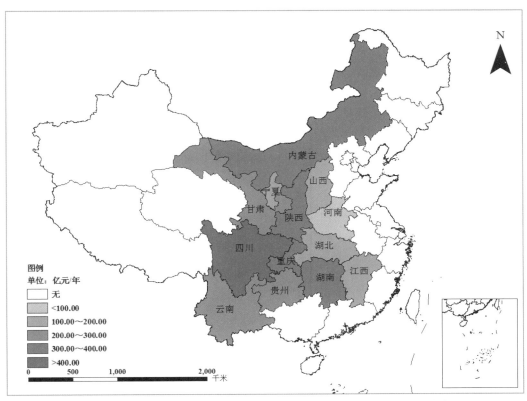

图3-17 退耕还林省级区域退耕地还林生态效益价值量空间分布

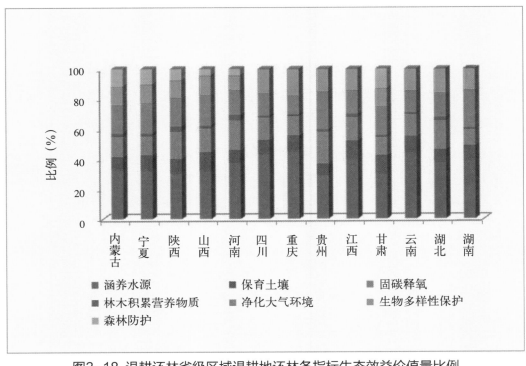

图3-18 退耕还林省级区域退耕地还林各指标生态效益价值量比例

3.2.2 宜林荒山荒地造林生态效益

宜林荒山荒地是由县级以上人民政府划定为林业用地，尚未达到有林地标准的荒山荒地。宜林荒山荒地造林是退耕还林工程配套工程，与退耕地还林和封山育林不同的是，前者立地条件最为恶劣，更不利于造林树种的存活和生长。

13个长江、黄河中上游流经省份宜林荒山荒地造林生态效益物质量如表3-5所示。其中，涵养水源总物质量为164.72亿立方米/年；固土总物质量为2.42亿吨/年，固定土壤氮、磷、钾和有机质总物质量分别为54.64万吨/年、17.03万吨/年、272.69万吨/年和449.23万吨/年；固碳总物质量为1920.03万吨/年，释氧总物质量为4563.24万吨/年；林木积累氮、磷和钾总物质量分别为24.77万吨/年、3.88万吨/年和15.60万吨/年；提供负离子总物质量为3612.62×10^{22}个/年，吸收污染物总物质量为139.80万吨/年，滞尘总物质量为1.83亿吨/年（其中，吸滞TSP为1.47亿吨/年，吸滞$PM_{2.5}$为733.15万吨/年）；防风固沙总物质量为1.03亿吨/年。

13个长江、黄河中上游流经省份宜林荒山荒地造林生态效益价值量及其分布如表3-6和图3-19所示。13个退耕还林省级区域宜林荒山荒地造林每年产生的生态效益总价值量为5524.11亿元，其中，涵养水源1975.33亿元，保育土壤497.67亿元，固碳释氧873.38亿元，林木积累营养物质79.45亿元，净化大气环境1093.04亿元（其中，吸滞TSP 35.19亿元，吸滞$PM_{2.5}$ 597.51亿元），生物多样性保护784.89亿元，森林防护220.35亿元。

对于不同退耕还林省级区域宜林荒山荒地造林生态效益总价值量而言，四川省和内蒙古自治区宜林荒山荒地造林生态效益价值量最大，在650亿元/年以上；陕西省和重庆市宜林荒山荒地造林生态效益价值量次之，在500亿～600亿元/年；云南省、甘肃省和湖南省宜林荒山荒地造林生态效益价值量在400亿～500亿元/年；其余各省级区域均在400亿元/年以下，其中，宁夏回族自治区宜林荒山荒地造林生态效益价值量为139.42亿元/年。

就各个退耕还林省级区域宜林荒山荒地造林各项生态效益评估指标而言，各省级区域宜林荒山荒地造林生态效益均为涵养水源价值量所占比重最大，在26.43%～44.84%。四川省、重庆市、贵州省、江西省、云南省、湖北省和湖南省在宜林荒山荒地造林中没有营造防风固沙林，因此其生态效益评估中不包括森林防护功能。林木积累营养物质价值量在各退耕还林省级区域宜林荒山荒地造林生态效益价值量中所占比例均为最小（图3-20）。

表3-5 退耕还林省级区域宜林荒山荒地造林生态效益物质质量

省级区域	保育土壤						固碳释氧		林木积累营养物质			净化大气环境					森林防护
	涵养水源(亿立方米/年)	固土(万吨/年)	固氮(万吨/年)	固磷(万吨/年)	固钾(万吨/年)	固有机质(万吨/年)	固碳(万吨/年)	释氧(万吨/年)	氮(百吨/年)	磷(百吨/年)	钾(百吨/年)	提供负离子(×10^{22}个/年)	吸收污染物(万吨/年)	滞尘(万吨/年)	吸滞TSP(万吨/年)	吸滞PM$_{2.5}$(万吨/年)	防风固沙(万吨/年)
内蒙古	17.96	3506.17	3.23	1.25	57.85	23.64	222.23	512.80	454.15	32.59	366.31	298.24	18.39	2173.74	1738.99	86.95	3232.07
宁夏	3.20	537.51	1.42	0.19	9.97	10.46	39.74	85.65	62.52	5.66	19.70	118.61	4.63	493.80	395.04	19.75	839.44
甘肃	11.56	1705.72	9.09	1.70	25.36	37.89	135.69	313.40	114.76	30.29	123.52	239.65	13.59	1693.17	1354.54	67.73	2047.17
山西	7.68	1398.32	3.67	0.54	22.00	14.00	100.83	232.99	162.19	8.16	42.78	177.37	10.22	1288.11	1030.49	51.52	517.29
陕西	11.20	2011.94	3.00	0.84	33.20	39.46	195.86	458.68	453.59	60.32	303.80	476.00	16.26	1890.29	1512.24	75.61	2980.78
河南	8.51	1646.43	2.10	0.32	1.38	24.91	141.35	340.53	242.70	87.61	105.35	257.95	8.14	977.56	782.05	39.10	672.14
四川	25.78	3024.46	3.22	1.44	42.59	77.99	239.74	584.44	197.03	19.08	100.36	353.76	13.22	1803.68	1442.95	72.15	—
重庆	18.87	1782.49	6.68	1.36	23.67	49.28	159.39	385.44	131.53	49.29	88.03	246.45	11.34	1606.95	1285.56	64.28	—
云南	14.98	981.24	11.82	0.88	0.19	6.42	123.61	295.15	74.00	14.87	37.12	217.15	7.13	939.26	751.41	37.57	—
贵州	8.51	1615.09	2.40	1.00	10.58	35.50	163.68	396.78	139.65	18.87	111.42	283.35	12.32	1729.21	1383.37	69.17	—
湖北	11.87	1493.41	2.44	1.81	8.24	34.46	164.97	400.98	226.56	31.96	135.83	411.03	8.17	1074.88	859.90	43.00	—
湖南	16.52	2721.66	3.00	3.95	24.22	58.80	150.54	359.99	145.05	13.20	82.17	345.14	10.39	1675.48	1340.38	67.02	—
江西	8.08	1730.66	2.57	1.75	13.44	36.42	82.40	196.41	73.42	16.56	43.86	187.92	6.00	982.40	785.92	39.30	—
总计	164.72	24155.10	54.64	17.03	272.69	449.23	1920.03	4563.24	2477.15	388.46	1560.25	3612.62	139.80	18328.53	14662.84	733.15	10288.89

注：表中固碳为植物固碳与土壤固碳的物质量总和；吸收污染物是森林吸收二氧化硫、氟化物和氮氧化物的物质量总和。

　　水分和土壤条件是宜林荒山荒地造林生态效益最主要影响因素。相对于退耕地还林，宜林荒山荒地造林政策支持力度小，补偿较低，人为维护较少，造林成活率较低，在北方地区尤其如此，有些地区成活率仅为73.4%（顾生贵等，2003）。在13个退耕还林工程省级区域中，内蒙古自治区的宜林荒山荒地造林面积最大，显著高于其余省级区域，比四川省高77.2万公顷，但其生态效益却略低于降水条件较好的四川省。这是因为只有在水分供应充足的情况下，林木方可成活并快速生长。在人为干预较少的情况下，降水量的多少直接决定了林木所需水分供应量的大小，从而决定了营造林的成活率及生长速度，也即林分的覆盖度及蓄积量。在森林生态系统中，蓄积量的增加就意味着生物量的提高，这必然会带来生态效益的提高（谢高地等，2003；陈国阶等，2005；黄玫等，2006）。植被覆盖度增加在增强涵养水源功能、降低水土流失的同时，必然会带来保育土壤功能的提高（范建荣等，2011）。土壤及其养分的固

表3-6 退耕还林省级区域宜林荒山荒地造林生态效益价值量

省级区域	涵养水源(亿元/年)	保育土壤(亿元/年)	固碳释氧(亿元/年)	林木积累营养物质(亿元/年)	净化大气环境			生物多样性保护(亿元/年)	森林防护(亿元/年)	总价值量(亿元/年)
					总计(亿元/年)	吸滞TSP(亿元/年)	吸滞PM$_{2.5}$(亿元/年)			
内蒙古	215.40	61.39	99.05	14.04	130.49	4.17	70.86	78.30	77.68	676.35
宁夏	38.39	14.11	16.89	1.78	29.68	0.95	16.10	18.39	20.18	139.42
甘肃	138.58	53.41	60.52	4.23	101.63	3.25	55.20	55.38	49.20	462.95
山西	92.11	31.61	44.90	4.40	77.35	2.47	41.99	39.73	12.43	302.53
陕西	134.34	43.74	88.21	14.29	113.78	3.63	61.62	69.17	44.71	508.24
河南	101.99	17.00	64.95	8.58	58.78	1.88	31.87	29.80	16.15	297.25
四川	309.11	61.52	111.09	5.86	108.12	3.46	58.80	101.37	—	697.07
重庆	226.31	48.49	73.43	5.50	96.24	3.09	52.39	111.73	—	561.70
云南	179.64	37.00	56.44	2.39	56.36	1.80	30.62	68.76	—	400.59
贵州	102.08	25.03	75.23	4.51	97.12	3.32	56.37	52.84	—	356.81
湖北	142.40	25.22	76.28	7.09	64.65	2.06	35.04	46.16	—	361.80
湖南	198.08	49.32	68.81	4.34	100.12	3.22	54.62	76.92	—	497.59
江西	96.90	29.83	37.58	2.44	58.72	1.89	32.03	36.34	—	261.81
合计	1975.33	497.67	873.38	79.45	1093.04	35.19	597.51	784.89	220.35	5524.11

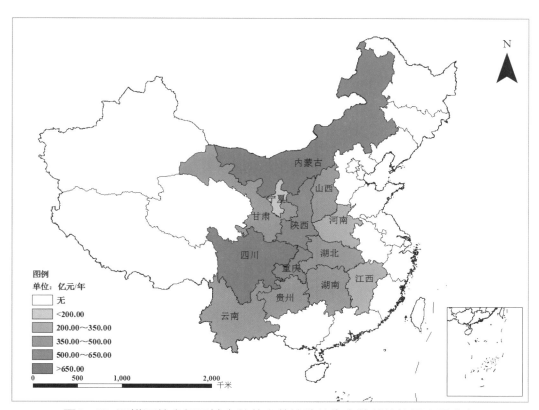

图3-19 退耕还林省级区域宜林荒山荒地造林生态效益价值量空间分布

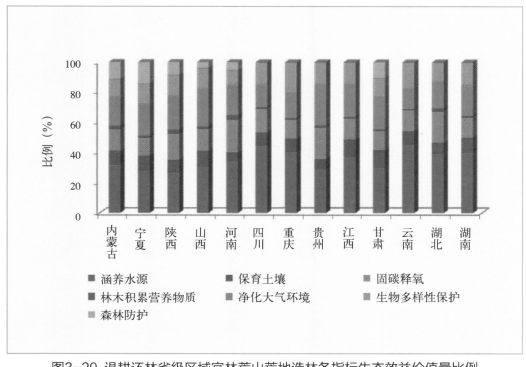

图3-20 退耕还林省级区域宜林荒山荒地造林各指标生态效益价值量比例

持又进一步促进了林木的生长。由此可见，在水分供应充足的宜林荒山荒地造林，必然会带来越来越高的生态效益。相对于干旱少雨的北方地区，我国的四川省、重庆市、贵州省和江西省等地雨量丰富，为宜林荒山荒地营造生态林提供了良好的条件，营造的生态林能够获得更多的存活率，并能维持健康生长，从而在涵养水源、保育土壤、固碳释氧等方面发挥更高的生态效益。

在干旱少雨的北方地区，宜林荒山荒地水资源缺乏，不适于需水量较大的生态林生长。据统计，在宜林荒山荒地中，不适宜发展乔木林的面积占一半左右（吴永彬，2010），在干旱少雨、水土流失和风沙灾害较为严重地区的宜林荒山荒地，灌木树种，特别是乡土旱生和中生灌木，以及极强耐旱性和广泛适应性乔木树种的种植，更能有效发挥其生态效益。

3.2.3 封山育林生态效益

封山育林是利用森林的天然更新能力，在自然条件适宜的山区，实行定期封山，禁止垦荒、放牧、砍柴等人为的破坏活动，以恢复森林植被的一种育林方式。

13个长江、黄河中上游流经省份封山育林生态效益总物质量如表3-7所示。涵养水源总物质量为31.38亿立方米/年；固土总物质量为4416.53万吨/年，固定土壤氮、磷、钾和有机质总物质量分别为11.39万吨/年、3.30万吨/年、54.86万吨/年和88.92万吨/年；固碳总物质量为318.33万吨/年，释氧总物质量为750.73万吨/年；林木积累氮、磷和钾总物质量分别为3.91万吨/年、0.62万吨/年和2.49万吨/年；提供负离子总物质量为634.86×10^{22}个/年，吸收污染物总物质量为24.62万吨/年，滞尘总物质量为3215.81万吨/年（其中，吸滞TSP为2572.62万吨/年，吸滞$PM_{2.5}$为128.64万吨/年）；防风固沙总物质量为1254.54万吨/年。

13个长江、黄河中上游流经省份封山育林生态效益价值量及其分布如表3-8和图3-21所示。13个退耕还林省级区域封山育林每年产生的生态效益总价值量为994.33亿元，其中涵养水源375.47亿元，保育土壤96.70亿元，固碳释氧143.45亿元，林木积累营养物质12.51亿元，净化大气环境189.01亿元（其中，吸滞TSP 6.18亿元，吸滞$PM_{2.5}$ 102.06亿元），生物多样性保护149.97亿元，森林防护27.22亿元。

对于不同退耕还林省级区域封山育林生态效益总价值量而言，四川省、重庆市和云南省封山育林生态效益价值量最大，均大于100亿元/年；封山育林生态效益价值量在80亿～100亿元/年的省级区域为贵州省、江西省、内蒙古自治区和湖南省；湖北省和宁夏回族自治区封山育林生态效益价值量分别为15.26亿元/年和16.19亿元/年。

表3-7 退耕还林省级区域封山育林生态效益物质量

省级区域	保育土壤						固碳释氧		林木积累营养物质			净化大气环境					森林防护
	涵养水源(亿立方米/年)	固土(万吨/年)	固氮(万吨/年)	固磷(万吨/年)	固钾(万吨/年)	固有机质(万吨/年)	固碳(万吨/年)	释氧(万吨/年)	氮(百吨/年)	磷(百吨/年)	钾(百吨/年)	提供负离子(×10²²个/年)	吸收污染物(万吨/年)	滞尘(万吨/年)	吸滞TSP(万吨/年)	吸滞PM$_{2.5}$(万吨/年)	防风固沙(万吨/年)
内蒙古	2.55	474.90	0.50	0.21	8.03	3.33	27.22	61.64	58.23	4.27	52.52	29.11	2.38	278.87	223.09	11.15	393.96
宁夏	0.48	53.32	0.15	0.02	1.09	1.16	3.65	7.70	6.25	0.57	1.81	10.90	0.45	47.32	37.85	1.89	81.74
甘肃	1.38	287.31	1.46	0.31	4.74	6.91	16.46	35.96	23.54	2.72	15.53	43.19	1.80	199.72	159.77	7.99	404.85
山西	1.28	234.18	0.61	0.10	3.67	2.46	17.00	39.31	34.11	2.14	8.66	31.08	1.94	251.18	200.94	10.05	27.43
陕西	1.77	307.27	0.49	0.14	5.59	7.19	29.09	68.95	62.30	7.26	42.21	90.29	2.75	278.91	223.13	11.16	324.20
河南	2.15	352.28	0.48	0.07	0.38	5.67	21.88	51.00	35.00	10.73	21.37	10.02	1.26	170.65	136.52	6.83	22.36
四川	4.09	510.50	0.56	0.27	7.49	12.34	39.25	95.20	30.65	3.54	15.80	63.03	2.77	402.50	322.00	16.10	—
重庆	4.34	369.85	1.50	0.31	5.32	11.54	36.66	89.13	31.86	13.21	22.29	56.13	2.62	373.19	298.55	14.93	—
云南	4.30	266.06	3.52	0.26	0.06	2.02	35.67	86.23	17.09	4.43	11.73	72.13	2.03	285.48	228.38	11.42	—
贵州	2.28	389.16	0.54	0.22	2.51	9.23	35.15	83.81	31.55	3.87	24.77	61.53	2.72	371.35	297.08	14.85	—
湖北	0.46	72.17	0.14	0.09	0.31	1.89	5.49	13.10	8.93	1.26	4.27	16.79	0.34	44.02	35.21	1.76	—
湖南	3.67	534.41	0.44	0.87	6.94	11.47	22.26	50.19	17.61	1.88	10.20	74.27	1.72	228.66	182.93	9.15	—
江西	2.63	565.12	1.00	0.43	8.73	13.71	28.55	68.51	34.19	5.83	17.77	76.39	1.84	283.96	227.17	11.36	—
总计	31.38	4416.53	11.39	3.30	54.86	88.92	318.33	750.73	391.31	61.71	248.93	634.86	24.62	3215.81	2572.62	128.64	1254.54

注：表中固碳为植物固碳与土壤固碳的物质量总和；吸收污染物是森林吸收二氧化硫、氟化物和氮氧化物的物质量总和。

表3-8 退耕还林省级区域封山育林生态效益价值量

省级区域	涵养水源 (亿元/年)	保育土壤 (亿元/年)	固碳释氧 (亿元/年)	林木积累营养物质 (亿元/年)	净化大气环境			生物多样性保护 (亿元/年)	森林防护 (亿元/年)	总价值量 (亿元/年)
					总计 (亿元/年)	吸滞TSP (亿元/年)	吸滞PM_{2.5} (亿元/年)			
内蒙古	30.55	8.56	11.97	1.83	16.75	0.54	9.09	10.34	9.47	89.47
宁夏	5.77	1.47	1.53	0.18	2.84	0.09	1.54	2.44	1.96	16.19
甘肃	16.56	9.14	7.06	0.73	12.03	0.38	6.51	7.22	9.73	62.47
山西	15.31	5.32	7.59	0.94	15.06	0.48	8.18	6.81	0.66	51.69
陕西	20.67	6.94	12.82	1.97	16.88	0.54	9.09	8.95	4.86	73.09
河南	25.82	3.61	9.82	1.23	7.46	0.33	2.80	6.36	0.54	54.84
四川	49.09	10.11	18.12	0.93	24.09	0.77	13.12	23.17	—	125.51
重庆	51.99	10.58	16.95	1.21	22.35	0.72	12.17	20.54	—	123.62
云南	51.58	10.75	16.43	0.59	17.12	0.55	9.31	20.40	—	116.87
贵州	27.38	5.99	16.03	1.01	21.19	0.71	12.11	13.96	—	85.56
湖北	5.25	1.21	2.42	0.28	2.65	0.08	1.43	3.45	—	15.26
湖南	44.04	10.89	9.76	0.53	13.73	0.44	7.45	14.56	—	93.51
江西	31.46	12.13	12.95	1.08	16.86	0.55	9.26	11.77	—	86.25
合计	375.47	96.70	143.45	12.51	189.01	6.18	102.06	149.97	27.22	994.33

就各个退耕还林省级区域封山育林各项生态效益评估指标而言，各退耕还林省级区域封山育林生态效益均为涵养水源价值量所占比重最大，为26.51%～47.10%。四川省、重庆市、贵州省、江西省、云南省、湖北省和湖南省的封山育林中没有营造防风固沙林，因此，其生态效益评估中同样不包括森林防护功能。林木积累营养物质价值量在各退耕还林省级区域封山育林生态效益总价值量中所占比例均为最小（图3-22）。

如前所述，封山育林是在自然条件适宜的山区，实行定期封山，禁止人为破坏以恢复森林植被的一种育林方式。其立地条件更适宜林木生长。且封山育林多为混交复层结构，地上的复层结构能够充分利用地上空间和光照，同时根系也在地下组成了立体的空间结构，能充分利用不同土层中的水分和养分，有利于生态效益的发挥。

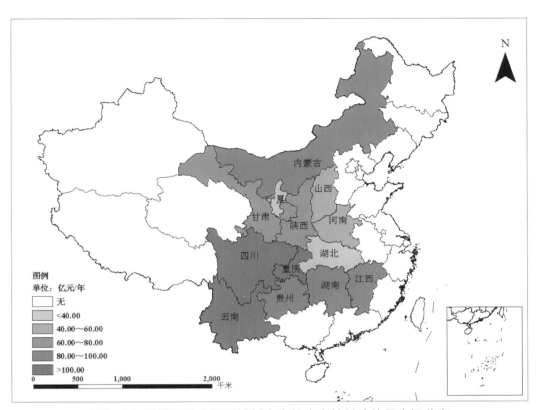

图3-21 退耕还林省级区域封山育林生态效益价值量空间分布

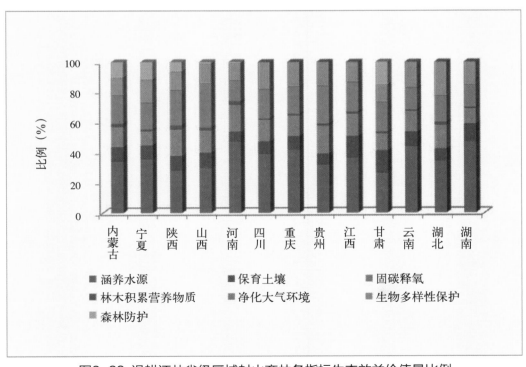

图3-22 退耕还林省级区域封山育林各指标生态效益价值量比例

3.3 三个林种类型生态效益

本报告中退耕还林工程林种类型是在《国家森林资源连续清查技术规定》的46种乔木优势树种（组）、经济林、竹林、灌木林分类的基础上，结合退耕还林工程实际情况分为生态林、经济林和灌木林三个林种类型。三个林种类型中，生态林和经济林的划定依据国家林业局《退耕还林工程生态林与经济林认定标准》（林退发 [2001] 550号），本次评估将竹林合并到了生态林。

3.3.1 生态林生态效益

退耕还林工程生态林是指在退耕还林工程中，营造以减少水土流失和风沙危害等生态效益为主要目的的林木，主要包括水土保持林、水源涵养林、防风固沙林以及竹林等（退耕还林工程生态林与经济林认定标准，2001）。

13个长江、黄河中上游流经省份退耕还林工程生态林生态效益物质量如表3-9所示。13个退耕还林省级区域生态林涵养水源总物质量为220.44亿立方米/年；固土总物质量为3.11亿吨/年，固定土壤氮、磷、钾和有机质总物质量分别为68.89万吨/年、23.25万吨/年、338.47万吨/年和650.98万吨/年；固碳总物质量为2781.27万吨/年，释氧总物质量为6738.60万吨/年；林木积累氮、磷和钾总物质量分别为33.73万吨/年、5.95万吨/年和21.14万吨/年；提供负离子总物质量为5601.04×10^{22}个/年，吸收污染物总物质量为184.16万吨/年，滞尘总物质量达2.53亿吨/年（其中，吸滞TSP 2.03亿吨/年，吸滞PM$_{2.5}$ 1012.87万吨/年）；防风固沙总物质量为8026.80万吨/年。

13个长江、黄河中上游流经省份退耕还林工程生态林生态效益价值量及其分布如表3-10和图3-23所示。13个退耕还林省级区域生态林每年产生的生态效益总价值量为7522.25亿元，其中，涵养水源2638.88亿元，保育土壤640.77亿元，固碳释氧1277.37亿元，林木积累营养物质109.47亿元，净化大气环境1557.94亿元（其中，吸滞TSP 48.30亿元，吸滞PM$_{2.5}$ 817.40亿元），生物多样性保护1135.42亿元，森林防护162.40亿元。

对于不同退耕还林省级区域生态林生态效益总价值量而言，在13个退耕还林省级区域生态林生态效益价值量中，四川省退耕还林工程生态林的生态效益价值量最高，为1292.02亿元/年；湖南省和重庆市次之，在900亿～950亿元/年；宁夏回族自治区退耕还林工程生态林生态效益价值量为53.74亿元/年；其余各退耕还林省级区域生态林生态效益总价值量在350亿～650亿元/年。

表3-9 退耕还林省级区域生态林生态效益物质质量

省级区域	涵养水源(亿立方米/年)	保育土壤					固碳释氧		林木积累营养物质			净化大气环境					森林防护
		固土(万吨/年)	固氮(万吨/年)	固磷(万吨/年)	固钾(万吨/年)	固有机质(万吨/年)	固碳(万吨/年)	释氧(万吨/年)	氮(百吨/年)	磷(百吨/年)	钾(百吨/年)	提供负离子(×10²²个/年)	吸收污染物(万吨/年)	滞尘(万吨/年)	吸滞TSP(万吨/年)	吸滞PM₂.₅(万吨/年)	防风固沙(万吨/年)
内蒙古	10.24	1806.10	1.94	0.42	33.11	16.62	187.31	454.64	363.88	28.46	231.13	327.83	12.87	1731.82	1385.45	69.27	1808.09
宁夏	1.21	206.30	0.42	0.04	3.48	3.64	20.97	49.04	32.98	2.48	11.57	126.17	1.94	231.83	185.46	9.27	135.06
甘肃	11.44	1594.79	8.01	1.17	23.37	33.76	155.98	370.18	99.94	37.91	140.37	211.32	14.42	1888.10	1510.48	75.52	1777.71
山西	8.97	1501.65	3.80	0.60	21.47	14.42	132.01	313.35	213.39	11.93	61.78	249.27	12.28	1587.86	1270.29	63.51	163.83
陕西	12.29	2329.97	3.46	0.85	41.48	51.39	237.43	566.00	552.23	107.05	489.33	794.53	19.56	2267.99	1814.40	90.72	3376.22
河南	10.89	1802.57	2.06	0.22	1.11	27.55	195.37	475.91	347.42	125.51	152.61	342.49	9.66	1170.36	936.28	46.81	765.89
四川	43.81	5030.95	5.53	2.44	72.51	129.99	471.22	1163.34	401.45	38.40	208.97	714.74	24.47	3374.30	2699.44	134.97	—
重庆	31.11	2899.46	11.09	2.39	39.09	82.58	275.95	671.12	232.35	87.83	157.72	425.69	17.71	2504.37	2003.50	100.17	—
云南	17.68	1237.88	15.26	1.11	0.27	8.81	197.21	485.47	126.85	25.18	64.09	353.08	9.74	1368.45	1094.76	54.74	—
贵州	13.86	2728.45	4.11	1.68	17.63	60.46	285.80	695.98	262.50	33.86	192.31	489.63	20.64	2883.37	2306.69	115.33	—
湖北	14.79	2009.48	3.38	2.51	9.57	48.17	221.89	543.06	321.00	44.82	185.61	554.88	10.74	1420.61	1136.49	56.82	—
湖南	31.23	5108.00	5.59	7.27	46.87	110.92	258.45	610.24	255.10	22.85	139.75	675.90	20.75	3397.15	2717.72	135.89	—
江西	12.92	2845.66	4.24	2.55	28.51	62.67	141.68	340.27	164.19	28.32	78.46	335.51	9.38	1496.26	1197.01	59.85	—
总计	220.44	31101.26	68.89	23.25	338.47	650.98	2781.27	6738.60	3373.28	594.60	2113.70	5601.04	184.16	25322.47	20257.97	1012.87	8026.80

注：表中固碳量为植物固碳与土壤固碳的物质质量总和；吸收污染物是森林吸收二氧化硫、氟化物和氮氧化物的物质质量总和。

就各个退耕还林省级区域生态林各项生态效益评估指标而言，除森林防护功能外，其余评估指标价值量所占比例差异相对较小，且均表现为涵养水源价值量所占比重最大（图3-24）。

与经济林和灌木林相比，生态林由耗水量较大的乔木树种组成，实施退耕还林工程，大面积营造生态林，通常会产生更高的生态效益。但同时生态林对环境条件的要求也相对较高。在环境条件，特别是水分较好的南方地区，能够保证所营造的生态林具有较高的成活率，并能得到较好的生长，从而发挥出较高的生态效益。而在干旱、土壤瘠薄、水土流失和风沙灾害严重的北方地区，营造的乔木树种不易成活，即使成活也存在生长不良等情况，在此类地区大面积营造生态林并不能发挥出较高的生态效益。以重庆市和陕西省为例，陕西省生态林面积为132.19万公顷，较重庆市多20万公顷左右，但其生态林每年产生的生态效益总价值量却比重庆市小300多亿元。这是由

表3-10 退耕还林省级区域生态林生态效益价值量

省级区域	涵养水源(亿元/年)	保育土壤(亿元/年)	固碳释氧(亿元/年)	林木积累营养物质(亿元/年)	净化大气环境			生物多样性保护(亿元/年)	森林防护(亿元/年)	总价值量(亿元/年)
					总计(亿元/年)	吸滞TSP(亿元/年)	吸滞PM2.5(亿元/年)			
内蒙古	122.75	34.49	86.52	10.94	103.64	3.33	56.46	46.38	43.46	448.18
宁夏	14.47	4.71	9.43	0.93	13.87	0.45	7.56	7.08	3.25	53.74
甘肃	137.14	47.54	70.91	4.14	144.05	3.63	61.55	60.85	42.73	507.36
山西	107.54	32.92	59.93	5.85	95.31	3.05	51.76	48.65	3.91	354.11
陕西	146.87	51.91	107.92	18.90	136.62	4.35	73.94	82.82	50.64	595.68
河南	130.62	17.25	86.73	12.30	68.02	2.25	35.80	37.18	18.41	370.51
四川	525.30	103.72	220.32	11.97	223.16	6.48	110.00	207.55	—	1292.02
重庆	373.04	80.06	127.65	9.26	150.01	4.81	81.64	180.08	—	920.10
云南	212.00	47.45	92.02	4.08	82.05	2.63	44.61	103.02	—	540.62
贵州	166.23	42.38	132.05	8.34	163.46	5.54	94.00	91.97	—	604.43
湖北	173.65	33.45	101.99	10.02	85.44	2.73	46.31	69.41	—	473.96
湖南	374.42	93.20	117.07	7.60	202.95	6.52	110.75	141.98	—	937.22
江西	154.85	51.69	64.83	5.14	89.36	2.53	43.02	58.45	—	424.32
合计	2638.88	640.77	1277.37	109.47	1557.94	48.30	817.40	1135.42	162.40	7522.25

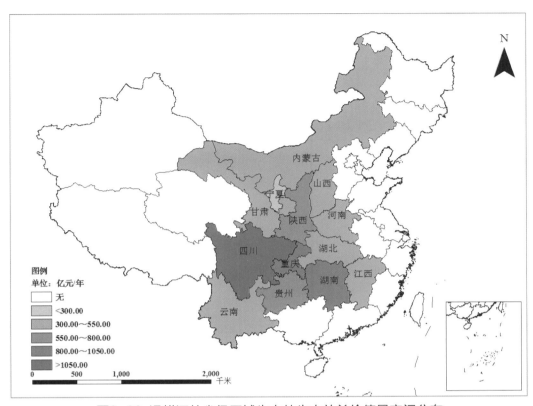

图3-23 退耕还林省级区域生态林生态效益价值量空间分布

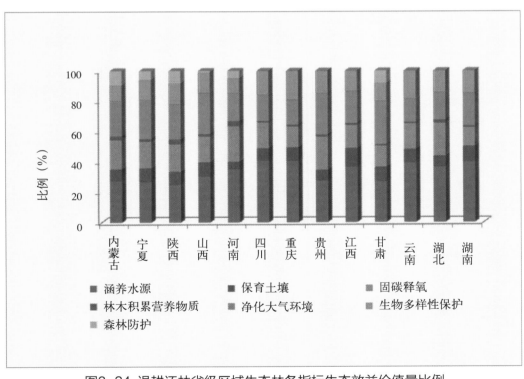

图3-24 退耕还林省级区域生态林各指标生态效益价值量比例

于陕西省北部地区位于我国的黄土高原，年均降水量仅在400毫米左右，不能满足蒸散耗水量较大的乔木树种的生长发育，因此，该地区的生态林单位面积生态效益低于重庆市。

3.3.2 经济林生态效益

退耕还林工程经济林是指在退耕还林工程实施中，营造以生产果品、食用油料、饮料、调料、工业原料和药材等为主要目的的林木（退耕还林工程生态林与经济林认定标准，2001）。

13个长江、黄河中上游流经省份经济林生态效益总物质量如表3-11所示。13个退耕还林省级区域经济林涵养水源总物质量为36.85亿立方米/年；固土总物质量为4915.40万吨/年，固定土壤氮、磷、钾和有机质总物质量分别为14.95万吨/年、4.11万吨/年、48.87万吨/年和96.72万吨/年；固碳总物质量为242.81万吨/年，释氧总物质量为530.56万吨/年；林木积累氮、磷和钾总物质量分别为3.72万吨/年、0.22万吨/年和1.10万吨/年；提供负离子总物质量为432.54×10^{22}个/年，吸收污染物总物质量为19.49万吨/年，滞尘总物质量达2169.08万吨/年（其中，吸滞TSP 1735.27万吨/年，吸滞$PM_{2.5}$ 86.76万吨/年）；防风固沙总物质量为1045.96万吨/年。

13个退耕还林省级区域经济林生态效益价值量及其分布如表3-12和图3-25所示。可以看出，13个退耕还林省级区域经济林每年产生的生态效益总价值量为889.47亿元，其中，涵养水源441.67亿元，保育土壤109.28亿元，固碳释氧103.52亿元，林木积累营养物质10.25亿元，净化大气环境110.56亿元（其中，吸滞TSP 4.12亿元，吸滞$PM_{2.5}$ 69.86亿元），生物多样性保护91.47亿元，森林防护22.72亿元。

13个退耕还林省级区域中，陕西省退耕还林工程经济林每年产生的生态效益总价值量最大，为216.35亿元；四川省和云南省次之，在140.00亿~150.00亿元/年；重庆市、湖北省、河南省和甘肃省退耕还林工程经济林每年产生的生态效益价值量在60.00亿~90.00亿元；宁夏回族自治区退耕还林工程经济林每年产生的生态效益价值量不足1亿元；其余各退耕还林省级区域经济林每年产生的生态效益价值量在10.00亿~40.00亿元。

13个退耕还林省级区域经济林各功能生态效益价值量所占比例分布如图3-26所示。13个退耕还林省级区域经济林生态效益的各分项价值量分配中，地区差异较为明显。以涵养水源为例，四川、重庆、贵州、江西、云南、湖北和湖南7个退耕还林省级区域的经济林涵养水源价值量所占比例达到了50.42%~62.70%，显著高于其余省级区

表3-11 退耕还林省级区域经济林生态效益物质量

省级区域	涵养水源 (万立方米/年)	保育土壤				固碳释氧		林木积累营养物质			净化大气环境						森林防护
		固土 (万吨/年)	固氮 (万吨/年)	固磷 (万吨/年)	固钾 (万吨/年)	固有机质 (万吨/年)	固碳 (万吨/年)	释氧 (万吨/年)	氮 (百吨/年)	磷 (百吨/年)	钾 (百吨/年)	提供负离子 (×10²²个/年)	吸收污染物 (万吨/年)	滞尘 (万吨/年)	吸滞TSP (万吨/年)	吸滞PM₂.₅ (万吨/年)	防风固沙 (万吨/年)
内蒙古	2531.72	42.35	0.07	0.02	0.50	0.63	2.15	4.80	2.16	0.24	0.44	4.55	0.16	21.02	16.82	0.84	20.66
宁夏	15.44	6.34	<0.01	0.01	0.09	0.14	0.37	0.76	0.10	0.03	0.06	1.33	0.04	4.29	3.43	0.17	—
甘肃	25131.28	438.50	2.56	0.72	3.78	7.39	20.28	42.74	5.82	1.56	3.63	47.41	2.27	241.30	193.04	9.65	614.96
山西	2850.96	87.57	0.26	0.03	1.30	1.04	5.32	11.41	20.30	0.13	2.29	13.96	0.54	59.88	47.91	2.40	34.51
陕西	67913.48	1024.49	1.60	0.82	14.20	17.75	95.40	223.23	233.02	4.67	51.94	78.75	5.92	596.83	477.47	23.87	267.58
河南	25884.41	801.51	1.52	0.39	1.51	13.08	18.22	36.93	29.02	3.55	10.07	43.89	2.12	227.16	181.73	9.09	108.25
四川	77120.95	1003.58	1.15	0.65	16.27	30.82	25.42	50.84	20.00	1.23	9.38	52.30	2.46	317.12	253.69	12.68	—
重庆	33314.51	285.87	0.97	0.19	4.50	6.48	11.55	25.00	8.52	3.16	7.25	24.75	0.77	103.41	82.73	4.14	—
云南	71209.95	430.61	5.53	0.37	0.07	2.59	24.83	50.15	9.77	2.05	5.20	59.60	2.50	281.24	224.99	11.25	—
贵州	10300.24	152.97	0.20	0.08	0.94	3.32	6.37	13.02	4.73	0.50	4.39	21.11	0.57	78.05	62.44	3.12	—
湖北	31419.22	325.39	0.55	0.41	3.55	7.04	21.45	46.43	25.79	3.02	9.12	58.25	1.45	144.30	115.44	5.77	—
湖南	7293.48	121.11	0.15	0.15	1.39	2.52	3.64	7.88	2.49	0.13	0.98	5.07	0.20	32.45	25.96	1.30	—
江西	13501.29	195.11	0.39	0.27	0.77	3.92	7.81	17.37	10.14	1.81	5.05	21.57	0.49	62.03	49.62	2.48	—
总计	368486.93	4915.40	14.95	4.11	48.87	96.72	242.81	530.56	371.86	22.08	109.80	432.54	19.49	2169.08	1735.27	86.76	1045.96

注：表中固碳为植物固碳与土壤固碳的物质量总和；吸收污染物是森林吸收二氧化硫、氟化物和氮氧化物的物质的物质量总和。

域。而宁夏回族自治区的退耕还林工程经济林涵养水源价值量所占比例仅为2.70%，但其净化大气环境价值量所占比例却显著高于其余退耕还林省级区域，为35.14%。

经济林各评估指标生态效益的大小依赖于当地的环境条件及经济林的树种组成和整地方式，且不同评估指标生态效益的发挥所依赖的主要影响因素有所不同。例如，为了追求更高的经济效益，人们往往会对经济林实施各种管理措施，这些措施对林地的水量调节起到了重要作用。一方面，在干旱地区的旱季，人们对经济林实施的灌溉，增加了该生态系统中水量的输入。另一方面，在退耕还林工程实施过程中，为了便于管理且追求更好的经济效益，人类总是选择性地将退耕地营造为经济林，其整地方式多为梯田。仲伟元等人（2008）研究发现，与穴状整地相比，实施坡改梯工程，窄梯田和条田整地可以有效减少径流量，提高土壤含水量。同时，果园由于施肥、采摘等人为干扰活动会导致土壤碳含量积累较慢（Song *et al.*，2014）。

表3-12 退耕还林省级区域经济林生态效益价值量

省级区域	涵养水源(亿元/年)	保育土壤(亿元/年)	固碳释氧(亿元/年)	林木积累营养物质(亿元/年)	净化大气环境			生物多样性保护(亿元/年)	森林防护(亿元/年)	总价值量(亿元/年)
					总计(亿元/年)	吸滞TSP(亿元/年)	吸滞PM₂.₅(亿元/年)			
内蒙古	3.04	0.78	0.94	0.06	1.26	0.04	0.69	0.76	0.50	7.34
宁夏	0.02	0.12	0.15	0.00	0.26	0.01	0.14	0.19	—	0.74
甘肃	30.13	13.17	8.49	0.20	6.21	0.46	7.87	9.25	14.78	82.23
山西	3.42	2.10	2.25	0.51	3.61	0.11	1.95	2.15	0.83	14.87
陕西	81.44	21.92	42.94	6.13	36.03	1.15	19.46	23.88	4.01	216.35
河南	31.04	10.62	6.80	0.85	13.51	0.44	7.22	7.70	2.60	73.12
四川	92.47	21.84	10.27	0.57	8.08	0.61	10.34	14.25	—	147.48
重庆	39.95	7.26	4.92	0.32	6.21	0.20	3.37	6.24	—	64.90
云南	85.38	16.87	10.10	0.32	16.93	0.54	9.17	11.01	—	140.61
贵州	12.35	2.28	2.60	0.15	4.04	0.15	2.54	2.65	—	24.07
湖北	37.49	6.43	9.12	0.75	8.75	0.27	4.71	7.30	—	69.84
湖南	8.75	2.36	1.55	0.07	1.94	0.06	1.06	1.14	—	15.81
江西	16.19	3.53	3.39	0.32	3.73	0.08	1.34	4.95	—	32.11
合计	441.67	109.28	103.52	10.25	110.56	4.12	69.86	91.47	22.72	889.47

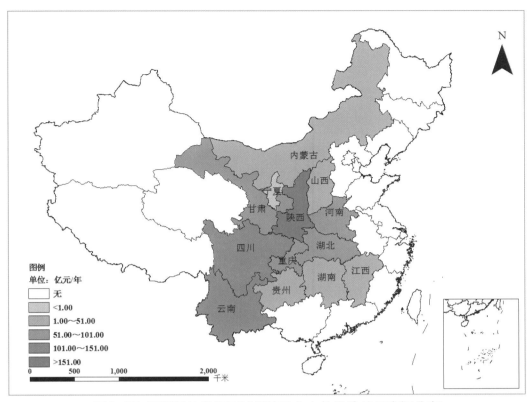

图3-25 退耕还林省级区域经济林生态效益价值量空间分布

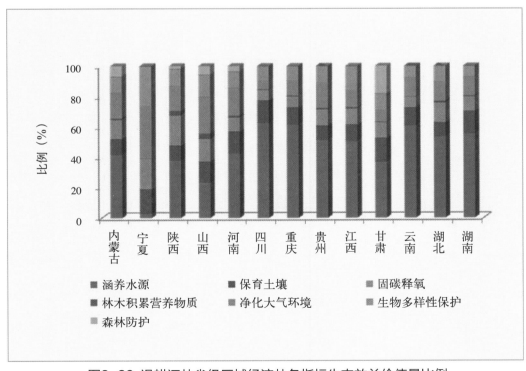

图3-26 退耕还林省级区域经济林各指标生态效益价值量比例

3.3.3 灌木林生态效益

灌木具有耐干旱瘠薄、耐盐碱、抗风蚀、耐牲畜啃食、耐割刈平茬、天然更新快等特性，还有抗病虫害能力强，对立地条件、造林技术要求相对较低，成活成林容易等特点。因而，在退耕还林工程的实施中，合理地发展灌木林或乔灌混交林，可以加快绿化步伐，提高造林质量（齐永红，2005）。

13个长江、黄河中上游流经省份灌木林生态效益总物质量如表3-13所示。涵养水源总物质量为50.02亿立方米/年；固土总物质量为8634.11万吨/年，固定土壤氮、磷、钾、有机质总物质量分别为19.42万吨/年、4.80万吨/年、141.12万吨/年和112.72万吨/年；固碳总物质量为424.48万吨/年，释氧总物质量为906.54万吨/年；林木积累氮、磷、钾总物质量分别为7.89万吨/年、0.54万吨/年和5.13万吨/年；提供负离子总物质量为587.30×10^{22}个/年，吸收污染物总物质量为44.73万吨/年，滞尘总物质量为4725.86万吨/年（其中，吸滞TSP 3780.68万吨/年，吸滞$PM_{2.5}$ 189.03万吨/年）；防风固沙总物质量为8792.35万吨/年。

13个退耕还林省级区域灌木林生态效益价值量及其分布如表3-14和图3-27所示。13个退耕还林省级区域灌木林每年产生的生态效益总价值量为1659.77亿元，其中涵养水源599.75亿元，保育土壤191.73亿元，固碳释氧179.28亿元，林木积累营养物质23.58亿元，净化大气环境251.26亿元（其中，吸滞TSP 9.07亿元，吸滞$PM_{2.5}$ 153.70亿元），生物多样性保护218.02亿元，森林防护196.15亿元。

对于不同退耕还林省级区域灌木林生态效益总价值量而言，13个退耕还林省级区域灌木林生态效益价值量分布呈现自西北向东南递减的趋势。内蒙古自治区退耕还林工程灌木林每年产生的生态效益价值量最大，为677.30亿元；甘肃省、宁夏回族自治区、陕西省和山西省次之，在150亿~250亿元/年；贵州省、重庆市、云南省和四川省退耕还林工程灌木林每年产生的生态效益价值量在20亿~100亿元；河南省和退耕还林工程灌木林每年产生的生态效益价值量在10亿元以下；湖北省和湖南省在退耕还林工程中没有营造灌木林。

就各个退耕还林省级区域灌木林的各项生态效益评估指标而言，虽然各退耕还林省级区域灌木林生态效益均表现为涵养水源价值量所占比重最大，但位于我国中北部地区的内蒙古、宁夏、甘肃、陕西和山西5个退耕还林省级区域的灌木林涵养水源价值量所占比例明显小于分布于我国中南部地区的其余各退耕还林省级区域。除了中北部的5个退耕还林省级区域外，湖北省和湖南省的退耕还林工程中没有营造灌木林，

表3-13　退耕还林省级区域灌木林生态效益物质质量

省级区域	涵养水源(亿立方米/年)	保育土壤					固碳释氧		林木积累营养物质			净化大气环境					森林防护
		固土(万吨/年)	固氮(万吨/年)	固磷(万吨/年)	固钾(万吨/年)	固有机质(万吨/年)	固碳(万吨/年)	释氧(万吨/年)	氮(百吨/年)	磷(百吨/年)	钾(百吨/年)	提供负离子(×10²²个/年)	吸收污染物(万吨/年)	滞尘(万吨/年)	吸滞TSP(万吨/年)	吸滞PM₂.₅(万吨/年)	防风固沙(万吨/年)
内蒙古	20.03	3966.62	3.47	1.70	62.68	22.06	173.03	374.78	377.49	25.17	377.49	127.65	17.38	1846.86	1477.49	73.87	3611.39
宁夏	5.18	774.01	2.18	0.30	15.12	15.94	52.14	108.99	90.33	8.20	25.02	111.22	6.30	639.38	511.51	25.58	1217.65
甘肃	5.97	1096.15	5.80	1.46	18.48	27.64	54.93	115.60	103.59	8.63	60.43	182.21	6.36	653.40	522.72	26.14	1612.51
山西	4.35	916.98	2.68	0.35	19.13	9.96	43.67	92.95	60.28	2.81	6.77	49.81	4.66	474.21	379.36	18.97	670.74
陕西	3.82	662.71	1.17	0.22	12.15	11.40	54.18	117.43	122.87	2.46	27.39	44.88	4.99	518.83	415.06	20.75	1680.06
河南	0.22	48.94	0.10	0.03	0.10	0.55	1.19	2.46	0.38	0.23	0.53	0.68	0.13	13.08	10.46	0.52	—
四川	4.23	576.73	0.57	0.30	8.55	13.91	15.58	32.22	13.11	1.35	1.35	27.79	2.14	288.34	230.67	11.53	—
重庆	1.79	223.17	1.04	0.12	3.43	5.30	8.17	17.69	6.61	2.66	5.08	7.57	0.67	68.31	54.65	2.73	—
云南	2.92	173.36	2.17	0.17	0.03	1.18	11.89	24.13	5.58	1.11	3.17	20.74	1.22	125.41	100.33	5.02	—
贵州	1.15	139.03	0.15	0.09	0.96	3.27	7.25	14.80	5.00	0.56	4.71	13.32	0.74	80.50	64.40	3.22	—
湖北	—	—	—	—	—	—	—	—	—	—	—	—	—	—	—	—	—
湖南	—	—	—	—	—	—	—	—	—	—	—	—	—	—	—	—	—
江西	0.36	56.41	0.09	0.06	0.49	1.51	2.45	5.49	3.75	0.39	1.36	1.43	0.14	17.54	14.03	0.70	—
总计	50.02	8634.11	19.42	4.80	141.12	112.72	424.48	906.54	788.99	53.57	513.30	587.30	44.73	4725.86	3780.68	189.03	8792.35

注：表中固碳为植物固碳与土壤固碳的质量总和；吸收污染物是森林吸收二氧化硫、氟化物和氮氧化物的物质质量总和。

3-14 退耕还林省级区域灌木林生态效益价值量

省级区域	涵养水源 (亿元/年)	保育土壤 (亿元/年)	固碳释氧 (亿元/年)	林木积累营养物质 (亿元/年)	净化大气环境			生物多样性保护 (亿元/年)	森林防护 (亿元/年)	总价值量 (亿元/年)
					总计 (亿元/年)	吸滞TSP (亿元/年)	吸滞PM2.5 (亿元/年)			
内蒙古	240.18	67.03	73.81	12.05	111.22	3.55	60.21	86.21	86.80	677.30
宁夏	62.13	21.13	21.71	2.55	38.47	1.23	20.84	25.95	29.27	201.21
甘肃	71.58	36.43	22.97	3.09	16.91	1.25	21.30	25.19	38.76	214.93
山西	52.20	23.59	18.41	1.58	28.61	0.91	15.46	18.18	16.12	158.69
陕西	45.74	15.30	23.10	3.23	31.30	1.00	16.91	17.55	25.20	161.42
河南	2.61	0.61	0.49	0.02	0.57	0.03	0.20	0.49	—	4.79
四川	50.75	11.24	6.44	0.36	7.32	0.55	9.40	20.09		96.20
重庆	21.47	6.50	3.48	0.25	4.12	0.13	2.23	8.80		44.62
云南	34.96	6.72	4.85	0.18	7.57	0.24	4.09	8.64		62.92
贵州	13.78	2.11	2.95	0.16	4.12	0.15	2.62	5.02		28.14
湖北	—									—
湖南	—									—
江西	4.35	1.07	1.07	0.11	1.05	0.03	0.44	1.90	—	9.55
合计	599.75	191.73	179.28	23.58	251.26	9.07	153.70	218.02	196.15	1659.77

其余中南部各退耕还林省级区域的灌木林中没有营造防风固沙林，因此，其生态效益评估中不包括森林防护功能（图3-28）。

13个长江、黄河中上游流经省份的退耕还林工程灌木林营造面积差异较为明显，且主要集中在我国北部和中北部降水量相对较少的内蒙古自治区、甘肃省、宁夏回族自治区、山西省和陕西省。其中内蒙古自治区退耕还林工程灌木林的营造面积最大，是甘肃省、宁夏回族自治区、山西省和陕西省的3倍左右，是四川省和云南省12～13倍，是贵州省和重庆市的25倍左右，是江西省和河南省的100多倍。较高的面积使得内蒙古自治区退耕还林工程灌木林的各项生态效益也均较高。由此可见，在对水分需求量较大的乔木树种不易存活的干旱半干旱地区营造灌木林对当地涵养水源、保育土壤、森林防护等生态效益的发挥具有重要作用。

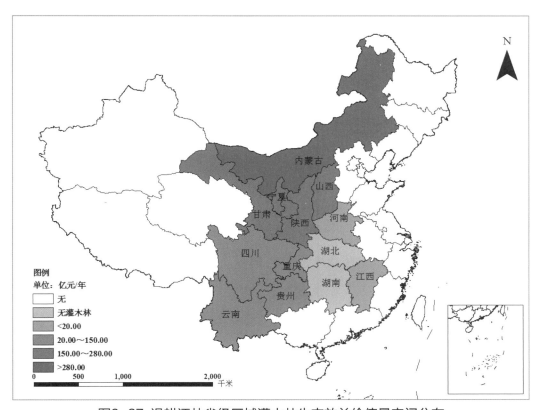

图3-27 退耕还林省级区域灌木林生态效益价值量空间分布

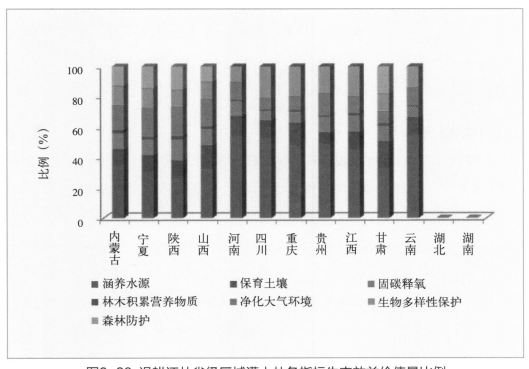

图3-28 退耕还林省级区域灌木林各指标生态效益价值量比例

第四章

长江、黄河流域中上游退耕
还林工程生态效益

本章将采用长江、黄河流域中上游退耕还林工程生态效益评估分布式测算方法，对长江流域中上游的84个市级区域及黄河流域中上游的42个市级区域的退耕还林工程生态效益进行评估。长江、黄河两大流域中上游的退耕还林面积分别为924.06万公顷和725.09万公顷。

4.1 退耕还林工程生态效益

本节依据国家林业局《退耕还林工程生态效益监测评估技术标准与管理规范》（办退字[2013]16号），采用分布式测算方法，主要从涵养水源、保育土壤、固碳释氧、林木积累营养物质、净化大气环境、生物多样性保护和森林防护7个方面对长江、黄河流域中上游退耕还林工程的生态效益进行科学评估。

4.1.1 物质量

通过对长江、黄河流域中上游退耕还林工程涵养水源、保育土壤、固碳释氧、林木积累营养物质、净化大气环境和森林防护6个类别17个分项的生态效益物质量进行评估，结果表明两大流域中上游退耕还林工程涵养水源总物质量为259.00亿立方米/年；固土总物质量为3.89亿吨/年，固定土壤氮、磷、钾和有机质总物质量分别为82.66万吨/年、29.46万吨/年、461.99万吨/年和796.30万吨/年；固碳总物质量为2936.70万吨/年，释氧总物质量为6965.36万吨/年；林木积累氮、磷和钾总物质量分别为37.21万吨/年、5.59万吨/年和22.29万吨/年；提供负离子总物质量为5715.91×10^{22}个/年，吸收污染物总物质量为214.66万吨/年，滞尘总物质量为2.82亿吨/年（其中，吸滞TSP总物质量为2.26亿吨/年、吸滞$PM_{2.5}$总物质量为1128.04万吨/年）；防风固沙总物质量为1.35亿吨/年（表4-1和表4-2）。

表4-1 长江流域中上游退耕还林生态效益物质量

市级区域	涵养水源 (亿立方米/年)	保育土壤					固碳释氧		林木积累营养物质			净化大气环境					森林防护
		固土 (万吨/年)	氮 (万吨/年)	磷 (万吨/年)	钾 (万吨/年)	有机质 (万吨/年)	固碳 (万吨/年)	释氧 (万吨/年)	氮 (百吨/年)	磷 (百吨/年)	钾 (百吨/年)	提供负离子 (×10²²个/年)	吸收污染物 (万千克/年)	滞尘 (万吨/年)	吸滞TSP (万吨/年)	吸滞PM$_{2.5}$ (万吨/年)	防风固沙 (万吨/年)
甘肃陇南	4.61	397.42	4.66	0.94	0.20	7.75	38.87	92.09	27.00	7.48	29.81	55.87	4454.93	628.93	503.15	25.16	—
陕西汉中	3.70	382.66	0.58	0.20	5.36	8.01	37.90	90.55	70.49	4.62	37.20	95.99	3252.78	352.71	282.16	14.10	—
陕西安康	4.39	557.90	0.79	0.36	7.50	11.04	54.74	129.77	103.39	6.62	50.49	126.75	4827.88	545.06	436.05	21.80	611.08
陕西商洛	2.10	310.99	0.42	0.23	3.78	6.02	33.10	78.77	73.17	5.49	32.78	77.46	2709.33	338.24	270.59	13.53	64.55
贵州贵阳	0.60	94.65	0.15	0.06	0.62	2.01	9.10	21.84	8.12	0.96	6.80	21.33	754.61	100.10	80.08	4.01	—
贵州遵义	3.77	643.66	1.00	0.39	4.24	15.27	70.90	172.13	48.81	10.48	48.10	157.12	4253.20	607.03	485.62	24.28	—
贵州安顺	0.57	208.07	0.30	0.13	1.31	4.41	21.19	51.57	13.41	2.16	13.24	38.98	1408.93	190.28	152.23	7.61	—
贵州铜仁	1.63	401.04	0.60	0.26	2.56	9.73	41.17	99.92	62.26	5.65	28.22	51.26	2802.33	372.38	297.91	14.89	—
贵州毕节	3.13	533.10	0.72	0.32	3.31	11.12	48.84	117.62	45.42	4.65	31.93	50.07	4210.40	604.81	483.85	24.19	—
贵州六盘水	1.58	208.64	0.32	0.12	1.31	3.70	19.73	47.75	17.97	1.62	13.82	43.75	1784.44	230.10	184.07	9.20	—
贵州黔东南	1.21	272.98	0.44	0.18	1.83	6.11	28.72	69.90	28.20	3.28	21.51	55.01	2155.28	319.07	255.25	12.76	—
贵州黔南	1.73	335.40	0.46	0.20	2.15	7.76	31.75	76.45	27.64	3.41	21.30	59.63	2464.40	341.64	273.32	13.66	—
四川成都	2.10	238.63	0.28	0.13	3.60	6.75	15.90	38.30	16.50	1.29	7.90	29.31	680.99	82.54	66.03	3.30	—
四川自贡	1.72	180.88	0.20	0.10	2.62	4.83	14.32	34.77	13.16	1.11	6.19	23.25	656.79	85.06	68.04	3.40	—
四川攀枝花	0.25	147.53	0.16	0.09	2.10	4.00	7.22	16.91	7.23	0.45	3.24	15.50	391.84	42.71	34.17	1.70	—
四川泸州	2.90	298.50	0.33	0.16	4.72	8.09	24.46	59.36	22.99	1.90	11.09	35.42	1199.44	162.36	129.89	6.50	—
四川德阳	0.66	89.15	0.10	0.05	1.40	2.68	4.99	11.81	4.59	0.43	2.35	8.39	269.32	34.97	27.98	1.40	—
四川绵阳	2.14	298.99	0.36	0.14	4.44	8.45	25.44	62.27	26.06	1.53	13.45	43.19	1212.99	157.30	125.84	6.30	—
四川广元	2.55	358.18	0.48	0.18	5.51	9.23	34.25	83.91	29.30	2.79	16.49	53.76	1737.77	242.09	193.67	9.68	—
四川遂宁	1.69	176.19	0.20	0.07	2.70	4.61	13.00	31.69	8.26	0.88	4.48	12.26	726.04	99.44	79.55	3.98	—
四川内江	1.37	163.72	0.18	0.10	2.55	4.56	9.38	22.18	8.60	0.79	3.94	14.77	457.23	57.69	46.15	2.30	—
四川乐山	4.58	498.32	0.54	0.24	6.86	14.15	43.86	108.53	49.51	3.52	23.22	81.28	1737.35	224.92	179.94	8.99	—

（续）

市级区域	涵养水源 (亿立方米/年)	保育土壤					固碳释氧		林木积累营养物质				净化大气环境				森林防护
		固土 (万吨/年)	氮 (万吨/年)	磷 (万吨/年)	钾 (万吨/年)	有机质 (万吨/年)	固碳 (万吨/年)	释氧 (万吨/年)	氮 (百吨/年)	磷 (百吨/年)	钾 (百吨/年)	提供负离子 (×10²²个/年)	吸收污染物 (万千克/年)	滞尘 (万吨/年)	吸滞TSP (万吨/年)	吸滞PM₂.₅ (万吨/年)	防风固沙 (万吨/年)
四川南充	2.39	520.49	0.61	0.18	8.14	13.49	42.95	105.74	21.88	4.20	13.44	36.42	2455.08	345.81	276.66	13.83	—
四川宜宾	4.99	403.87	0.42	0.23	6.22	11.25	31.58	76.77	30.96	1.87	15.65	45.57	1347.83	171.21	136.98	6.84	—
四川广安	2.66	303.33	0.36	0.13	4.60	8.06	23.73	57.73	15.89	2.27	8.66	30.89	1312.87	180.67	144.53	7.23	—
四川达州	4.38	313.90	0.38	0.14	4.53	7.70	32.49	79.94	21.57	2.41	11.89	38.74	1912.00	270.22	216.18	10.81	—
四川巴中	3.19	251.02	0.27	0.10	3.59	6.38	24.44	60.13	16.14	1.59	9.39	36.18	1319.60	182.34	145.87	7.29	—
四川雅安	5.36	411.09	0.37	0.18	5.56	10.34	31.53	77.12	27.39	1.87	12.25	47.10	2514.06	373.10	298.48	14.92	—
四川眉山	2.70	274.33	0.27	0.14	3.87	7.57	20.65	50.40	21.54	1.72	9.86	33.26	864.42	111.57	89.25	4.47	—
四川资阳	2.12	258.13	0.29	0.15	4.09	7.60	10.00	22.27	6.93	0.77	3.64	14.30	670.19	87.10	69.68	3.49	—
四川阿坝	1.90	296.43	0.32	0.14	4.26	7.51	21.12	50.77	16.03	1.43	7.02	40.86	2001.29	295.77	236.62	11.84	—
四川甘孜	1.82	246.26	0.28	0.12	3.37	6.19	21.35	51.32	18.92	1.40	7.25	48.85	2015.73	298.78	239.02	11.95	—
四川凉山	4.26	882.28	0.83	0.64	12.60	21.28	59.57	144.49	51.12	6.74	28.30	105.55	3586.98	474.11	379.28	18.97	—
重庆	36.23	3408.50	13.10	2.71	47.02	94.35	295.67	713.81	247.49	93.64	170.05	458.01	19153.33	2676.09	2140.88	107.04	—
云南曲靖	2.78	153.70	1.86	0.16	0.03	1.09	21.08	51.17	12.34	2.50	6.54	40.18	1225.76	220.51	176.42	8.82	—
云南迪庆	0.32	42.76	0.55	0.04	0.01	0.27	4.14	9.64	2.26	0.55	1.60	8.20	371.32	49.52	39.62	1.98	—
云南大理	1.03	131.63	1.66	0.13	0.03	0.85	14.17	33.19	9.19	1.85	4.97	28.86	1010.47	124.09	99.27	4.97	—
云南昆明	0.65	88.86	1.10	0.08	0.02	0.59	12.48	30.39	7.96	1.62	4.18	18.90	662.17	86.23	68.98	3.45	—
云南昭通	1.18	137.55	1.63	0.10	0.03	0.88	21.11	51.03	10.00	2.56	6.38	37.57	1107.44	180.32	144.26	7.21	—
云南丽江	0.58	73.32	0.95	0.07	0.01	0.47	7.30	16.89	4.47	0.88	2.30	15.75	577.68	71.30	57.03	2.85	—
云南楚雄	0.74	95.07	1.19	0.09	0.02	0.70	13.07	31.56	10.63	1.59	3.87	23.78	642.81	77.51	62.01	3.10	—
湖北武汉	0.73	74.88	0.12	0.09	0.70	1.83	10.07	24.47	15.78	1.97	8.98	21.88	426.32	58.39	46.71	2.33	—
湖北黄石	0.45	52.36	0.09	0.06	0.53	1.23	5.52	13.25	9.66	1.20	4.58	12.87	256.86	35.84	28.67	1.43	—
湖北十堰	0.81	401.91	0.70	0.41	2.65	9.88	34.67	83.65	52.07	7.08	24.57	92.32	1915.52	271.36	217.08	10.86	—

（续）

市级区域	涵养水源 (亿立方米/年)	保育土壤					固碳释氧		林木积累营养物质			净化大气环境					森林防护
		固土 (万吨/年)	氮 (万吨/年)	磷 (万吨/年)	钾 (万吨/年)	有机质 (万吨/年)	固碳 (万吨/年)	释氧 (万吨/年)	氮 (百吨/年)	磷 (百吨/年)	钾 (百吨/年)	提供负离子 (×10²²个/年)	吸收污染物 (万千克/年)	滞尘 (万吨/年)	吸滞TSP (万吨/年)	吸滞PM₂.₅ (万吨/年)	防风固沙 (万吨/年)
湖北荆州	0.85	103.11	0.17	0.11	0.93	2.37	18.14	45.22	13.39	3.45	17.81	35.51	566.23	71.49	57.19	2.86	—
湖北宜昌	1.82	243.03	0.43	0.32	2.24	5.75	21.78	51.29	41.26	4.76	17.51	64.96	1228.00	0.01	0.01	<0.01	—
湖北襄阳	1.85	185.33	0.30	0.29	0.31	4.30	24.71	60.89	34.47	4.66	21.11	54.60	954.42	127.95	102.36	5.11	—
湖北鄂州	0.19	26.23	0.04	0.03	0.10	0.60	2.98	7.26	5.58	0.63	2.42	7.01	130.68	17.67	14.13	0.71	—
湖北荆门	0.88	105.82	0.15	0.15	0.19	2.50	14.44	35.26	20.15	2.66	12.31	36.24	680.56	96.53	77.22	3.86	—
湖北孝感	1.44	128.66	0.19	0.18	0.41	3.03	16.24	39.41	19.53	2.78	13.30	38.35	825.91	123.24	98.59	4.93	—
湖北黄冈	2.08	293.10	0.52	0.50	0.73	7.48	25.18	60.37	39.13	5.36	19.67	61.58	1290.42	181.45	145.16	7.26	—
湖北咸宁	2.17	191.18	0.29	0.22	0.84	4.43	21.70	52.97	33.64	4.22	16.90	51.33	1020.18	150.02	120.02	6.00	—
湖北恩施	3.47	354.32	0.63	0.33	2.69	7.67	29.28	70.22	38.23	5.54	19.66	89.18	1974.02	300.30	240.24	12.01	—
湖北随州	0.69	90.45	0.14	0.13	0.27	2.25	8.35	19.69	11.14	1.49	6.43	26.95	591.57	91.76	73.41	3.67	—
湖北仙桃	0.13	13.77	0.02	0.02	0.13	0.31	2.84	7.15	3.45	0.53	2.86	5.04	68.72	7.59	6.07	0.30	—
湖北天门	0.04	14.17	0.02	0.02	0.13	0.32	2.91	7.33	3.54	0.54	2.94	5.17	70.68	7.81	6.24	0.31	—
湖北潜江	0.14	10.77	0.02	0.02	0.01	0.23	2.10	5.26	2.37	0.36	1.91	3.83	52.04	5.81	4.65	0.24	—
湖北神农架	0.19	45.68	0.10	0.04	0.26	1.03	2.42	5.80	3.39	0.62	1.78	6.30	132.42	17.61	14.09	0.71	—
河南南阳	2.13	416.17	0.61	0.13	0.63	5.82	40.74	99.08	80.17	23.25	36.74	84.24	1669.72	146.01	116.81	5.84	116.18
江西抚州	2.90	376.51	0.60	0.33	5.25	8.39	19.90	47.88	30.70	4.23	11.72	34.19	1298.44	206.24	164.99	8.25	—
江西南昌	0.33	81.49	0.12	0.09	0.89	1.90	4.16	9.85	7.81	0.96	2.60	8.47	275.19	41.23	32.98	1.65	—
江西景德镇	0.76	87.96	0.13	0.09	0.99	2.10	4.43	10.54	7.19	1.04	2.76	12.33	298.93	48.91	39.12	1.96	—
江西九江	0.57	360.78	0.63	0.36	4.86	8.87	20.92	50.42	36.29	4.79	14.21	52.58	1090.50	162.77	130.22	6.51	—
江西新余	0.18	83.92	0.14	0.09	1.20	1.79	4.29	10.29	6.02	0.93	2.47	14.20	304.23	51.06	40.85	2.04	—
江西鹰潭	0.61	77.71	0.12	0.07	0.92	1.83	4.40	10.59	6.81	0.95	2.76	9.84	234.62	35.29	28.23	1.41	—
江西赣州	2.34	583.89	0.87	0.50	6.38	12.14	27.81	66.47	28.67	4.92	14.02	62.10	1692.91	259.49	207.59	10.38	—

（续）

市级区域	涵养水源 (亿立方米/年)	保育土壤					固碳释氧		林木积累营养物质			净化大气环境					森林防护
		固土 (万吨/年)	氮 (万吨/年)	磷 (万吨/年)	钾 (万吨/年)	有机质 (万吨/年)	固碳 (万吨/年)	释氧 (万吨/年)	氮 (百吨/年)	磷 (百吨/年)	钾 (百吨/年)	提供负离子 (×10²²个/年)	吸收污染物 (万千克/年)	滞尘 (万吨/年)	吸滞TSP (万吨/年)	吸滞PM₂.₅ (万吨/年)	防风固沙 (万吨/年)
江西吉安	1.48	427.55	0.64	0.43	2.53	9.37	19.91	47.31	17.13	4.16	11.08	37.88	1528.08	247.07	197.65	9.89	—
江西宜春	2.38	426.97	0.63	0.38	2.34	9.02	19.40	46.24	14.56	3.59	9.86	57.40	1404.90	224.21	179.37	8.97	—
江西上饶	2.43	395.75	0.55	0.37	1.87	8.55	17.01	40.20	12.86	3.12	8.42	53.07	1244.65	198.21	158.57	7.92	—
江西萍乡	0.65	194.66	0.30	0.17	2.54	4.14	9.70	23.33	10.04	1.83	4.98	16.44	631.30	101.33	81.07	4.05	—
湖南益阳	0.94	214.80	0.25	0.32	1.95	4.82	10.85	25.62	11.67	1.06	6.37	28.30	862.86	142.34	113.87	5.69	—
湖南张家界	0.86	261.93	0.28	0.36	2.40	5.51	13.17	30.99	11.36	1.05	6.27	34.82	1080.21	177.21	141.77	7.09	—
湖南湘潭	0.44	81.29	0.09	0.12	0.78	1.83	4.01	9.42	4.23	0.39	2.33	10.85	320.64	51.59	41.28	2.07	—
湖南岳阳	1.92	324.10	0.35	0.51	3.17	7.33	15.69	36.71	17.78	1.50	9.41	44.38	1247.25	197.96	158.37	7.92	—
湖南常德	2.33	343.37	0.37	0.49	3.23	7.40	16.92	39.92	16.51	1.49	9.07	44.03	1345.02	220.06	176.05	8.80	—
湖南怀化	3.43	639.92	0.67	0.87	5.78	13.45	32.45	76.50	28.24	2.60	15.55	86.05	2656.70	437.65	350.12	17.50	—
湖南郴州	3.88	406.45	0.46	0.61	3.75	9.14	20.48	48.34	22.03	1.98	12.07	53.42	1622.33	264.87	211.89	10.59	—
湖南长沙	0.92	94.37	0.10	0.14	0.92	2.11	4.59	10.76	4.79	0.44	2.62	12.40	365.66	58.82	47.06	2.35	—
湖南株洲	1.80	188.19	0.21	0.28	1.75	4.23	9.51	22.45	10.18	0.92	5.60	24.87	749.28	121.89	97.51	4.87	—
湖南衡阳	1.40	270.26	0.33	0.38	2.50	6.19	14.42	34.24	16.43	1.33	8.98	30.90	978.29	153.37	122.70	6.14	—
湖南邵阳	3.60	637.38	0.70	0.90	5.94	13.76	31.63	74.75	31.02	2.80	16.99	81.74	2521.83	414.72	331.77	16.59	—
湖南永州	2.36	470.09	0.51	0.67	4.43	10.14	22.95	54.10	22.47	2.02	12.31	60.52	1848.50	302.85	242.28	12.11	—
湖南娄底	1.44	255.13	0.28	0.36	2.40	5.51	12.57	29.67	13.56	1.22	7.42	32.65	1000.88	163.74	130.99	6.55	—
湖南湘西	6.64	1041.84	1.13	1.39	9.26	22.01	52.85	124.67	47.32	4.20	25.74	136.04	4354.84	722.54	578.03	28.90	—
合计	194.91	26166.37	54.75	23.50	270.45	609.43	2035.35	4902.28	2127.41	327.19	1211.88	3996.15	133711.61	18811.94	15049.54	752.43	791.81

注：表中固碳为植物固碳与土壤固碳的物质量总和；吸收污染物是森林吸收二氧化硫、氟化物和氮氧化物的物质量总和。

表4-2　黄河流域中上游退耕还林生态效益物质量

| 市级区域 | 涵养水源 (亿立方米/年) | 保育土壤 | | | | | 固碳释氧 | | 林木积累营养物质 | | | 净化大气环境 | | | | | 森林防护 |
		固土 (万吨/年)	氮 (万吨/年)	磷 (万吨/年)	钾 (万吨/年)	有机质 (万吨/年)	固碳 (万吨/年)	释氧 (万吨/年)	氮 (百吨/年)	磷 (百吨/年)	钾 (百吨/年)	提供负离子 ($\times 10^{22}$个/年)	吸收污染物 (万吨/年)	滞尘 (万吨/年)	吸滞TSP (万吨/年)	吸滞$PM_{2.5}$ (万吨/年)	防风固沙 (万吨/年)
内蒙古呼和浩特	3.17	392.96	0.55	0.14	5.53	2.63	23.66	54.22	30.88	2.85	27.42	16.36	3137.92	460.44	368.36	18.42	1.91
内蒙古包头	1.21	190.46	0.17	0.08	2.94	1.07	7.91	17.10	16.21	1.11	15.32	3.84	803.05	85.76	68.61	3.43	146.70
内蒙古乌海	0.07	30.69	0.03	0.01	0.46	0.19	1.65	3.70	2.98	0.21	2.73	0.83	140.11	15.12	12.10	0.60	28.41
内蒙古乌兰察布	5.44	1176.20	1.08	0.51	18.62	6.53	50.64	110.03	104.14	7.42	99.86	43.00	5228.45	575.66	460.54	23.03	1081.16
内蒙古鄂尔多斯	3.26	798.51	0.73	0.33	12.06	4.84	39.59	87.79	68.78	4.92	66.18	19.87	4051.40	475.66	380.53	19.03	901.15
内蒙古巴彦淖尔	1.80	463.66	0.38	0.18	7.31	2.74	26.21	59.60	50.86	3.43	45.59	18.27	2060.67	219.75	175.80	8.79	570.13
宁夏固原	3.48	430.02	1.06	0.13	7.75	8.13	33.15	73.09	51.95	4.29	15.34	139.19	3649.64	407.85	326.28	16.31	63.45
宁夏石嘴山	<0.01	2.47	0.01	0.00	0.05	0.05	0.22	0.50	0.35	0.03	0.15	0.75	21.18	2.07	1.66	0.08	6.65
宁夏吴忠	2.77	503.02	1.41	0.19	9.92	10.46	36.26	76.92	64.43	5.80	19.22	85.92	4174.03	421.80	337.43	16.87	1170.32
宁夏银川	0.13	51.13	0.12	0.02	0.97	1.07	3.84	8.26	6.68	0.57	1.93	12.84	436.50	43.79	35.03	1.75	112.29
甘肃兰州	0.72	126.42	0.48	0.09	2.41	3.18	7.45	16.16	12.36	1.23	7.73	21.51	823.97	89.74	71.80	3.59	240.84
甘肃白银	1.33	238.18	0.99	0.20	4.13	5.66	12.95	27.71	17.99	1.91	11.40	37.48	1422.39	149.25	119.39	5.97	448.04
甘肃定西	2.11	378.19	1.03	0.20	7.27	8.65	29.91	68.97	42.91	5.94	31.30	61.60	2913.09	355.57	284.46	14.22	736.29
甘肃天水	1.98	359.50	1.01	0.16	7.10	7.82	30.96	72.47	17.52	7.84	26.74	43.61	2759.90	339.91	271.94	13.60	—
甘肃平凉	2.56	462.80	1.48	0.21	8.92	10.22	38.70	90.15	16.97	10.46	33.71	52.73	3039.34	341.81	273.45	13.67	942.39
甘肃庆阳	2.61	481.11	1.78	0.34	8.10	10.48	31.91	71.77	22.06	6.02	23.41	60.45	3105.17	353.61	282.89	14.14	922.44
甘肃临夏	2.26	223.57	2.62	0.72	0.14	4.35	14.12	31.94	19.51	2.93	15.16	33.04	1527.11	185.03	148.02	7.40	—
甘肃甘南	0.79	78.23	0.89	0.21	0.04	1.22	4.51	9.99	4.10	0.92	4.35	10.91	725.68	99.91	79.93	4.00	—
陕西榆林	3.50	777.91	1.23	0.26	15.10	13.63	68.92	156.23	167.81	7.03	63.04	110.94	6083.43	696.41	557.12	27.86	1298.64
陕西延安	4.04	944.71	1.72	0.33	19.22	20.38	93.12	217.00	223.71	44.53	176.81	234.06	6120.12	641.17	132.80	6.64	333.24
陕西宝鸡	1.31	285.62	0.39	0.13	4.65	5.86	27.31	64.64	73.92	12.14	57.46	78.63	2149.66	251.95	512.94	25.65	1967.89

（续）

市级区域	涵养水源 (亿立方米/年)	保育土壤					固碳释氧		林木积累营养物质			净化大气环境					森林防护
		固土 (万吨/年)	氮 (万吨/年)	磷 (万吨/年)	钾 (万吨/年)	有机质 (万吨/年)	固碳 (万吨/年)	释氧 (万吨/年)	氮 (百吨/年)	磷 (百吨/年)	钾 (百吨/年)	提供负离子 (×10²²个/年)	吸收污染物 (万千克/年)	滞尘 (万吨/年)	吸滞TSP (万吨/年)	吸滞PM₂.₅ (万吨/年)	防风固沙 (万吨/年)
陕西铜川	0.70	120.33	0.18	0.06	2.09	2.59	11.50	27.09	30.25	6.05	25.15	32.15	807.81	88.06	201.56	10.08	419.91
陕西渭南	1.47	292.02	0.41	0.19	4.05	5.68	27.02	63.55	74.57	8.35	44.43	61.11	2025.77	233.11	70.45	3.52	254.75
陕西西安	0.32	55.66	0.08	0.03	0.87	1.19	5.09	11.99	13.20	2.07	9.15	12.50	522.78	42.09	186.49	9.32	253.29
陕西咸阳	1.19	248.92	0.36	0.08	4.70	5.38	24.70	58.62	67.79	16.70	67.99	81.91	1702.69	166.00	33.68	1.68	71.21
山西长治	1.03	187.70	0.51	0.08	2.63	1.91	15.02	35.27	27.91	1.27	6.69	29.30	1415.18	183.72	146.97	7.35	—
山西运城	1.46	191.50	0.48	0.08	2.17	1.99	14.31	33.00	33.48	1.08	7.48	32.18	1511.69	199.97	159.98	8.00	—
山西临汾	0.82	253.34	0.68	0.10	3.90	2.50	20.00	46.68	30.38	1.48	8.33	41.51	1821.23	170.67	136.54	6.83	—
山西晋中	0.09	230.41	0.58	0.09	3.82	2.41	19.03	44.60	30.09	1.73	8.96	17.50	1754.92	224.17	179.33	8.97	—
山西晋城	0.83	85.79	0.19	0.03	1.00	0.86	7.08	16.63	12.38	0.55	3.43	11.49	716.42	95.94	76.76	3.84	—
山西吕梁	2.50	562.02	1.52	0.21	10.45	5.00	42.58	99.77	37.27	2.81	11.35	91.42	3315.52	386.70	309.35	15.47	—
山西朔州	1.16	198.15	0.55	0.07	3.93	2.09	8.30	17.04	11.03	0.56	1.90	12.10	1104.16	120.89	96.71	4.84	35.53
山西太原	1.21	154.81	0.39	0.06	2.57	1.69	10.45	23.75	19.93	1.14	6.45	21.42	1331.58	183.37	146.70	7.33	—
山西忻州	2.41	315.57	0.89	0.13	5.33	3.39	22.15	50.75	46.93	2.24	9.01	28.57	2346.58	298.44	238.74	11.94	267.96
河南郑州	0.50	102.77	0.15	0.03	0.10	1.67	8.88	21.53	13.12	5.16	6.08	14.57	510.71	51.70	41.35	2.07	35.56
河南开封	0.35	32.79	0.04	<0.01	0.01	0.60	5.91	14.49	13.09	4.46	4.62	16.44	231.79	23.87	19.10	0.95	68.28
河南洛阳	0.66	416.47	0.59	0.11	0.45	6.71	22.52	52.25	31.27	11.32	15.24	54.61	1626.49	212.61	170.10	8.50	8.05
河南濮阳	0.11	56.20	0.06	<0.01	0.02	1.02	13.00	32.50	29.26	9.97	10.32	18.69	394.92	40.71	32.56	1.63	123.07
河南焦作	0.67	89.71	0.10	0.01	0.04	1.48	6.16	14.55	8.29	3.40	3.64	9.93	516.16	68.40	54.72	2.74	47.72
河南三门峡	0.56	469.45	0.69	0.13	0.54	5.83	20.91	48.43	24.73	11.07	12.12	30.36	1799.01	237.15	189.73	9.49	—
河南济源	0.93	101.84	0.13	0.02	0.07	1.69	3.20	6.92	2.21	1.42	1.53	2.98	510.11	73.42	58.74	2.94	28.17
河南新乡	0.58	120.87	0.16	0.02	0.11	2.03	10.55	25.43	20.26	7.35	8.12	13.19	612.03	76.76	61.42	3.07	115.58
合计	64.09	12681.68	27.91	5.96	191.54	186.87	901.35	2063.08	1593.56	231.76	1016.84	1719.76	80950.36	9390.01	7512.06	375.61	12701.02

注：表中固碳为植物固碳与土壤固碳的物质质量总和；吸收污染物是森林吸收二氧化硫、氟化物和氮氧化物的物质质量总和。

长江流域中上游退耕还林工程涵养水源物质量为194.91亿立方米/年；固土物质量为2.62亿吨/年，固定土壤氮、磷、钾和有机质物质量分别为54.75万吨/年、23.50万吨/年、270.45万吨/年和609.43万吨/年；固碳物质量为2035.35万吨/年，释氧物质量为4902.28万吨/年；林木积累氮、磷和钾物质量分别为21.27万吨/年、3.27万吨/年和12.12万吨/年；提供空气负离子物质量为3996.15×10^{22}个/年，吸收污染物物质量为133.71万吨/年，滞尘物质量为1.88亿吨/年（其中，吸滞TSP物质量为1.50亿吨/年，吸滞$PM_{2.5}$物质量为752.43万吨/年）；防风固沙物质量为791.81万吨/年（表4-1）。

黄河流域中上游退耕还林工程涵养水源物质量为64.09亿立方米/年；固土物质量为1.27亿吨/年，固定土壤氮、磷、钾和有机质物质量分别为27.91万吨/年、5.96万吨/年、191.54万吨/年和186.87万吨/年；固碳物质量为901.35万吨/年，释氧物质量为2063.08万吨/年；林木积累氮、磷和钾物质量分别为15.94万吨/年、2.32万吨/年和10.17万吨/年；提供空气负离子物质量为1719.76×10^{22}个/年，吸收污染物物质量为80.95万吨/年，滞尘物质量为9390.01万吨/年（其中，吸滞TSP物质量为7512.06万吨/年，吸滞$PM_{2.5}$物质量为375.61万吨/年）；防风固沙物质量为1.27亿吨/年（表4-2）。

以上数据表明除防风固沙量外，长江流域中上游退耕还林工程生态效益各评估指标物质量均较高，占两大流域中上游退耕还林工程各生态效益评估指标总物质量的50%~80%，尤其是涵养水源物质量占两大流域中上游退耕还林工程涵养水源总物质量的比例最高，为75.25%，达到了丹江口水库最大库容（290.5亿立方米）的67.09%，仅次于5个北京密云水库库容（40.5亿立方米），这表明长江流域中上游退耕还林工程对该流域防洪减灾发挥着重要作用。黄河流域中上游退耕还林工程生态效益除防风固沙功能外其他各项功能物质量均相对较小，占两大流域中上游退耕还林工程各评估指标总物质量的20%~50%，但黄河流域中上游退耕还林工程防风固沙功能效果显著，占两大流域中上游退耕还林工程防风固沙总物质量的94.07%。因此，退耕还林工程的这些防风固沙林在黄河流域中上游地区成效显著，形成了天然的绿色屏障，发挥着防风固沙及环境保护的重要作用。

其次，长江、黄河流域中上游各市级区域退耕还林工程生态效益物质量不同，主要体现在：

（1）**涵养水源**　长江流域中上游退耕还林工程涵养水源量较大的市级区域主要为重庆市，湖南省的湘西州、郴州市，四川省的雅安市、宜宾市、乐山市、达州市、凉山州，以及甘肃省陇南市和陕西省安康市（图4-1），各市级区域涵养水源物质量均在3.80亿立方米/年以上，该10个市级区域涵养水源总物质量占长江流域中上游退

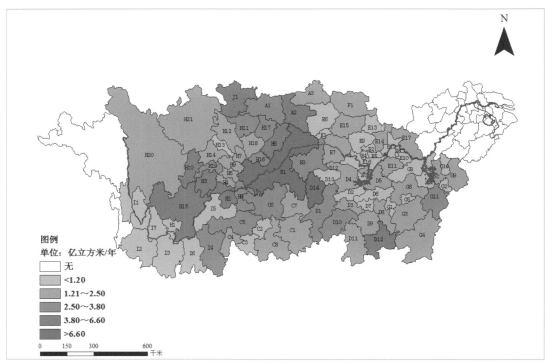

图4-1 长江流域中上游退耕还林涵养水源物质量空间分布

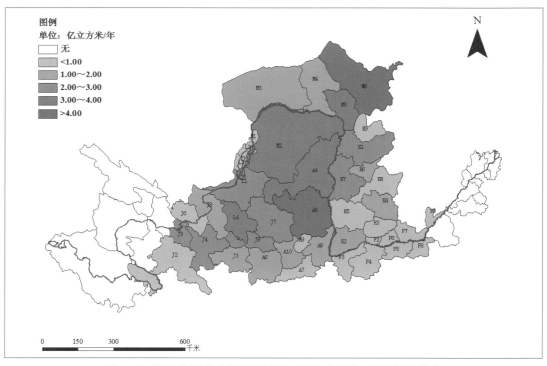

图4-2 黄河流域中上游退耕还林涵养水源物质量空间分布

注：A1陕西汉中、A2陕西安康、A3陕西商洛、A4陕西榆林、A5陕西延安、A6陕西宝鸡、A7陕西西安、A8陕西渭南、A9陕西铜川、A10陕西咸阳；B1重庆；C1贵州黔东南、C2贵州贵阳、C3贵州安顺、C4贵州六盘水、C5贵州毕节、C6贵州遵义、C7贵州铜仁、C8贵州黔南；D1湖南怀化、D2湖南益阳、D3湖南娄底、D4湖南常德、D5湖南岳阳、D6湖南长沙、D7湖南湘潭、D8湖南株洲、D9湖南衡阳、D10湖南邵阳、D11湖南永州、D12湖南郴州、D13湖南张家界、D14湖南湘西；E1湖北神农架、E2湖北天门、E3湖北鄂州、E4湖北潜江、E5湖北仙桃、E6湖北十堰、E7湖北宜昌、E8湖北恩施、E9湖北荆门、E10湖北黄石、E11湖北咸宁、E12湖北武汉、E13湖北随州、E14湖北孝感、E15湖北襄阳、E16湖北荆州、E17湖北黄

注：F1 河南南阳、F2 河南济源、F3 河南三门峡、F4 河南洛阳、F5 河南郑州、F6 河南焦作、F7 河南新乡、F8 河南开封、F9 河南濮阳；G1 江西萍乡、G2 江西鹰潭、G3 江西吉安、G4 江西赣州、G5 江西新余、G6 江西宜春、G7 江西南昌、G8 江西九江、G9 江西上饶、G10 江西景德镇、G11 江西抚州；H1 四川攀枝花、H2 四川宜宾、H3 四川乐山、H4 四川自贡、H5 四川内江、H6 四川达州、H7 四川遂宁、H8 四川泸州、H9 四川资阳、H10 四川雅安、H11 四川广元、H12 四川绵阳、H13 四川德阳、H14 四川成都、H15 四川凉山、H16 四川广安、H17 四川巴中、H18 四川南充、H19 四川眉山、H20 四川甘孜、H21 四川阿坝；I1 云南迪庆、I2 云南大理、I3 云南楚雄、I4 云南曲靖、I5 云南昭通、I6 云南昆明、I7 云南丽江；J1 甘肃陇南、J2 甘肃甘南、J3 甘肃天水、J4 甘肃定西、J5 甘肃临夏、J6 甘肃兰州、J7 甘肃庆阳、J8 甘肃白银、J9 甘肃平凉；K1 山西忻州、K2 山西运城、K3 山西晋城、K4 山西长治、K5 山西临汾、K6 山西太原、K7 山西吕梁、K8 山西晋中、K9 山西朔州；L1 宁夏吴忠、L2 宁夏银川、L3 宁夏石嘴山、L4 宁夏固原；M1 内蒙古乌海、M2 内蒙古鄂尔多斯、M3 内蒙古巴彦淖尔、M4 内蒙古包头、M5 内蒙古呼和浩特、M6 内蒙古乌兰察布。下同。

耕还林工程涵养水源总物质量的40%以上。黄河流域中上游的内蒙古自治区乌兰察布市、鄂尔多斯市、呼和浩特市，陕西省延安市、榆林市以及宁夏回族自治区固原市的退耕还林工程涵养水源物质量较高（图4-2），均大于3.00亿立方米/年，该6个市级区域涵养水源总物质量占黄河流域中上游退耕还林工程涵养水源总物质量的40%。

　　（2）保育土壤　长江流域中上游退耕还林工程固土量和保肥量之和较大的市级区域主要为重庆市，湖南省的湘西州、怀化市、邵阳市，四川省的凉山州、南充市，贵州省遵义市、毕节市，江西省赣州市和陕西省安康市（图4-3和图4-5），均超过500.00万吨/年，且该10个市级区域的固土量和保肥量总值占长江流域中上游退耕还林工程保育土壤总物质量的30%以上。黄河流域中上游的内蒙古自治区乌兰察布市、鄂尔多斯市、巴彦淖尔市，陕西省延安市、榆林市，山西省吕梁市，宁夏回族自治区固

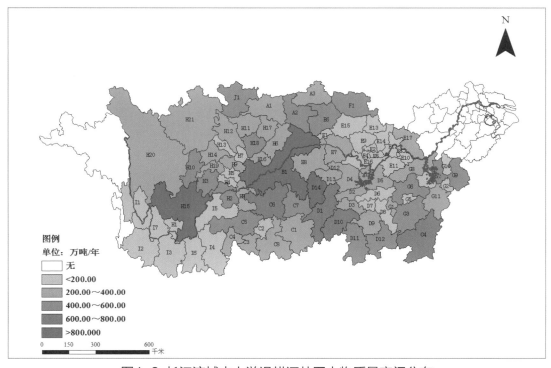

图4-3　长江流域中上游退耕还林固土物质量空间分布

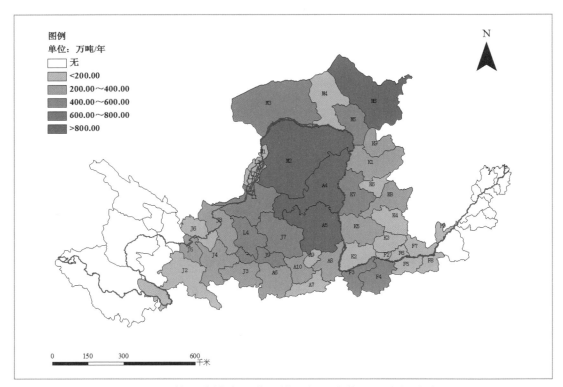

图4-4 黄河流域中上游退耕还林固土物质量空间分布

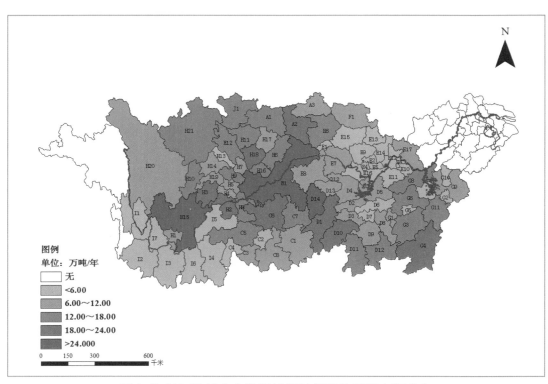

图4-5 长江流域中上游退耕还林保肥物质量空间分布

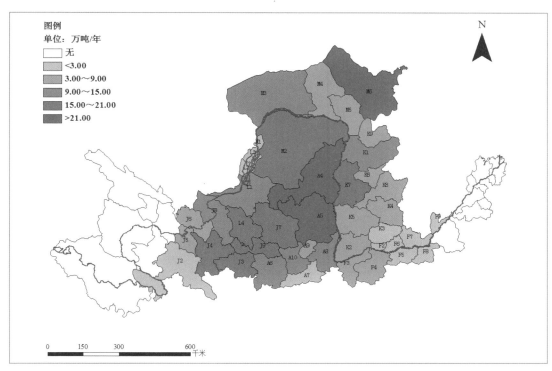

图4-6 黄河流域中上游退耕还林保肥物质量空间分布

原市，甘肃省庆阳市、平凉市以及河南省的三门峡市、洛阳市的退耕还林工程保育土壤物质量较高（图4-4和图4-6），均超过400.00万吨/年，且该11个市级区域的保育土壤物质量合计占黄河流域中上游退耕还林工程保育土壤总物质量的55%。

（3）**固碳释氧**　长江流域中上游退耕还林工程固碳量和释氧量较大的市级区域主要为重庆市，贵州省遵义市、毕节市、铜仁市，四川省的凉山州、乐山市、南充市，陕西省安康市，湖南省的湘西州和河南省南阳市（图4-7和图4-9），均大于40.00万吨/年，该10个市级区域的固碳、释氧物质量合计占长江流域中上游退耕还林工程固碳、释氧总物质量的37%。黄河流域中上游的陕西省延安市、榆林市、内蒙古自治区乌兰察布市、鄂尔多斯市，宁夏回族自治区固原市和甘肃省天水市、平凉市、庆阳市的退耕还林工程固碳、释氧物质量较高（图4-8和图4-10），均在30.00万吨/年以上，该8个市级区域的固碳、释氧物质量合计占黄河流域中上游退耕还林工程固碳、释氧总物质量的48%。

（4）**林木积累营养物质**　长江流域中上游退耕还林工程林木积累营养物质物质量较大的市级区域主要为重庆市，陕西省安康市、汉中市、商洛市，贵州省遵义市、铜仁市、毕节市，四川省的凉山州、乐山市，湖北省十堰市以及湖南省湘西州（图4-11），均在75.00万吨/年以上，该11个市级区域的林木积累营养物质物质量合计约占长江流域中上游退耕还林工程林木积累营养物质总物质量的45%。黄河流域中上游的陕西省延安市、榆林市、咸阳市、宝鸡市、渭南市，内蒙古自治区乌兰察布

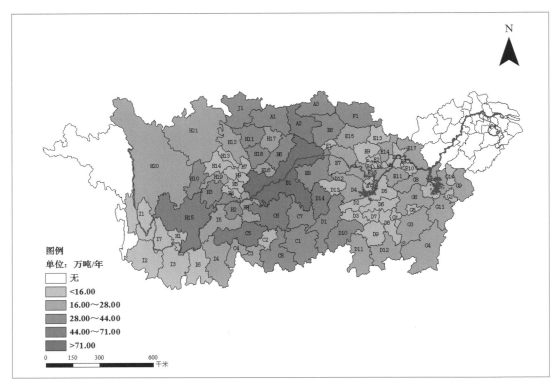

图4-7 长江流域中上游退耕还林固碳物质量空间分布

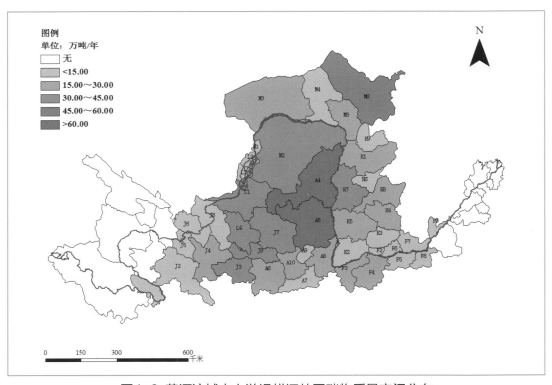

图4-8 黄河流域中上游退耕还林固碳物质量空间分布

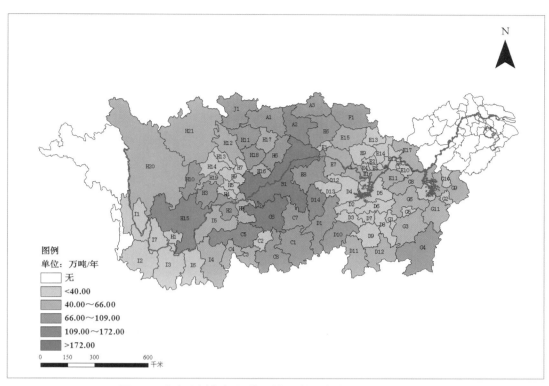

图4-9 长江流域中上游退耕还林释氧物质量空间分布

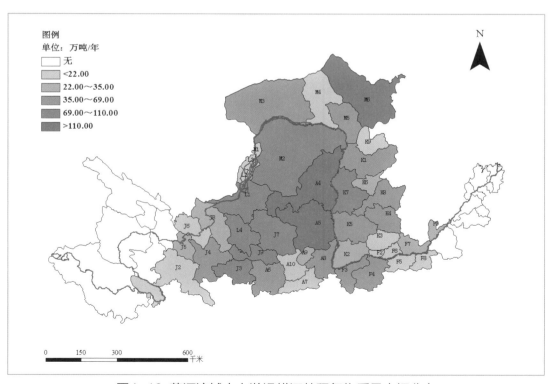

图4-10 黄河流域中上游退耕还林释氧物质量空间分布

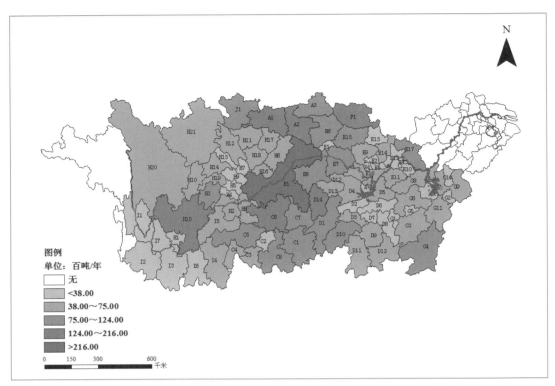

图4-11 长江流域中上游退耕还林林木积累营养物质物质量空间分布

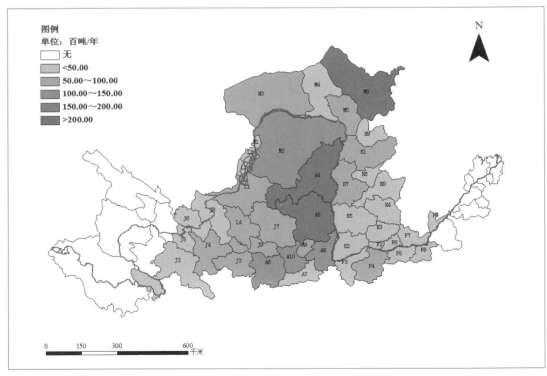

图4-12 黄河流域中上游退耕还林林木积累营养物质物质量空间分布

市、鄂尔多斯市、巴彦淖尔市和甘肃省定西市的退耕还林工程林木积累营养物质总物质量较高（图4-12），均超过80.00万吨/年，该9个市级区域的林木积累营养物质总物质量约占黄河流域中上游退耕还林工程林木积累营养物质总物质量的58%。

（5）**净化大气环境**　长江流域中上游退耕还林工程提供空气负离子物质量较大的市级区域主要为重庆市，贵州省遵义市，湖南省的湘西州、怀化市、邵阳市，陕西省安康市、汉中市，四川省的凉山州、乐山市，湖北省十堰市、恩施州和河南省南阳市（图4-13），均大于80.00×10^{22}个/年，该12个市级区域提供空气负离子物质量之和占长江流域中上游退耕还林工程提供空气负离子总物质量的40%。黄河流域中上游的陕西省延安市、榆林市、咸阳市、宝鸡市、渭南市，宁夏回族自治区固原市，甘肃省定西市和庆阳市的退耕还林工程提供空气负离子的物质量较高（图4-14），均超过60.00×10^{22}个/年，该8个市级区域提供空气负离子物质量之和占黄河流域中上游退耕还林工程提供空气负离子总物质量的50%以上。

长江流域中上游退耕还林工程吸收污染物物质量较高的市级区域主要为重庆市，陕西省安康市、汉中市，甘肃省陇南市，湖南省的湘西州，贵州省遵义市、毕节市和四川省凉山州（图4-15），达到3.00万吨/年，该8个市级区域吸收污染物物质量之和约占长江流域中上游退耕还林工程吸收污染物总物质量的36%。黄河流域中上游的陕

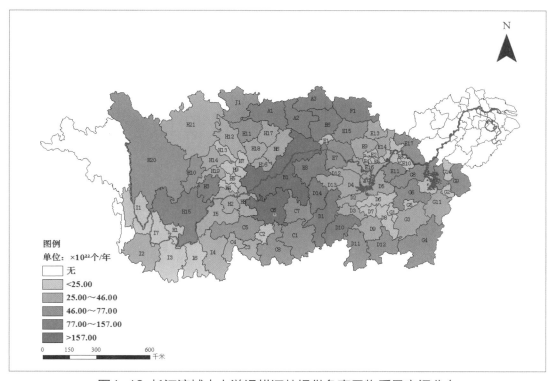

图4-13 长江流域中上游退耕还林提供负离子物质量空间分布

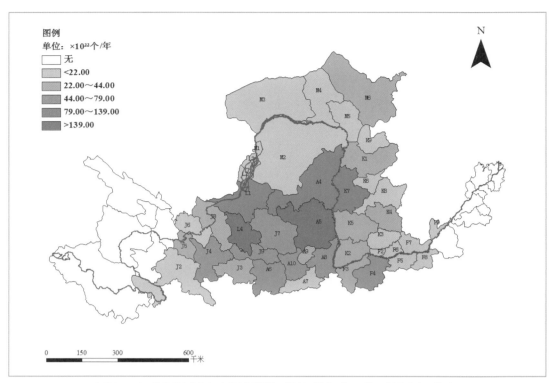

图4-14 黄河流域中上游退耕还林提供负离子物质量空间分布

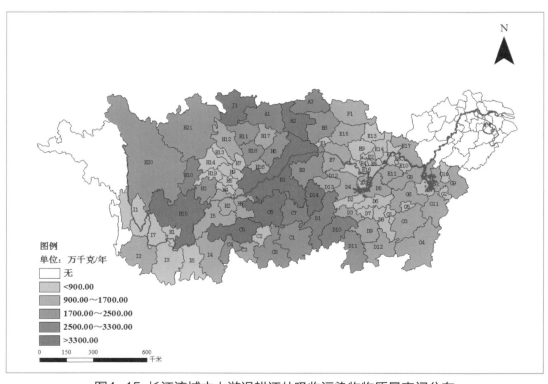

图4-15 长江流域中上游退耕还林吸收污染物物质量空间分布

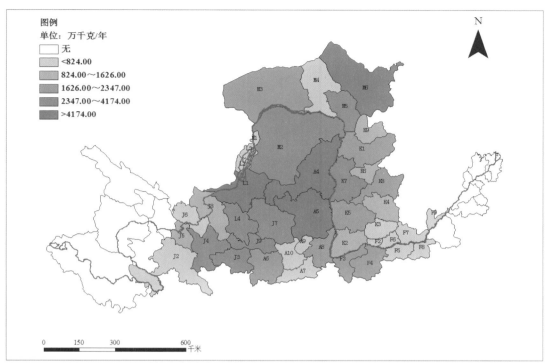

图4-16 黄河流域中上游退耕还林吸收污染物物质量空间分布

西省延安市、榆林市，内蒙古自治区乌兰察布市、鄂尔多斯市、呼和浩特市，宁夏回族自治区固原市，山西省吕梁市，甘肃省庆阳市和平凉市的退耕还林工程吸收污染物物质量较高（图4-16），达到3.00万吨/年以上，该9个市级区域吸收污染物物质量之和约占黄河流域中上游退耕还林工程吸收污染物总物质量的47%。

长江流域中上游退耕还林工程滞尘物质量、吸滞TSP和$PM_{2.5}$物质量较高的市级区域主要为重庆市，湖南省的湘西州、怀化市、邵阳市，甘肃省陇南市，贵州省遵义市、毕节市，陕西省安康市和四川省的凉山州（图4-17、图4-19和图4-21），滞尘量均大于400.00万吨/年，吸滞TSP量均大于300.00万吨/年，吸滞$PM_{2.5}$物质量均大于16.00万吨/年，该9个市级区域滞尘量、吸滞TSP和$PM_{2.5}$物质量之和分别占长江流域中上游退耕还林工程滞尘量、吸滞TSP和$PM_{2.5}$总物质量的30%～40%。黄河流域中上游退耕还林工程的滞尘物质量为9390.01万吨/年、吸滞TSP物质量为7512.06万吨/年和吸滞$PM_{2.5}$物质量为375.61万吨/年，其中陕西省榆林市、延安市，内蒙古自治区乌兰察布市、鄂尔多斯市、呼和浩特市，宁夏回族自治区固原市，山西省吕梁市，甘肃省定西市和庆阳市退耕还林工程的滞尘量、吸滞TSP和$PM_{2.5}$物质量较高（图4-18、图4-20和图4-22），其中滞尘量、吸滞TSP和$PM_{2.5}$的物质量分别在350.00万吨/年、280.00万吨/年、14.00万吨/年以上，该9个市级区域滞尘量、吸滞TSP和$PM_{2.5}$的物质量之和约占黄河流域中上游退耕还林工程滞尘、吸滞TSP和$PM_{2.5}$总物质量的45%～50%。

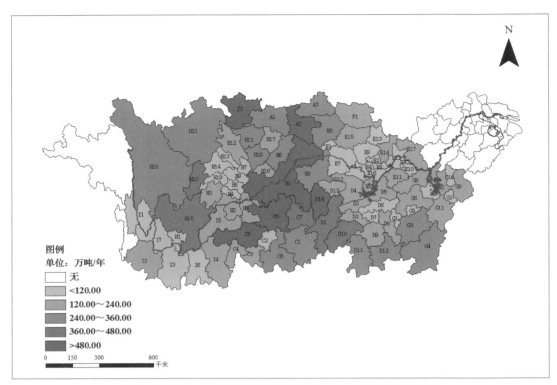

图4-17 长江流域中上游退耕还林滞尘物质量空间分布

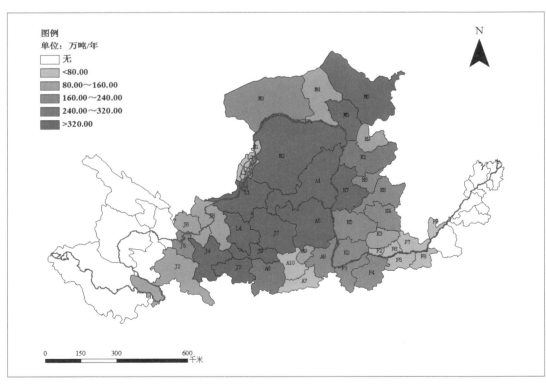

图4-18 黄河流域中上游退耕还林滞尘物质量空间分布

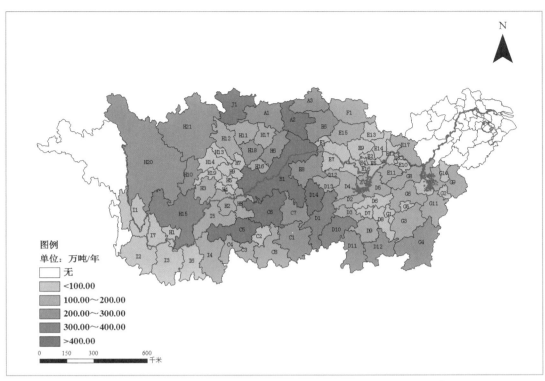

图4-19　长江流域中上游退耕还林吸滞TSP物质量空间分布

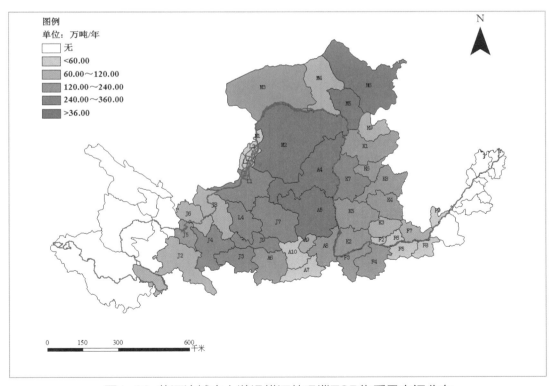

图4-20　黄河流域中上游退耕还林吸滞TSP物质量空间分布

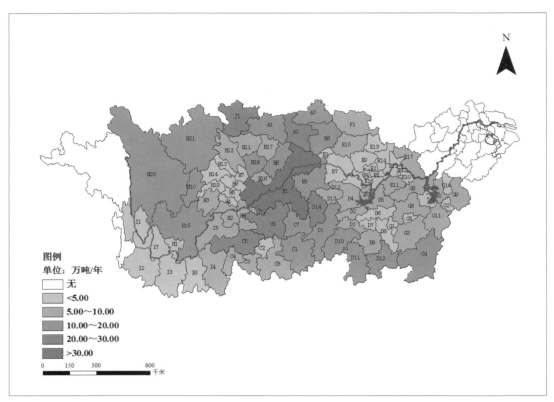

图4-21 长江流域中上游退耕还林吸滞PM~2.5~物质量空间分布

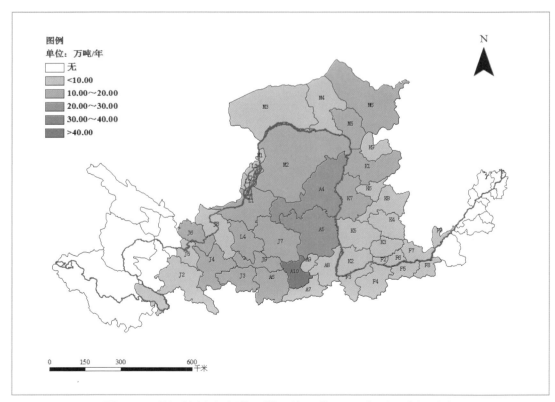

图4-22 黄河流域中上游退耕还林吸滞PM~2.5~物质量空间分布

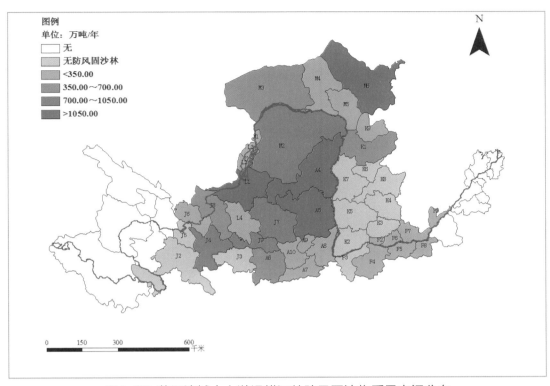

图4-23 黄河流域中上游退耕还林防风固沙物质量空间分布

（6）**森林防护** 长江流域中上游退耕还林工程防风固沙物质量较高的市级区域为陕西省安康市和商洛市以及河南省的南阳市（表4-1），该3个市级区域的防风固沙物质量之和不到8000.00万吨/年，仅占两大流域中上游退耕还林工程防风固沙总物质量的6%。黄河流域中上游退耕还林工程防风固沙物质量所占比例较高，在90%以上，且主要分布在陕西省延安市、榆林市，内蒙古自治区乌兰察布市、鄂尔多斯市、巴彦淖尔市，甘肃省平凉市、庆阳市、定西市，宁夏回族自治区吴忠市以及山西省忻州市（图4-23），各市级区域的防风固沙物质量均超过5000.00万吨/年，该10个市级区域的防风固沙物质量之和占黄河流域中上游退耕还林工程防风固沙总物质量的74%。

4.1.2 价值量

对长江、黄河流域中上游退耕还林工程生态效益的物质量进行了价值核算。统计分析结果表明，长江、黄河流域中上游退耕还林工程涵养水源、保育土壤、固碳释氧、林木积累营养物质、净化大气环境、生物多样性保护和森林防护7项功能生态效益总价值量为8503.58亿元/年。其中，涵养水源价值量最大，为3102.14亿元/年，占总价值量的36.48%；净化大气环境价值量次之，为1591.22亿元/年，占18.71%，其中吸滞TSP和$PM_{2.5}$的价值量分别为53.27亿元/年和904.74亿元/年，合计占净化大气环境价值量的一半以上，固碳释氧价值量位居第三，为1330.20亿元/年，占总价值量的15.64%；其次是生物多样性保护价值，为1261.80亿元/年，占14.84%；而保育土壤价值量较小，为813.60亿元/年，占9.57%；森林防护和林木积累营养物质价值量最小，分别为289.35亿元/年和117.95亿元/年，占3.40%和1.39%（表4-3、表4-4和图4-24）。

长江流域中上游退耕还林工程每年产生的生态效益总价值量为5828.68亿元，其中，涵养水源2333.78亿元、净化大气环境1028.69亿元（其中，吸滞TSP35.31亿元，吸滞

表4-3 长江流域中上游退耕还林生态效益价值量

市级区域	涵养水源(亿元/年)	保育土壤(亿元/年)	固碳释氧(亿元/年)	林木积累营养物质(亿元/年)	净化大气环境			生物多样性保护(亿元/年)	森林防护(亿元/年)	总价值量(亿元/年)
					总计(亿元/年)	吸滞TSP(亿元/年)	吸滞PM2.5(亿元/年)			
甘肃陇南	55.30	16.59	17.65	1.01	37.63	1.21	20.49	14.56	—	142.74
陕西汉中	44.43	7.83	17.32	2.05	21.29	0.68	11.49	10.44	—	103.36
陕西安康	52.72	11.24	24.86	2.99	32.85	1.04	17.77	18.59	9.16	152.41
陕西商洛	25.17	6.08	15.08	2.11	20.32	0.65	11.03	9.69	0.97	79.42
贵州贵阳	7.24	1.51	4.17	0.26	6.02	0.19	3.26	4.55	—	23.75
贵州遵义	45.24	10.47	32.76	1.72	36.39	1.17	19.79	21.44	—	148.02
贵州安顺	6.88	3.17	9.81	0.46	11.41	0.36	6.20	7.42	—	39.15
贵州铜仁	19.48	6.29	19.02	1.82	22.33	0.72	12.14	12.24	—	81.18
贵州毕节	37.54	7.78	22.43	1.41	36.19	1.16	19.72	16.76	—	122.11
贵州六盘水	18.96	3.07	9.09	0.55	13.82	0.44	7.50	7.23	—	52.72
贵州黔东南	14.51	4.38	13.29	0.90	19.10	0.62	10.40	8.93	—	61.11
贵州黔南	20.63	5.04	14.58	0.87	14.58	0.33	5.57	10.30	—	66.00
四川成都	25.28	5.10	7.30	0.49	4.97	0.16	2.69	7.22	—	50.36
四川自贡	20.65	3.77	6.62	0.38	5.11	0.17	2.77	5.29	—	41.82
四川攀枝花	2.94	2.99	3.25	0.21	2.58	0.08	1.39	4.31	—	16.28
四川泸州	34.75	6.47	11.29	0.67	9.74	0.31	5.29	10.88	—	73.80
四川德阳	8.06	1.92	2.27	0.14	2.09	0.07	1.14	2.33	—	16.81
四川绵阳	25.55	6.34	11.83	0.75	9.45	0.30	5.13	14.15	—	68.07
四川广元	30.60	7.79	15.93	0.87	14.51	0.46	7.89	19.44	—	89.14
四川遂宁	20.24	3.75	6.02	0.25	5.96	0.18	3.24	6.62	—	42.84
四川内江	16.47	3.51	4.26	0.24	3.47	0.11	1.88	4.15	—	32.10
四川乐山	54.93	10.12	20.55	1.43	13.52	0.43	7.33	12.28	—	112.83
四川南充	28.66	11.14	20.04	0.71	20.69	0.67	11.27	19.52	—	100.76
四川宜宾	59.92	8.65	14.60	0.89	10.29	0.33	5.58	15.00	—	109.35
四川广安	32.04	6.41	10.97	0.50	10.82	0.34	5.90	9.93	—	70.67
四川达州	52.55	6.46	15.15	0.65	16.18	0.52	8.80	16.20	—	107.19
四川巴中	38.19	5.11	11.39	0.49	10.92	0.35	5.94	14.65	—	80.75
四川雅安	64.26	7.80	14.64	0.79	22.31	0.71	12.16	12.41	—	122.21

（续）

市级区域	涵养水源(亿元/年)	保育土壤(亿元/年)	固碳释氧(亿元/年)	林木积累营养物质(亿元/年)	净化大气环境			生物多样性保护(亿元/年)	森林防护(亿元/年)	总价值量(亿元/年)
					总计(亿元/年)	吸滞TSP(亿元/年)	吸滞PM$_{2.5}$(亿元/年)			
四川眉山	32.41	5.56	9.57	0.62	6.70	0.21	3.64	6.91	—	61.77
四川资阳	25.35	5.61	4.35	0.21	5.22	0.17	2.84	5.12	—	45.86
四川阿坝	22.93	5.87	9.69	0.47	17.69	0.56	9.64	13.20	—	69.85
四川甘孜	21.79	4.81	9.79	0.53	17.87	0.58	9.74	10.48	—	65.27
四川凉山	50.96	17.62	27.51	1.58	28.47	0.92	15.45	31.80	—	157.94
重庆	434.46	93.82	136.05	9.83	67.96	5.14	87.24	195.12	—	937.24
云南曲靖	33.36	5.88	9.74	0.40	13.14	0.42	7.19	9.61	—	72.13
云南迪庆	3.78	1.68	1.86	0.07	2.97	0.09	1.62	2.14	—	12.50
云南大理	12.36	5.12	6.39	0.30	7.46	0.24	4.05	7.49	—	39.12
云南昆明	7.83	3.43	5.77	0.26	5.18	0.16	2.82	6.70	—	29.17
云南昭通	14.26	5.07	9.72	0.36	10.77	0.34	5.88	9.53	—	49.71
云南丽江	6.94	2.91	3.26	0.15	4.29	0.14	2.32	3.92	—	21.47
云南楚雄	8.93	3.71	6.02	0.32	4.66	0.15	2.53	5.83	—	29.47
湖北武汉	8.67	1.44	4.63	0.49	3.51	0.11	1.91	2.59	—	21.33
湖北黄石	5.29	1.01	2.53	0.29	2.15	0.06	1.07	1.91	—	12.82
湖北十堰	9.80	7.12	15.95	1.59	16.29	0.52	8.85	16.12	—	65.62
湖北荆州	10.23	1.91	8.54	0.52	4.31	0.13	2.33	2.69	—	28.20
湖北宜昌	21.64	4.72	9.79	1.22	0.27	<0.01	<0.01	<0.01	—	37.64
湖北襄阳	22.20	2.87	11.54	1.08	7.69	0.24	4.14	6.85	—	52.23
湖北鄂州	2.27	0.41	1.38	0.17	1.06	0.03	0.56	1.05	—	6.34
湖北荆门	10.50	1.54	6.70	0.63	5.80	0.19	3.15	4.41	—	29.58
湖北孝感	17.23	1.97	7.50	0.62	7.39	0.23	4.01	3.94	—	38.16
湖北黄冈	24.89	4.99	11.53	1.20	10.89	0.35	5.92	13.03	—	66.23
湖北咸宁	26.08	3.03	10.06	1.02	9.00	0.29	4.89	5.49	—	54.68
湖北恩施	37.96	5.94	12.36	1.21	17.99	0.58	9.79	12.32	—	87.50
湖北随州	8.25	1.41	3.78	0.34	5.49	0.17	2.97	3.28	—	22.55
湖北仙桃	1.61	0.26	1.35	0.11	0.46	0.01	0.25	0.30	—	4.09
湖北天门	0.50	0.27	1.38	0.12	0.47	0.01	0.25	0.30	—	3.04
湖北潜江	1.70	0.15	0.99	0.08	0.35	0.01	0.19	0.26	—	3.53
湖北神农架	2.34	0.81	1.11	0.11	1.06	0.03	0.57	1.89	—	7.32
河南南阳	25.50	4.66	18.15	2.72	8.58	0.28	4.44	7.99	2.79	70.39
江西抚州	34.74	7.77	9.14	0.92	12.33	0.39	6.72	9.85	—	74.75
江西南昌	3.89	1.62	1.85	0.24	2.41	0.04	0.79	1.85	—	11.86
江西景德镇	9.15	1.69	2.01	0.21	2.92	0.08	1.35	2.27	—	18.25
江西九江	6.77	7.72	9.62	1.08	9.75	0.24	4.05	10.53	—	45.47
江西新余	2.08	1.76	1.87	0.19	2.96	0.09	1.67	1.69	—	10.55

（续）

| 市级区域 | 涵养水源（亿元/年） | 保育土壤（亿元/年） | 固碳释氧（亿元/年） | 林木积累营养物质（亿元/年） | 净化大气环境 | | | 生物多样性保护（亿元/年） | 森林防护（亿元/年） | 总价值量（亿元/年） |
					总计（亿元/年）	吸滞TSP（亿元/年）	吸滞PM₂.₅（亿元/年）			
江西鹰潭	7.41	1.52	2.01	0.21	2.11	0.07	1.15	2.13	—	15.39
江西赣州	28.00	10.99	12.71	0.90	15.54	0.44	7.54	14.63	—	82.77
江西吉安	17.82	6.86	9.06	0.58	14.76	0.47	8.06	6.39	—	55.47
江西宜春	28.66	6.56	8.85	0.50	13.41	0.34	5.72	6.06	—	64.04
江西上饶	29.07	5.90	7.71	0.43	11.87	0.30	5.06	5.69	—	60.67
江西萍乡	7.82	3.88	4.45	0.32	6.06	0.16	2.68	4.20	—	26.73
湖南益阳	11.28	4.11	4.91	0.34	8.50	0.27	4.64	5.40	—	34.54
湖南张家界	10.29	4.71	5.95	0.34	10.59	0.34	5.78	28.71	—	60.59
湖南湘潭	5.22	1.53	1.81	0.13	3.09	0.10	1.68	1.97	—	13.75
湖南岳阳	22.98	6.19	7.06	0.52	11.83	0.38	6.46	8.08	—	56.66
湖南常德	27.98	6.24	7.66	0.49	13.15	0.42	7.17	8.33	—	63.85
湖南怀化	41.11	11.45	14.68	0.85	26.14	0.84	14.27	16.11	—	110.34
湖南郴州	46.56	7.56	9.28	0.66	15.82	0.51	8.64	9.99	—	89.87
湖南长沙	10.93	1.78	2.06	0.14	3.52	0.11	1.91	2.14	—	20.57
湖南株洲	21.60	3.51	4.31	0.30	7.28	0.23	3.98	4.65	—	41.65
湖南衡阳	16.81	5.10	6.56	0.49	9.17	0.29	5.00	3.80	—	41.93
湖南邵阳	43.12	11.56	14.34	0.93	24.78	0.80	13.52	15.34	—	110.07
湖南永州	28.34	8.54	10.38	0.67	18.09	0.59	9.87	7.05	—	73.07
湖南娄底	17.31	4.65	5.69	0.40	9.78	0.31	5.34	6.10	—	43.93
湖南湘西	79.63	18.62	23.93	1.41	43.15	1.38	23.55	25.47	—	192.21
合计	2333.78	538.20	933.06	67.48	1028.69	35.31	600.61	917.23	12.92	5828.68

表4-4 黄河流域中上游退耕还林生态效益价值量

| 市级区域 | 涵养水源（亿元/年） | 保育土壤（亿元/年） | 固碳释氧（亿元/年） | 林木积累营养物质（亿元/年） | 净化大气环境 | | | 生物多样性保护（亿元/年） | 森林防护（亿元/年） | 总价值量（亿元/年） |
					总计（亿元/年）	吸滞TSP（亿元/年）	吸滞PM₂.₅（亿元/年）			
内蒙古呼和浩特	37.97	6.94	10.49	0.99	27.31	0.88	15.02	11.19	0.05	94.94
内蒙古包头	14.50	3.19	3.37	0.52	5.16	0.16	2.79	4.26	3.53	34.53
内蒙古乌海	0.85	0.51	0.72	0.10	0.91	0.02	0.49	0.59	0.68	4.36
内蒙古乌兰察布	65.12	19.97	21.65	3.31	34.66	1.10	18.77	33.51	25.98	204.20
内蒙古鄂尔多斯	39.12	13.27	17.16	2.19	28.56	0.91	15.51	15.67	21.66	137.63
内蒙古巴彦淖尔	21.51	7.69	11.56	1.59	13.23	0.42	7.16	8.50	13.71	77.79

（续）

市级区域	涵养水源（亿元/年）	保育土壤（亿元/年）	固碳释氧（亿元/年）	林木积累营养物质（亿元/年）	净化大气环境			生物多样性保护（亿元/年）	森林防护（亿元/年）	总价值量（亿元/年）
					总计（亿元/年）	吸滞TSP（亿元/年）	吸滞PM$_{2.5}$（亿元/年）			
宁夏固原	41.73	10.72	14.31	1.47	24.36	0.78	13.30	14.33	1.52	108.44
宁夏石嘴山	0.07	0.07	0.10	0.02	0.13	<0.01	0.07	0.08	0.16	0.63
宁夏吴忠	33.17	13.84	15.25	1.83	25.48	0.81	13.75	16.98	28.13	134.68
宁夏银川	1.64	1.34	1.63	0.18	2.65	0.09	1.43	1.83	2.70	11.97
甘肃兰州	8.64	3.72	3.17	0.37	5.41	0.17	2.93	3.22	5.79	30.32
甘肃白银	15.94	7.04	5.48	0.55	9.01	0.29	4.86	5.77	10.77	54.56
甘肃定西	25.38	9.97	13.32	1.37	21.36	0.68	11.59	11.57	17.70	100.67
甘肃天水	23.79	9.57	13.94	0.77	20.40	0.65	11.08	12.64	—	81.11
甘肃平凉	30.77	12.68	17.36	0.85	20.57	0.66	11.15	16.41	22.65	121.29
甘肃庆阳	31.24	13.33	13.97	0.82	21.28	0.68	11.52	13.89	22.17	116.70
甘肃临夏	27.23	9.79	6.21	0.64	11.12	0.35	6.03	5.62	—	60.61
甘肃甘南	9.49	3.22	1.95	0.15	5.98	0.20	3.26	1.87	—	22.66
陕西榆林	41.93	18.22	30.22	4.66	41.92	1.34	22.70	20.97	19.48	177.40
陕西延安	48.41	23.38	41.80	7.54	38.71	1.23	20.90	29.02	29.52	218.38
陕西宝鸡	15.69	6.08	12.40	2.43	15.17	0.49	8.22	9.84	6.29	67.90
陕西铜川	8.39	2.69	5.21	1.04	5.31	0.16	2.87	3.93	3.82	30.39
陕西渭南	17.63	5.96	12.20	2.29	14.03	0.44	7.60	9.66	3.80	65.57
陕西西安	3.84	1.20	2.30	0.43	2.57	0.09	1.37	1.69	1.06	13.09
陕西咸阳	13.86	5.65	10.96	2.46	10.05	0.32	5.41	9.41	5.00	57.39
山西长治	12.33	4.15	6.77	0.75	11.02	0.35	5.98	5.56	—	40.58
山西运城	17.41	3.91	6.38	0.89	12.00	0.38	6.52	5.91	—	46.50
山西临汾	9.88	5.77	8.99	0.83	10.35	0.33	5.56	7.69	—	43.51
山西晋中	1.23	5.36	8.57	0.83	13.44	0.42	7.31	6.77	—	36.20
山西晋城	9.94	1.67	3.19	0.34	5.75	0.18	3.13	2.61	—	23.50
山西吕梁	29.97	13.56	19.18	1.04	23.29	0.74	12.61	15.48	—	102.52
山西朔州	13.91	4.91	3.40	0.30	7.28	0.23	3.94	4.13	6.43	40.36
山西太原	14.49	3.60	4.61	0.56	10.99	0.34	5.98	4.51	—	38.76
山西忻州	28.88	7.54	9.82	1.26	17.91	0.58	9.73	8.46	13.57	87.44
河南郑州	6.01	1.14	3.79	0.47	3.13	0.10	1.68	1.66	0.86	17.06
河南开封	4.19	0.31	2.65	0.45	1.44	0.04	0.77	0.95	1.64	11.63
河南洛阳	7.95	4.58	9.50	1.12	12.77	0.41	6.93	7.07	0.20	43.19
河南濮阳	1.29	0.53	6.01	1.01	2.46	0.07	1.32	1.63	2.96	15.89
河南焦作	8.00	0.85	2.68	0.31	3.81	0.13	1.94	1.47	1.14	18.26
河南三门峡	6.83	5.16	8.97	0.93	12.84	0.46	6.35	5.06	—	39.79
河南济源	11.20	1.04	1.28	0.10	4.39	0.14	2.39	1.14	0.68	19.83
河南新乡	6.94	1.28	4.62	0.71	4.32	0.14	2.21	2.02	2.78	22.67
合计	768.36	275.40	397.14	50.47	562.53	17.96	304.13	344.57	276.43	2674.90

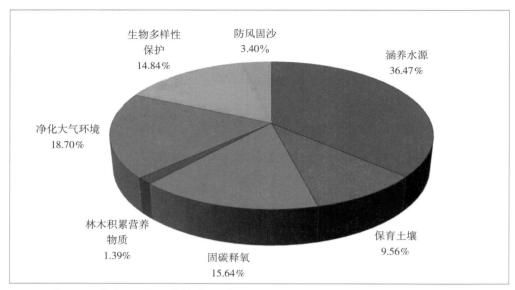

图4-24 长江、黄河流域中上游退耕还林各指标生态效益价值量比例

PM$_{2.5}$ 600.61亿元）、固碳释氧933.06亿元、生物多样性保护917.23亿元、保育土壤538.20亿元、林木积累营养物质67.48亿元、森林防护12.92亿元（表4-3）。长江流域中上游退耕还林工程生态效益总价值量较高的市级区域主要为重庆市，湖南省的湘西州、怀化市、邵阳市，四川省凉山州、雅安市、乐山市，陕西省安康市，贵州省遵义市、毕节市和甘肃省陇南市（图4-25），均超过110.00亿元/年，该11个市级区域的退耕还林工程生态效益价值量之和占长江流域中上游退耕还林工程生态效益总价值量的41.16%。

黄河流域中上游退耕还林工程每年产生的生态效益总价值量为2674.90亿元，其中，涵养水源768.36亿元、净化大气环境562.53亿元（其中，吸滞TSP 17.96亿元，吸滞PM$_{2.5}$ 304.13亿元）、固碳释氧397.14亿元、生物多样性保护344.57亿元、森林防护276.43亿元、保育土壤275.40亿元、林木积累营养物质50.47亿元（表4-4）。黄河流域中上游退耕还林工程生态效益总价值量大于100.00亿元/年的市级区域有陕西省延安市、榆林市，内蒙古自治区乌兰察布市、鄂尔多斯市，甘肃省平凉市、庆阳市、定西市，宁夏回族自治区固原市、吴忠市和山西省吕梁市（图4-26），该10个市级区域的退耕还林工程生态效益价值量之和占黄河流域中上游退耕还林工程生态效益总价值量的47.67%。

长江、黄河流域中上游退耕还林工程生态效益总价值量结果表明，长江流域中上游退耕还林工程产生的生态效益价值量较大，占两大流域中上游退耕还林工程生态效益总价值量的68.54%，是黄河流域中上游退耕还林工程生态效益总价值量的2倍多，超过了广东省全省森林生态效益总价值量（5545.73亿元/年）（《中国森林生态服务功能评估》项目组，2010）。不同流域各评估指标价值量占该流域中上游退耕还林工程生态效

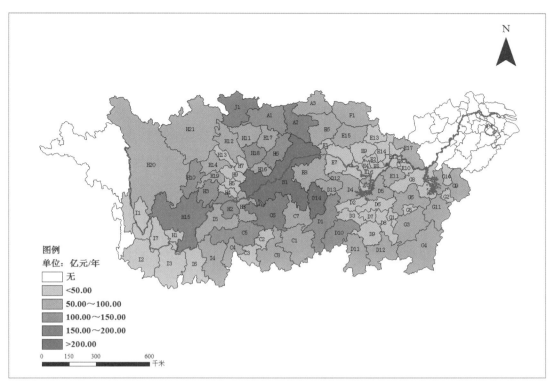

图4-25 长江流域中上游退耕还林生态效益总价值量空间分布

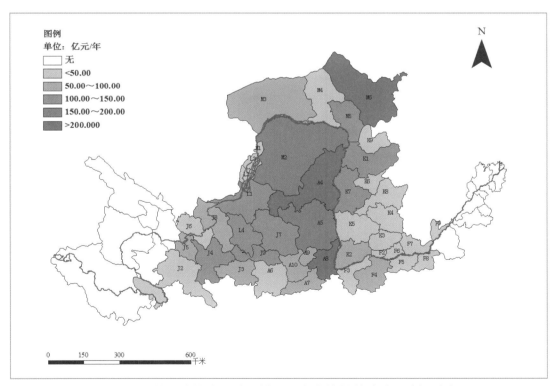

图4-26 黄河流域中上游退耕还林生态效益总价值量空间分布

益总价质量的比例不同，其中长江流域中上游退耕还林工程涵养水源价值量占该流域退耕还林工程生态效益总价值量的比例明显高于黄河流域中上游，这进一步说明长江流域中上游退耕还林工程的保水效果显著，而黄河流域中上游退耕还林工程的保育土壤价值量和森林防护价值量所占比例高于长江流域中上游，尤其是森林防护价值量，这表明该流域退耕还林工程在保持土壤、防止土地进一步沙化方面的成效显著，并且随着植被恢复工作的进一步开展和树木的生长，这种功能会越来越大，为黄河流域中上游地区的防风固沙、生态环境改善以及经济发展发挥着更加重要的作用。

4.2 三种植被恢复类型生态效益

长江、黄河流域中上游退耕还林工程生态效益的物质量和价值量差异较大，且呈现出不同的空间分布规律，究其原因主要有自然和人为因素两方面。一方面是由于长江流域和黄河流域的地形地貌、土壤、气候（降水、气温、光照）等自然环境条件不同引起的，另一方面与退耕还林工程建设过程中各地区实施的植被恢复类型和林种配置不同有关。因此，本节对长江、黄河流域中上游退耕还林工程三种植被恢复类型的生态效益物质量和价值量进行了分析。

从长江、黄河流域中上游退耕还林工程植被恢复类型的资源面积来看，不同植被恢复类型退耕还林工程营造林面积不同，宜林荒山荒地造林的面积最大，为935.57万公顷，占两大流域中上游退耕还林工程总面积的一半以上，其中，长江流域中上游宜林荒山荒地造林面积为506.29万公顷，黄河流域中上游宜林荒山荒地造林面积为429.28万公顷；其次是退耕地还林，两大流域中上游合计为583.55万公顷，其中，长江流域中上游退耕地还林面积为334.05万公顷，黄河流域中上游退耕地还林面积为249.50万公顷；封山育林面积最小，占两大流域中上游退耕还林工程总面积的7.88%，其中，长江流域中上游封山育林面积为83.72万公顷，黄河流域中上游封山育林面积为46.31万公顷。

4.2.1 退耕地还林生态效益

（1）**物质量**　长江、黄河流域中上游退耕地还林涵养水源总物质量为96.79亿立方米/年；固土总物质量为1.44亿吨/年，固定土壤氮、磷、钾和有机质物质量分别为31.13万吨/年、11.02万吨/年、179.94万吨/年和303.65万吨/年；固碳总物质量为1059.54万吨/年，释氧总物质量为2505.88万吨/年；林木积累氮、磷和钾物质量分别为14.21万吨/年、1.89万吨/年和7.77万吨/年；提供负离子总物质量为2113.59×10²²个/年，吸收污染物总物质量为73.88万吨/年，滞尘总物质量为9479.15万吨/年，其中吸滞TSP和PM₂.₅总物质量分别为7583.32万吨/年和379.13万吨/年；防风固沙总物质量为4987.14万吨/年（表4-5和表4-6）。

长江流域中上游退耕地还林涵养水源物质量为74.20亿立方米/年；固土物质量为9850.05万吨/年，固定土壤氮、磷、钾和有机质物质量分别为20.86万吨/年、8.76万吨/年、107.02万吨/年和234.50万吨/年；固碳物质量为733.57万吨/年，释氧物质量为1760.18万吨/年；林木积累氮、磷和钾物质量分别为8.17万吨/年、1.10万吨/年和4.16万吨/年；提供负离子物质量为1454.91×10²²个/年，吸收污染物物质量为47.03万吨/年，滞尘物质量为6549.64万吨/年，其中，吸滞TSP物质量为5239.69万吨/年、吸滞PM₂.₅物质量为261.99万吨/年；防风固沙物质量为230.14万吨/年（表4-5）。

黄河流域中上游退耕地还林涵养水源物质量为22.59亿立方米/年；固土物质量为4511.97万吨/年，固定土壤氮、磷、钾和有机质物质量分别为10.27万吨/年、2.26万吨/年、72.92万吨/年和69.15万吨/年；固碳物质量为325.97万吨/年，释氧物质量为745.70万吨/年；林木积累氮、磷和钾物质量分别为6.03万吨/年、0.79万吨/年和3.60万吨/年；提供负离子物质量为658.68×10²²个/年，吸收污染物物质量为26.85万吨/年，滞尘物质量为2929.51万吨/年，其中吸滞TSP和PM₂.₅物质量分别为2343.63万吨/年和117.14万吨/年；防风固沙物质量为4757.00万吨/年（表4-6）。

（2）价值量　长江、黄河流域中上游退耕地还林生态效益总价值量为3095.01亿元/年，其中，涵养水源的价值量最大，为1157.41亿元/年，占总价质量的37.40%；净化大气环境价值量次之，为543.12亿元/年，占17.54%，其中吸滞TSP和PM₂.₅的价值量分别为17.70亿元/年和300.71亿元/年，合计占该项功能总价值量的58.62%；固碳释氧价值量居第三，为476.82亿元/年，占15.41%；其次是生物多样性保护价值，为459.16亿元/年，占14.84%；退耕地还林保育土壤和森林防护价值量分别为308.72亿元/年和105.96亿元/年，占9.97%和3.42%，而林木积累营养物质的价值量最小，为43.82亿元/年，仅占1.42%（表4-7和表4-8）。

长江流域中上游退耕地还林生态效益总价值量为2163.22亿元/年，其中，涵养水源价值量为886.32亿元/年，净化大气环境价值量为366.67亿元/年（其中吸滞TSP和PM₂.₅的价值量分别为12.08亿元/年和205.20亿元/年），生物多样性保护价值量为340.88亿元/年，固碳释氧价值量为334.33亿元/年，保育土壤价值量为206.38亿元/年，林木积累营养物质价值量为25.10亿元/年，森林防护价值量为3.54亿元/年（表4-7）。

表4-5 长江流域中上游退耕还林退耕地还林生态效益物质质量

市级区域	涵养水源 (亿立方米/年)	保育土壤					固碳释氧		林木积累营养物质			净化大气环境					森林防护
		固土 (万吨/年)	氮 (万吨/年)	磷 (万吨/年)	钾 (万吨/年)	有机质 (万吨/年)	固碳 (万吨/年)	释氧 (万吨/年)	氮 (百吨/年)	磷 (百吨/年)	钾 (百吨/年)	提供负离子 ($\times10^{22}$个/年)	吸收污染物 (万千克/年)	滞尘 (万吨/年)	吸滞TSP (万吨/年)	吸滞$PM_{2.5}$ (万吨/年)	防风固沙 (万吨/年)
甘肃陇南	1.55	144.10	1.69	0.46	0.10	2.64	11.57	26.96	9.16	2.18	9.02	19.47	1260.84	168.28	134.62	6.73	—
陕西汉中	1.62	155.04	0.24	0.10	2.10	3.23	14.43	34.03	26.62	2.08	12.22	37.76	1172.30	122.19	97.75	4.89	—
陕西安康	2.07	243.63	0.36	0.20	2.88	4.63	22.78	53.28	48.84	2.98	19.36	52.17	1873.99	225.22	180.18	9.01	187.39
陕西商洛	0.93	125.90	0.20	0.12	1.39	2.33	12.31	28.97	27.94	1.33	8.89	13.69	803.20	87.28	69.82	3.49	32.28
贵州贵阳	0.25	38.31	0.06	0.02	0.24	0.82	3.54	8.46	3.09	0.40	2.61	8.58	277.77	35.82	28.66	1.43	—
贵州遵义	1.29	211.91	0.33	0.13	1.42	4.82	22.49	54.36	15.76	3.15	15.24	51.13	1434.22	204.39	163.51	8.18	—
贵州安顺	0.19	71.24	0.11	0.05	0.44	1.40	7.59	18.58	4.25	0.77	4.59	14.45	459.33	62.51	50.01	2.50	—
贵州铜仁	0.48	148.33	0.21	0.09	0.85	4.02	15.31	37.19	34.01	2.61	9.11	17.57	765.57	94.92	75.94	3.80	—
贵州毕节	1.01	175.12	0.24	0.11	1.09	3.49	16.36	39.49	15.81	1.60	10.45	18.18	1341.30	191.66	153.33	7.67	—
贵州六盘水	0.54	72.32	0.11	0.04	0.44	1.29	6.94	16.83	6.36	0.58	4.91	15.24	614.63	78.73	62.98	3.15	—
贵州黔东南	0.38	85.47	0.14	0.06	0.57	1.85	8.77	21.25	7.77	1.03	6.21	16.24	639.82	92.32	73.86	3.69	—
贵州黔南	0.58	115.85	0.17	0.07	0.73	2.53	10.78	25.90	8.20	1.16	6.81	20.96	803.66	110.12	88.10	4.40	—
四川成都	0.98	111.67	0.13	0.06	1.72	3.21	7.80	18.89	8.50	0.63	4.00	14.62	313.17	37.35	29.88	1.49	—
四川自贡	0.65	72.47	0.08	0.04	1.12	2.00	5.29	12.83	5.10	0.43	2.28	7.56	211.30	26.58	21.26	1.06	—
四川攀枝花	0.13	71.59	0.08	0.04	1.06	2.02	3.34	7.75	3.28	0.21	1.47	6.95	194.98	21.63	17.30	0.87	—
四川泸州	1.27	122.84	0.15	0.07	2.00	3.35	10.54	25.55	10.42	0.77	5.03	16.44	535.88	72.59	58.07	2.90	—
四川德阳	0.33	43.38	0.05	0.02	0.70	1.33	2.34	5.49	2.31	0.18	1.15	4.11	121.77	15.23	12.18	0.61	—
四川绵阳	1.07	133.70	0.17	0.07	2.00	3.87	11.39	27.81	12.40	0.67	6.38	21.67	534.36	68.20	54.56	2.73	—
四川广元	1.19	171.23	0.23	0.09	2.69	4.60	15.60	38.19	14.07	1.13	7.84	25.91	772.88	104.61	83.69	4.18	—
四川遂宁	0.64	67.33	0.08	0.03	1.06	1.81	4.88	11.89	3.35	0.32	1.77	4.73	269.18	36.54	29.23	1.46	—

（续）

市级区域	涵养水源 涵养水源(亿立方米/年)	保育土壤 固土(万吨/年)	氮(万吨/年)	磷(万吨/年)	钾(万吨/年)	有机质(万吨/年)	固碳释氧 固碳(万吨/年)	释氧(万吨/年)	林木积累营养物质 氮(百吨/年)	磷(百吨/年)	钾(百吨/年)	提供负离子(×10²²个/年)	净化大气环境 吸收污染物(万千克/年)	滞尘(万吨/年)	吸滞TSP(万吨/年)	吸滞PM$_{2.5}$(万吨/年)	森林防护 防风固沙(万吨/年)
四川内江	0.63	77.19	0.09	0.05	1.23	2.21	5.24	12.66	5.30	0.48	2.46	8.20	199.33	23.83	19.06	0.95	—
四川乐山	2.13	223.32	0.26	0.13	3.37	6.39	17.53	42.93	19.45	1.56	8.90	31.68	662.50	82.51	66.01	3.30	—
四川南充	0.91	205.30	0.24	0.08	3.32	5.51	15.70	38.41	8.35	1.48	4.93	13.18	920.78	129.55	103.64	5.18	—
四川宜宾	2.54	206.65	0.22	0.12	3.28	5.88	16.08	39.18	16.29	0.90	8.20	22.11	638.47	78.65	62.92	3.15	—
四川广安	1.19	139.38	0.17	0.07	2.19	3.78	10.02	24.24	7.20	0.96	3.65	13.38	564.46	77.61	62.09	3.10	—
四川达州	1.78	134.06	0.16	0.06	2.02	3.26	13.16	32.34	8.68	1.05	4.84	15.89	786.80	111.49	89.19	4.46	—
四川巴中	1.37	118.95	0.13	0.06	1.81	3.26	10.10	24.76	7.85	0.55	4.64	17.08	487.17	63.53	50.82	2.54	—
四川雅安	2.99	230.41	0.22	0.12	3.36	5.96	16.72	40.67	14.65	0.98	6.45	27.20	1406.85	208.65	166.92	8.35	—
四川眉山	1.25	131.59	0.13	0.07	1.94	3.78	10.69	26.30	11.64	0.91	5.33	17.03	410.37	53.04	42.43	2.12	—
四川资阳	0.86	108.82	0.13	0.07	1.83	3.41	4.00	8.81	2.89	0.34	1.48	6.08	276.34	36.13	28.90	1.45	—
四川阿坝	0.92	143.64	0.16	0.07	2.12	3.76	11.31	27.44	8.43	0.76	3.87	22.23	983.53	145.58	116.46	5.82	—
四川甘孜	1.03	145.11	0.18	0.07	2.04	3.91	12.64	30.45	11.47	0.83	4.59	30.06	1170.32	173.58	138.86	6.94	—
四川凉山	2.02	417.68	0.42	0.30	6.37	11.08	28.85	70.15	25.28	3.23	14.29	51.90	1616.72	206.67	165.34	8.27	—
重庆	13.02	1256.17	4.92	1.03	18.03	33.53	99.61	239.25	84.10	31.15	59.73	155.43	5191.22	695.96	556.77	27.84	—
云南曲靖	0.84	47.82	0.60	0.04	0.01	0.36	7.45	18.37	4.63	0.91	2.37	13.00	461.81	72.18	57.74	2.89	—
云南迪庆	0.13	17.79	0.24	0.02	<0.01	0.12	1.68	3.88	0.92	0.23	0.63	3.49	134.91	16.86	13.49	0.67	—
云南大理	0.48	60.72	0.79	0.06	0.01	0.40	6.38	14.84	4.55	0.81	2.20	14.00	440.96	52.10	41.68	2.08	—
云南昆明	0.23	32.65	0.42	0.03	0.01	0.23	4.80	11.78	3.33	0.65	1.67	7.31	248.60	33.36	26.69	1.33	—
云南昭通	0.47	54.41	0.67	0.03	0.01	0.35	7.97	19.19	3.87	0.97	2.40	13.70	404.01	62.50	50.00	2.50	—
云南丽江	0.20	24.85	0.33	0.02	<0.01	0.16	2.29	5.21	1.67	0.29	0.70	5.31	164.58	18.22	14.58	0.73	—
云南楚雄	0.35	43.10	0.57	0.04	0.01	0.37	5.99	14.41	6.28	0.68	1.54	12.98	270.64	30.64	24.51	1.23	—
湖北武汉	0.22	22.31	0.04	0.03	0.23	0.53	2.25	5.27	3.82	0.42	1.70	5.39	114.99	16.06	12.85	0.64	—

（续）

市级区域	涵养水源 (亿立方米/年)	保育土壤					固碳释氧		林木积累营养物质			净化大气环境					森林防护
		固土 (万吨/年)	氮 (万吨/年)	磷 (万吨/年)	钾 (万吨/年)	有机质 (万吨/年)	固碳 (万吨/年)	释氧 (万吨/年)	氮 (百吨/年)	磷 (百吨/年)	钾 (百吨/年)	提供负离子 (×10²²个/年)	吸收污染物 (万千克/年)	滞尘 (万吨/年)	吸滞TSP (万吨/年)	吸滞PM2.5 (万吨/年)	防风固沙 (万吨/年)
湖北黄石	0.11	12.85	0.02	0.02	0.13	0.31	1.23	2.90	2.37	0.26	0.95	3.15	65.21	9.24	7.39	0.37	—
湖北十堰	0.36	158.18	0.28	0.18	1.19	3.99	15.49	37.43	22.74	2.96	10.67	40.96	798.12	110.10	88.08	4.40	—
湖北荆州	0.02	2.11	<0.01	<0.01	0.02	0.06	0.18	0.41	0.13	0.03	0.22	0.77	20.86	3.58	2.86	0.14	—
湖北宜昌	0.76	97.72	0.17	0.14	0.90	2.42	9.74	23.13	19.35	2.16	8.03	27.68	496.17	0.01	0.01	0.00	—
湖北襄阳	0.58	53.25	0.08	0.08	0.11	1.22	7.73	19.03	11.33	1.43	6.56	17.58	297.59	39.78	31.82	1.59	—
湖北鄂州	0.04	4.42	0.01	0.01	0.02	0.10	0.48	1.16	1.13	0.11	0.37	0.97	21.24	2.74	2.19	0.11	—
湖北荆门	0.20	23.49	0.03	0.03	0.03	0.53	3.73	9.21	4.80	0.66	3.27	8.33	142.23	19.05	15.24	0.76	—
湖北孝感	0.28	24.57	0.04	0.03	0.16	0.55	2.40	5.63	2.95	0.39	1.68	6.32	137.95	20.26	16.21	0.81	—
湖北黄冈	0.59	121.70	0.25	0.24	0.22	3.28	7.32	17.59	11.51	1.92	5.65	13.88	320.11	41.61	33.29	1.66	—
湖北咸宁	0.70	61.25	0.09	0.07	0.30	1.40	6.69	16.26	10.47	1.30	5.09	15.91	322.21	47.51	38.01	1.90	—
湖北恩施	1.46	135.98	0.24	0.14	1.02	3.23	11.96	28.60	15.71	2.23	7.76	34.76	742.80	109.21	87.37	4.37	—
湖北随州	0.17	20.87	0.03	0.03	0.12	0.48	2.02	4.73	2.82	0.34	1.47	5.97	120.00	17.64	14.11	0.71	—
湖北天门	<0.01	1.19	<0.01	<0.01	0.01	0.03	0.24	0.60	0.29	0.04	0.24	0.43	5.94	0.66	0.53	0.03	—
湖北神农架	0.11	29.38	0.07	0.02	0.14	0.73	1.44	3.47	1.88	0.39	1.05	3.19	68.22	8.56	6.85	0.34	—
河南南阳	0.44	105.31	0.18	0.04	0.16	1.55	8.13	19.61	16.67	5.01	5.86	25.19	503.21	39.90	31.92	1.60	—
江西抚州	0.86	105.78	0.15	0.07	1.01	2.37	5.87	14.18	14.55	1.19	3.38	9.27	283.88	41.11	32.89	1.64	—
江西南昌	0.15	35.52	0.05	0.04	0.36	0.85	1.81	4.28	4.84	0.43	1.15	3.65	114.66	16.73	13.38	0.67	—
江西景德镇	0.18	19.86	0.03	0.02	0.16	0.47	1.14	2.75	3.00	0.25	0.74	2.35	52.88	7.38	5.90	0.30	—
江西九江	0.11	106.49	0.17	0.11	1.16	2.51	6.40	15.46	16.73	1.39	4.18	13.93	281.78	38.41	30.73	1.54	10.47
江西新余	0.04	21.99	0.03	0.02	0.22	0.49	1.02	2.40	2.43	0.22	0.58	3.59	69.54	10.92	8.74	0.44	—
江西鹰潭	0.15	18.20	0.03	0.02	0.20	0.44	1.00	2.39	2.61	0.22	0.62	2.26	53.08	7.89	6.31	0.32	—
江西赣州	0.51	117.01	0.18	0.07	0.97	2.45	5.85	14.04	6.47	1.01	3.03	14.96	234.27	28.50	22.80	1.14	—

（续）

市级区域	保育土壤						固碳释氧		林木积累营养物质			净化大气环境					森林防护
	涵养水源（亿立方米/年）	固土（万吨/年）	氮（万吨/年）	磷（万吨/年）	钾（万吨/年）	有机质（万吨/年）	固碳（万吨/年）	释氧（万吨/年）	氮（百吨/年）	磷（百吨/年）	钾（百吨/年）	提供负离子（×10²²个/年）	吸收污染物（万千克/年）	滞尘（万吨/年）	吸滞TSP（万吨/年）	吸滞PM₂.₅（万吨/年）	防风固沙（万吨/年）
江西吉安	0.36	102.96	0.13	0.11	1.01	2.35	5.17	12.37	6.18	1.06	2.94	8.61	316.65	47.89	38.31	1.92	—
江西宜春	0.64	118.70	0.16	0.10	1.14	2.62	5.47	13.02	5.91	1.02	2.79	16.42	326.59	48.98	39.18	1.96	—
江西上饶	0.78	112.20	0.16	0.11	0.92	2.47	5.29	12.57	5.62	0.97	2.80	15.66	303.83	42.87	34.30	1.71	—
江西萍乡	0.14	42.68	0.06	0.03	0.43	0.93	1.99	4.75	2.13	0.38	1.02	3.50	121.38	18.77	15.02	0.75	—
湖南益阳	0.28	64.94	0.08	0.09	0.54	1.48	2.95	6.87	3.54	0.29	1.78	8.78	294.76	51.03	40.82	2.04	—
湖南张家界	0.36	112.99	0.13	0.15	0.98	2.40	5.21	12.14	4.87	0.43	2.53	15.48	520.87	90.17	72.14	3.61	—
湖南湘潭	0.12	23.92	0.03	0.03	0.20	0.55	1.10	2.56	1.31	0.11	0.66	3.19	107.99	18.67	14.94	0.75	—
湖南岳阳	0.85	142.02	0.16	0.21	1.43	3.23	6.26	14.43	7.14	0.62	3.65	19.18	588.80	95.99	76.79	3.84	—
湖南常德	0.71	105.89	0.12	0.14	0.91	2.31	4.63	10.79	5.01	0.41	2.54	13.78	465.05	80.45	64.36	3.22	—
湖南怀化	1.20	227.67	0.26	0.29	1.97	4.84	10.43	24.29	9.90	0.85	5.09	31.00	1048.81	181.55	145.24	7.26	—
湖南郴州	1.20	127.77	0.16	0.18	1.07	2.91	5.84	13.63	6.98	0.58	3.54	17.08	577.63	99.90	79.92	4.00	—
湖南长沙	0.23	24.71	0.03	0.03	0.21	0.56	1.13	2.65	1.35	0.11	0.69	3.30	111.45	19.26	15.41	0.77	—
湖南株洲	0.53	56.25	0.07	0.08	0.47	1.28	2.58	6.03	3.06	0.25	1.56	7.52	253.73	43.85	35.08	1.75	—
湖南衡阳	0.41	81.15	0.12	0.10	0.64	1.92	3.78	8.84	5.17	0.35	2.52	9.06	351.11	60.50	48.40	2.42	—
湖南邵阳	1.32	239.25	0.28	0.32	2.07	5.22	10.66	24.90	11.44	0.96	5.84	31.28	1053.72	182.40	145.92	7.30	—
湖南永州	0.77	156.76	0.18	0.21	1.35	3.43	6.88	16.02	7.43	0.62	3.77	20.37	687.54	118.88	95.10	4.76	—
湖南娄底	0.54	97.54	0.12	0.13	0.84	2.13	4.34	10.14	5.15	0.43	2.62	12.70	428.94	74.24	59.39	2.97	—
湖南湘西	3.23	512.18	0.58	0.65	4.41	10.92	23.48	54.68	22.58	1.89	11.56	68.84	2359.62	408.58	326.86	16.34	—
合计	74.20	9850.05	20.86	8.76	107.02	234.50	733.57	1760.18	817.43	109.61	416.41	1454.91	47025.93	6549.64	5239.69	261.99	230.14

注：1. 表中固碳为植物固碳与土壤固碳的物质量总和；吸收污染物是森林吸收二氧化硫、氟化物和氮氧化物的物质量总和。

2. 退耕还林工程中没有退耕地还林的市级区域没有在表中出现。

表4-6 黄河流域中上游退耕还林退耕地还林生态效益物质量

市级区域	涵养水源 (亿立方米/年)	保育土壤					固碳释氧		林木积累营养物质			净化大气环境					森林防护
		固土 (万吨/年)	氮 (万吨/年)	磷 (万吨/年)	钾 (万吨/年)	有机质 (万吨/年)	固碳 (万吨/年)	释氧 (万吨/年)	氮 (百吨/年)	磷 (百吨/年)	钾 (百吨/年)	提供负离子 (×10²²个/年)	吸收污染物 (万千克/年)	滞尘 (万吨/年)	吸滞TSP (万吨/年)	吸滞PM$_{2.5}$ (万吨/年)	防风固沙 (万吨/年)
内蒙古呼和浩特	0.75	93.54	0.13	0.04	1.37	0.64	5.33	12.12	7.61	0.68	6.85	4.06	687.98	98.40	78.72	3.94	—
内蒙古包头	0.39	60.60	0.05	0.03	0.96	0.33	2.42	5.17	5.04	0.34	4.97	1.14	256.24	27.46	21.97	1.10	39.44
内蒙古乌海	<0.01	1.97	<0.01	<0.01	0.03	0.02	0.14	0.32	0.25	0.02	0.18	0.10	8.87	0.95	0.76	0.04	1.55
内蒙古乌兰察布	2.47	535.18	0.49	0.23	8.46	2.97	23.02	50.04	47.24	3.35	45.23	19.39	2356.35	258.04	206.43	10.32	583.65
内蒙古鄂尔多斯	0.76	193.21	0.18	0.08	2.88	1.22	9.64	21.41	15.13	1.15	14.46	4.95	1011.28	121.58	97.26	4.86	218.79
内蒙古巴彦淖尔	0.36	102.48	0.08	0.03	1.70	0.70	7.52	17.79	13.81	0.95	10.59	7.94	447.51	48.35	38.68	1.93	136.44
宁夏固原	1.75	223.52	0.55	0.07	4.16	4.41	17.25	37.97	30.07	2.38	8.29	71.30	1763.12	189.05	151.24	7.56	24.27
宁夏石嘴山	<0.01	1.12	<0.01	<0.01	0.02	0.02	0.12	0.28	0.18	0.02	0.10	0.50	10.04	0.94	0.75	0.04	2.85
宁夏吴忠	0.92	156.66	0.44	0.06	3.17	3.35	11.42	24.27	21.79	1.87	5.97	31.69	1307.07	132.03	105.62	5.28	373.16
宁夏银川	0.04	14.50	0.04	<0.01	0.28	0.30	1.30	2.91	2.61	0.20	0.77	5.73	123.60	12.37	9.90	0.49	31.24
甘肃兰州	0.17	28.23	0.10	0.02	0.51	0.66	2.04	4.60	2.94	0.34	2.08	5.13	184.41	19.87	15.90	0.79	56.79
甘肃白银	0.67	122.41	0.53	0.11	1.83	2.68	6.54	14.01	7.08	0.83	4.55	17.84	710.65	75.01	60.01	3.00	229.72
甘肃定西	0.84	151.46	0.35	0.07	2.74	3.36	12.51	29.08	18.97	2.38	13.31	24.79	1219.04	152.59	122.07	6.10	297.78
甘肃天水	0.68	122.75	0.41	0.07	2.27	2.72	9.37	21.53	6.80	2.19	8.13	15.96	835.89	96.55	77.24	3.86	—
甘肃平凉	1.06	194.62	0.71	0.12	3.29	4.11	14.41	33.01	6.38	3.46	11.14	22.33	1205.69	133.17	106.54	5.33	385.82
甘肃庆阳	1.04	195.43	0.82	0.17	2.71	3.93	11.44	25.20	6.01	1.79	6.30	23.15	1147.56	126.28	101.02	5.05	367.72
甘肃临夏	0.50	49.53	0.58	0.19	0.04	0.95	2.95	6.62	4.57	0.57	3.18	7.22	274.67	29.53	23.62	1.18	—
甘肃甘南	0.20	19.30	0.22	0.07	0.01	0.34	1.14	2.53	1.23	0.21	1.05	2.72	150.00	19.16	15.33	0.77	—
陕西榆林	1.25	297.45	0.47	0.10	6.42	5.37	27.17	62.70	67.35	2.67	24.30	42.66	2130.67	240.27	192.22	9.61	254.75
陕西延安	2.27	528.84	0.94	0.17	11.20	11.42	52.68	122.96	129.45	24.83	99.08	129.24	3360.02	348.14	278.51	13.93	1080.37

（续）

市级区域	涵养水源 (亿立方米/年)	保育土壤 固土 (万吨/年)	保育土壤 氮 (万吨/年)	保育土壤 磷 (万吨/年)	保育土壤 钾 (万吨/年)	保育土壤 有机质 (万吨/年)	固碳释氧 固碳 (万吨/年)	固碳释氧 释氧 (万吨/年)	林木积累营养物质 氮 (百吨/年)	林木积累营养物质 磷 (百吨/年)	林木积累营养物质 钾 (百吨/年)	净化大气环境 提供负离子 ($\times 10^{22}$个/年)	净化大气环境 吸收污染物 (万千克/年)	净化大气环境 滞尘 (万吨/年)	净化大气环境 吸滞TSP (万吨/年)	净化大气环境 吸滞$PM_{2.5}$ (万吨/年)	森林防护 防风固沙 (万吨/年)
陕西宝鸡	0.44	94.35	0.14	0.06	1.44	1.90	9.07	21.46	25.79	3.84	17.69	22.15	580.97	63.79	51.03	2.55	98.14
陕西铜川	0.25	41.26	0.07	0.03	0.62	0.84	3.87	9.10	10.69	1.61	6.91	7.88	232.78	23.82	19.06	0.95	254.75
陕西渭南	0.54	103.65	0.16	0.09	1.24	1.92	9.46	22.21	26.97	1.88	11.62	14.42	593.04	62.06	49.65	2.48	—
陕西西安	0.15	23.98	0.04	0.02	0.32	0.48	2.12	4.97	5.68	0.64	2.99	4.27	185.71	15.27	12.22	0.61	21.40
陕西咸阳	0.34	70.66	0.11	0.03	1.31	1.54	6.99	16.57	19.44	4.60	18.38	26.18	453.92	18.97	15.18	0.76	44.90
山西长治	0.21	47.65	0.14	0.02	0.87	0.46	4.53	10.80	5.68	0.29	1.37	9.19	282.57	31.12	24.90	1.24	—
山西运城	0.41	57.76	0.16	0.03	0.89	0.60	4.74	11.07	10.15	0.27	1.71	10.88	338.91	39.84	31.87	1.59	—
山西临汾	0.17	94.96	0.27	0.04	1.81	0.90	8.30	19.58	9.44	0.53	2.37	17.01	538.40	27.96	22.37	1.12	—
山西晋中	0.02	55.94	0.15	0.02	0.96	0.58	4.67	10.94	7.65	0.34	1.83	5.19	376.60	44.64	35.71	1.79	—
山西晋城	0.22	21.70	0.05	0.01	0.29	0.22	2.08	4.97	2.96	0.13	0.64	3.91	136.90	15.76	12.61	0.63	—
山西吕梁	0.60	147.62	0.41	0.05	2.72	1.34	10.48	24.29	9.94	0.57	2.49	21.15	804.42	88.25	70.60	3.53	19.93
山西朔州	0.53	91.92	0.25	0.03	1.80	0.97	4.13	8.64	5.70	0.29	1.05	6.12	533.33	59.79	47.83	2.39	—
山西太原	0.38	48.94	0.13	0.02	0.86	0.51	3.56	8.16	6.19	0.34	1.74	6.86	379.98	52.35	41.88	2.09	—
山西忻州	1.19	161.20	0.47	0.07	3.16	1.78	10.83	24.58	21.85	1.10	3.51	12.18	1072.19	128.03	102.42	5.12	121.39
河南郑州	0.18	33.56	0.06	0.01	0.05	0.58	3.61	8.82	6.03	1.93	2.62	6.48	145.70	10.61	8.49	0.42	23.65
河南开封	0.07	7.26	0.01	<0.01	<0.01	0.14	1.12	2.72	2.56	0.86	0.90	3.18	45.31	4.76	3.81	0.19	10.04
河南洛阳	0.16	109.62	0.19	0.04	0.18	1.83	6.84	16.18	10.82	3.36	4.32	23.76	351.90	41.02	32.82	1.64	8.05
河南濮阳	0.01	8.13	0.01	<0.01	0.01	0.15	1.34	3.32	3.12	1.04	1.10	2.01	44.58	4.78	3.82	0.19	13.63
河南焦作	0.14	17.65	0.03	0.01	0.02	0.31	1.29	3.07	2.25	0.67	0.82	2.84	63.56	7.35	5.88	0.29	—
河南三门峡	0.14	127.16	0.24	0.06	0.23	1.65	4.72	10.66	7.96	2.24	2.79	10.57	321.43	38.01	30.41	1.52	28.17
河南济源	0.20	35.23	0.07	0.02	0.06	0.61	1.11	2.41	1.68	0.33	0.63	1.09	83.63	10.87	8.70	0.43	—
河南新乡	0.12	18.97	0.03	<0.01	0.02	0.34	2.70	6.66	6.12	2.07	2.20	3.52	97.69	10.72	8.58	0.43	28.61
合计	22.59	4511.97	10.27	2.26	72.92	69.15	325.97	745.70	603.19	79.14	360.22	658.68	26854.18	2929.51	2343.63	117.14	4757.00

注：表中固碳为植物固碳与土壤固碳的物质质量总和；吸收污染物是森林吸收二氧化硫、氟化物和氮氧化物的物质质量总和。

黄河流域中上游退耕地还林生态效益总价值量为931.79亿元/年，其中，涵养水源价值量为271.09亿元/年，净化大气环境价值量为176.45亿元/年（其中吸滞TSP和PM$_{2.5}$的价值量分别为5.62亿元/年和95.51亿元/年），固碳释氧价值量为142.49亿元/年，生物多样性保护价值量为118.28亿元/年，森林防护价值量为102.42亿元/年，保育土壤价值量为102.34亿元/年，林木积累营养物质价值量为18.72亿元/年（表4-8）。

表4-7 长江流域中上游退耕还林退耕地还林生态效益价值量

市级区域	涵养水源(亿元/年)	保育土壤(亿元/年)	固碳释氧(亿元/年)	林木积累营养物质(亿元/年)	净化大气环境			生物多样性保护(亿元/年)	森林防护(亿元/年)	总价值量(亿元/年)
					总计(亿元/年)	吸滞TSP(亿元/年)	吸滞PM$_{2.5}$(亿元/年)			
甘肃陇南	18.56	6.28	5.19	0.33	10.08	0.32	5.49	4.39	—	44.83
陕西汉中	19.47	3.19	6.53	0.77	7.38	0.23	3.98	3.29	—	40.63
陕西安康	24.86	4.81	10.25	1.38	13.55	0.43	7.34	7.66	2.81	65.32
陕西商洛	11.19	2.51	5.56	0.77	5.26	0.17	2.85	3.15	0.48	28.92
贵州贵阳	3.05	0.61	1.62	0.10	2.15	0.07	1.17	1.81	—	9.34
贵州遵义	15.45	3.46	10.36	0.55	12.25	0.39	6.66	6.7	—	48.77
贵州安顺	2.24	1.11	3.53	0.15	3.75	0.12	2.04	2.56	—	13.34
贵州铜仁	5.70	2.29	7.08	0.95	5.70	0.18	3.09	4.34	—	26.06
贵州毕节	12.12	2.56	7.53	0.49	11.47	0.37	6.25	5.48	—	39.65
贵州六盘水	6.5	1.06	3.20	0.20	4.73	0.15	2.57	2.54	—	18.23
贵州黔东南	4.59	1.38	4.05	0.25	5.53	0.18	3.01	2.62	—	18.42
贵州黔南	6.92	1.76	4.94	0.27	4.70	0.11	1.80	3.55	—	22.14
四川成都	11.75	2.42	3.60	0.26	2.25	0.07	1.22	3.64	—	23.92
四川自贡	7.78	1.56	2.44	0.15	1.60	0.05	0.87	1.98	—	15.51
四川攀枝花	1.54	1.48	1.49	0.09	1.30	0.04	0.71	1.99	—	7.89
四川泸州	15.27	2.71	4.86	0.30	4.35	0.14	2.37	5.32	—	32.81
四川德阳	3.95	0.95	1.06	0.07	0.92	0.03	0.50	1.38	—	8.33
四川绵阳	12.88	2.88	5.28	0.36	4.10	0.13	2.22	6.17	—	31.67
四川广元	14.29	3.77	7.25	0.42	6.27	0.2	3.41	9.54	—	41.54
四川遂宁	7.69	1.45	2.26	0.10	2.19	0.07	1.19	3.00	—	16.69
四川内江	7.58	1.69	2.41	0.16	1.43	0.05	0.78	2.37	—	15.64
四川乐山	25.6	4.79	8.15	0.57	4.96	0.16	2.69	5.73	—	49.8
四川南充	10.86	4.45	7.29	0.27	7.76	0.25	4.22	8.64	—	39.27
四川宜宾	30.43	4.5	7.45	0.47	4.73	0.15	2.56	8.6	—	56.18
四川广安	14.31	2.98	4.62	0.22	4.65	0.15	2.53	4.61	—	31.39
四川达州	21.33	2.8	6.13	0.27	6.68	0.21	3.63	6.5	—	43.71
四川巴中	16.41	2.52	4.70	0.23	3.81	0.12	2.07	6.90	—	34.57
四川雅安	35.86	4.57	7.73	0.42	12.48	0.40	6.80	7.20	—	68.26
四川眉山	14.94	2.73	4.99	0.34	3.19	0.10	1.73	3.12	—	29.31

（续）

市级区域	涵养水源（亿元/年）	保育土壤（亿元/年）	固碳释氧（亿元/年）	林木积累营养物质（亿元/年）	净化大气环境			生物多样性保护（亿元/年）	森林防护（亿元/年）	总价值量（亿元/年）
					总计（亿元/年）	吸滞TSP（亿元/年）	吸滞$PM_{2.5}$（亿元/年）			
四川资阳	10.26	2.43	1.73	0.09	2.17	0.07	1.18	2.24	—	18.92
四川阿坝	10.99	2.90	5.22	0.25	8.71	0.28	4.75	6.58	—	34.65
四川甘孜	12.37	2.91	5.81	0.33	10.38	0.33	5.66	6.00	—	37.8
四川凉山	24.23	8.69	13.34	0.78	12.42	0.40	6.74	15.83	—	75.29
重庆	156.16	34.75	45.67	3.13	17.73	1.34	22.69	62.85	—	320.29
云南曲靖	10.02	1.86	3.48	0.15	4.32	0.14	2.35	2.77	—	22.6
云南迪庆	1.60	0.72	0.75	0.03	1.01	0.03	0.55	0.99	—	5.10
云南大理	5.82	2.41	2.86	0.14	3.14	0.10	1.70	3.31	—	17.68
云南昆明	2.75	1.29	2.23	0.11	2.00	0.06	1.09	2.31	—	10.69
云南昭通	5.58	2.04	3.66	0.13	3.74	0.12	2.04	2.83	—	17.98
云南丽江	2.41	1.01	1.01	0.05	1.1	0.03	0.59	1.19	—	6.77
云南楚雄	4.2	1.74	2.75	0.18	1.85	0.06	1.00	1.75	—	12.47
湖北武汉	2.64	0.44	1.01	0.11	0.96	0.03	0.52	0.74	—	5.90
湖北黄石	1.37	0.25	0.56	0.07	0.55	0.02	0.30	0.52	—	3.32
湖北十堰	4.33	2.95	7.13	0.69	6.61	0.21	3.59	7.14	—	28.85
湖北荆州	0.22	0.03	0.08	<0.01	0.21	0.01	0.12	0.07	—	0.61
湖北宜昌	9.08	1.94	4.43	0.57	0.11	<0.01	<0.01	<0.01	—	16.13
湖北襄阳	7.00	0.80	3.61	0.35	2.39	0.08	1.30	2.09	—	16.24
湖北鄂州	0.43	0.07	0.22	0.03	0.16	0.01	0.09	0.23	—	1.14
湖北荆门	2.36	0.34	1.74	0.15	1.15	0.04	0.62	0.85	—	6.59
湖北孝感	3.37	0.41	1.08	0.09	1.21	0.04	0.66	0.75	—	6.91
湖北黄冈	7.02	2.26	3.36	0.36	2.50	0.08	1.36	5.41	—	20.91
湖北咸宁	8.37	0.98	3.09	0.32	2.85	0.09	1.55	1.48	—	17.09
湖北恩施	13.84	2.09	4.42	0.51	6.55	0.21	3.56	5.89	—	33.3
湖北随州	2.07	0.34	0.91	0.09	1.06	0.03	0.58	0.66	—	5.13
湖北天门	0.04	0.02	0.11	0.01	0.04	<0.01	0.02	0.03	—	0.25
湖北神农架	1.33	0.53	0.66	0.06	0.52	0.02	0.28	1.27	—	4.37
河南南阳	5.27	1.25	3.05	0.56	2.44	0.08	1.3	1.48	0.25	14.3
江西抚州	10.32	1.83	2.70	0.40	2.46	0.08	1.34	2.76	—	20.47
江西南昌	1.79	0.69	0.82	0.14	1.00	<0.01	<0.01	0.89	—	5.33
江西景德镇	2.17	0.34	0.52	0.08	0.44	<0.01	<0.01	0.52	—	4.07
江西九江	1.36	2.10	2.95	0.47	2.31	<0.01	<0.01	2.98	—	12.17
江西新余	0.49	0.41	0.46	0.07	0.65	0.02	0.36	0.57	—	2.65
江西鹰潭	1.81	0.36	0.46	0.07	0.47	0.02	0.26	0.47	—	3.64
江西赣州	6.1	1.98	2.68	0.20	1.72	<0.01	<0.01	3.29	—	15.97
江西吉安	4.27	1.85	2.36	0.19	2.87	0.09	1.56	1.53	—	13.07
江西宜春	7.68	2.08	2.49	0.18	2.94	<0.01	<0.01	1.69	—	17.06

（续）

市级区域	涵养水源（亿元/年）	保育土壤（亿元/年）	固碳释氧（亿元/年）	林木积累营养物质（亿元/年）	净化大气环境			生物多样性保护（亿元/年）	森林防护（亿元/年）	总价值量（亿元/年）
					总计（亿元/年）	吸滞TSP（亿元/年）	吸滞PM$_{2.5}$（亿元/年）			
江西上饶	9.34	1.92	2.41	0.18	2.57	<0.01	<0.01	1.67	—	18.09
江西萍乡	1.71	0.76	0.91	0.07	1.12	<0.01	<0.01	0.81	—	5.38
湖南益阳	3.37	1.18	1.32	0.10	3.04	0.10	1.66	1.49	—	10.50
湖南张家界	4.36	2.00	2.34	0.14	5.38	0.17	2.94	11.42	—	25.64
湖南湘潭	1.49	0.44	0.49	0.04	1.11	0.04	0.61	0.54	—	4.11
湖南岳阳	10.20	2.71	2.79	0.21	5.74	0.18	3.13	2.89	—	24.54
湖南常德	8.45	1.88	2.08	0.15	4.80	0.15	2.62	2.34	—	19.70
湖南怀化	14.40	4.03	4.68	0.29	10.83	0.35	5.92	5.28	—	39.51
湖南郴州	14.39	2.32	2.62	0.21	5.96	0.19	3.26	2.90	—	28.40
湖南长沙	2.78	0.45	0.51	0.04	1.15	0.04	0.63	0.50	—	5.43
湖南株洲	6.34	1.02	1.16	0.09	2.62	0.08	1.43	1.28	—	12.51
湖南衡阳	4.92	1.48	1.70	0.15	3.61	0.12	1.97	1.31	—	13.17
湖南邵阳	15.88	4.25	4.79	0.34	10.88	0.35	5.95	5.32	—	41.46
湖南永州	9.26	2.79	3.09	0.22	7.09	0.23	3.88	2.58	—	25.03
湖南娄底	6.47	1.73	1.95	0.15	4.43	0.14	2.42	2.15	—	16.88
湖南湘西	38.72	9.06	10.53	0.67	24.38	0.78	13.32	11.66	—	95.02
合计	886.32	206.38	334.33	25.10	366.67	12.08	205.20	340.88	3.54	2163.22

注：退耕还林工程中没有退耕地还林的市级区域没有在表中出现。

表4-8 黄河流域中上游退耕还林退耕地还林生态效益价值量

市级区域	涵养水源（亿元/年）	保育土壤（亿元/年）	固碳释氧（亿元/年）	林木积累营养物质（亿元/年）	净化大气环境			生物多样性保护（亿元/年）	森林防护（亿元/年）	总价值量（亿元/年）
					总计（亿元/年）	吸滞TSP（亿元/年）	吸滞PM$_{2.5}$（亿元/年）			
内蒙古呼和浩特	9.03	1.66	2.35	0.24	5.84	0.19	3.21	2.84	—	21.96
内蒙古包头	4.63	1.02	1.02	0.16	1.65	0.05	0.90	1.72	0.95	11.15
内蒙古乌海	0.05	0.03	0.06	0.01	0.06	<0.01	0.03	0.04	0.04	0.29
内蒙古乌兰察布	29.62	9.08	9.84	1.50	15.54	0.50	8.41	15.17	14.03	94.78
内蒙古鄂尔多斯	9.16	3.22	4.18	0.48	7.30	0.23	3.96	3.88	5.26	33.48
内蒙古巴彦淖尔	4.33	1.73	3.41	0.42	2.91	0.09	1.58	1.95	3.28	18.03
宁夏固原	20.94	5.63	7.44	0.84	11.30	0.36	6.16	6.83	0.58	53.56
宁夏石嘴山	0.03	0.03	0.05	0.01	0.06	<0.01	0.03	0.04	0.07	0.29
宁夏吴忠	10.99	4.34	4.81	0.61	7.98	0.25	4.30	5.05	8.97	42.75
宁夏银川	0.49	0.39	0.57	0.07	0.75	0.02	0.40	0.46	0.75	3.48

（续）

市级区域	涵养水源 (亿元/年)	保育土壤 (亿元/年)	固碳释氧 (亿元/年)	林木积累营养物质 (亿元/年)	净化大气环境			生物多样性保护 (亿元/年)	森林防护 (亿元/年)	总价值量 (亿元/年)
					总计 (亿元/年)	吸滞TSP (亿元/年)	吸滞PM₂.₅ (亿元/年)			
甘肃兰州	1.98	0.80	0.89	0.09	1.20	0.04	0.65	0.81	1.37	7.14
甘肃白银	8.04	3.50	2.77	0.22	4.52	0.14	2.45	2.90	5.52	27.47
甘肃定西	10.11	3.73	5.60	0.60	9.16	0.29	4.97	4.72	7.16	41.08
甘肃天水	8.13	3.37	4.16	0.26	5.81	0.19	3.15	3.90	—	25.63
甘肃平凉	12.72	5.33	6.39	0.30	8.02	0.26	4.34	6.18	9.27	48.21
甘肃庆阳	12.41	5.36	4.94	0.23	7.60	0.24	4.12	5.06	8.84	44.44
甘肃临夏	6.05	2.24	1.29	0.14	1.78	0.06	0.96	1.20	—	12.7
甘肃甘南	2.42	0.85	0.49	0.04	1.15	0.04	0.62	0.48	—	5.43
陕西榆林	15.03	7.36	12.11	1.86	14.47	0.46	7.83	8.28	3.82	62.93
陕西延安	27.18	13.23	23.67	4.33	21.03	0.67	11.35	13.83	16.21	119.48
陕西宝鸡	5.24	2.02	4.11	0.82	3.85	0.12	2.08	2.82	1.47	20.33
陕西铜川	2.99	0.89	1.75	0.34	1.44	0.05	0.78	1.16	3.82	12.39
陕西渭南	6.53	2.08	4.27	0.77	3.75	0.12	2.02	2.60	—	20
陕西西安	1.74	0.49	0.96	0.17	0.93	0.03	0.50	0.59	0.32	5.2
陕西咸阳	4.13	1.61	3.17	0.69	1.20	0.04	0.62	2.45	0.67	13.92
山西长治	2.58	1.19	2.07	0.15	1.88	0.06	1.01	1.40	—	9.27
山西运城	4.95	1.38	2.13	0.27	2.40	0.08	1.30	1.57	—	12.7
山西临汾	2.07	2.41	3.76	0.26	1.75	0.05	0.91	2.80	—	13.05
山西晋中	0.25	1.34	2.10	0.21	2.68	0.09	1.46	1.59	—	8.17
山西晋城	2.66	0.45	0.95	0.08	0.95	0.03	0.51	0.59	—	5.68
山西吕梁	7.15	3.57	4.69	0.27	5.32	0.17	2.88	3.86	—	24.86
山西朔州	6.38	2.27	1.72	0.15	3.60	0.11	1.95	1.97	2.92	19.01
山西太原	4.60	1.19	1.58	0.17	3.14	0.10	1.71	1.43	—	12.11
山西忻州	14.22	4.12	4.77	0.58	7.69	0.25	4.17	3.88	4.40	39.66
河南郑州	2.14	0.42	1.36	0.21	0.65	0.02	0.35	0.62	0.57	5.97
河南开封	0.83	0.07	0.42	0.09	0.29	0.01	0.16	0.18	0.24	2.12
河南洛阳	1.95	1.37	2.53	0.37	2.48	0.08	1.34	1.98	0.19	10.87
河南濮阳	0.15	0.09	0.51	0.11	0.29	0.01	0.16	0.18	0.33	1.66
河南焦作	1.62	0.21	0.48	0.08	0.44	0.01	0.24	0.36	—	3.19
河南三门峡	1.73	1.61	1.70	0.26	2.29	0.07	1.24	0.13	—	7.72
河南济源	2.39	0.46	0.39	0.05	0.65	0.02	0.35	0.39	0.68	5.01
河南新乡	1.45	0.20	1.03	0.21	0.65	0.02	0.35	0.39	0.69	4.62
合计	271.09	102.34	142.49	18.72	176.45	5.62	95.51	118.28	102.42	931.79

4.2.2 宜林荒山荒地造林生态效益

（1）**物质量** 长江、黄河流域中上游宜林荒山荒地造林涵养水源总物质量为138.21亿立方米/年；固土总物质量为2.09亿吨/年，固定土壤氮、磷、钾和有机质物质量分别为44.23万吨/年、15.64万吨/年、235.50万吨/年和414.20万吨/年；固碳总物质量为1625.90万吨/年，释氧总物质量为3865.24万吨/年；林木积累氮、磷和钾物质量分别为19.94万吨/年、3.21万吨/年和12.66万吨/年；提供负离子总物质量为3084.79×10^{22}个/年，吸收污染物总物质量为120.71万吨/年，滞尘量总物质量为1.61亿吨/年，其中吸滞TSP和$PM_{2.5}$总物质量分别为12853.70万吨/年和642.67万吨/年；防风固沙总物质量为7756.13万吨/年（表4-9和表4-10）。

长江流域中上游宜林荒山荒地造林涵养水源物质量为101.58亿立方米/年；固土物质量为1.37亿吨/年，固定土壤氮、磷、钾和有机质物质量分别为28.70万吨/年、12.41万吨/年、130.13万吨/年和311.10万吨/年；固碳物质量为1111.68万吨/年，释氧物质量为2686.75万吨/年；林木积累氮、磷和钾物质量分别为11.21万吨/年、1.83万吨/年和6.81万吨/年；提供负离子物质量为2144.02×10^{22}个/年，吸收污染物物质量为73.08万吨/年，滞尘量物质量为1.04亿吨/年，其中吸滞TSP和$PM_{2.5}$物质量分别为8299.23万吨/年和414.93万吨/年；防风固沙物质量为498.76万吨/年（表4-9）。

黄河流域中上游宜林荒山荒地造林涵养水源物质量为36.63亿立方米/年；固土物质量为7201.41万吨/年，固定土壤氮、磷、钾和有机质物质量分别为15.53万吨/年、3.23万吨/年、105.37万吨/年和103.10万吨/年；固碳物质量为514.22万吨/年，释氧物质量为1178.49万吨/年；林木积累氮、磷和钾物质量分别为8.74万吨/年、1.37万吨/年和5.85万吨/年；提供负离子物质量为940.77×10^{22}个/年，吸收污染物物质量为47.63万吨/年，滞尘量物质量为5693.06万吨/年，其中吸滞TSP和$PM_{2.5}$物质量分别为4554.47万吨/年和227.74万吨/年；防风固沙物质量为7257.37万吨/年（表4-10）。

（2）**价值量** 长江、黄河流域中上游宜林荒山荒地造林生态效益总价值量为4647.49亿元/年，其中，涵养水源价值量最大，为1657.44亿元/年，占总价值量的35.66%；净化大气环境价值量次之，为904.54亿元/年，占19.46%，其中吸滞TSP和$PM_{2.5}$的价值量分别为30.68亿元/年和520.47亿元/年；固碳释氧价值量居第三，为740.04亿元/年，占15.92%；其次是生物多样性保护价值，为684.55亿元/年，占14.73%；保育土壤和森林防护价值量分别为428.79亿元/年和167.79亿元/年，各占总价值量的9.23%和3.61%，而林木积累营养物质的价值量最小，为64.34亿元/年，仅占1.38%（表4-11和表4-12）。

表4-9　长江流域中上游退耕还林宜林荒地造林生态效益物质量

| 市级区域 | 涵养水源(亿立方米/年) | 保育土壤 | | | | | 固碳释氧 | | 林木积累营养物质 | | | 净化大气环境 | | | | | 森林防护 |
		固土(万吨/年)	氮(万吨/年)	磷(万吨/年)	钾(万吨/年)	有机质(万吨/年)	固碳(万吨/年)	释氧(万吨/年)	氮(百吨/年)	磷(百吨/年)	钾(百吨/年)	提供负离子(×10²²个/年)	吸收污染物(万千克/年)	滞尘(万吨/年)	吸滞TSP(万吨/年)	吸滞PM₂.₅(万吨/年)	防风固沙(万吨/年)
甘肃陇南	2.85	232.10	2.72	0.44	0.10	4.74	25.52	60.90	16.69	4.94	19.48	34.10	3001.97	434.36	347.49	17.37	—
陕西汉中	1.67	179.70	0.24	0.08	2.52	3.62	18.72	44.96	35.43	2.09	20.14	44.09	1668.67	190.11	152.09	7.60	—
陕西安康	2.01	268.17	0.35	0.14	3.76	5.29	27.20	64.90	48.65	3.22	27.47	62.17	2516.99	284.47	227.58	11.38	360.77
陕西商洛	0.96	152.50	0.18	0.09	1.88	2.94	17.28	41.42	38.21	3.62	20.67	51.03	1549.67	207.53	166.02	8.30	32.28
贵州贵阳	0.29	45.53	0.07	0.03	0.30	0.92	4.51	10.87	4.15	0.44	3.41	10.45	402.58	53.41	42.73	2.14	—
贵州遵义	2.12	367.62	0.57	0.23	2.41	8.80	41.58	101.22	28.13	6.30	27.93	90.08	2425.63	348.50	278.80	13.94	—
贵州安顺	0.30	108.53	0.15	0.06	0.67	2.39	11.39	27.81	7.75	1.21	7.39	20.69	751.48	102.14	81.71	4.09	—
贵州铜仁	0.97	219.24	0.34	0.15	1.48	4.91	22.65	55.04	24.93	2.65	16.62	29.13	1767.61	240.69	192.55	9.63	—
贵州毕节	1.53	253.52	0.34	0.15	1.59	5.17	22.86	54.98	19.69	2.13	15.34	21.83	2082.90	302.51	242.01	12.10	—
贵州六盘水	0.84	109.50	0.17	0.06	0.68	1.91	10.51	25.48	9.57	0.87	7.35	23.16	962.84	124.37	99.50	4.97	—
贵州黔东南	0.57	141.66	0.24	0.10	0.97	3.07	15.34	37.46	15.48	1.68	11.19	27.97	1210.05	182.48	145.98	7.30	—
贵州黔南	0.92	183.10	0.25	0.11	1.19	4.37	18.18	44.09	17.30	1.97	12.60	33.57	1431.23	203.37	162.70	8.13	—
四川成都	1.05	118.80	0.14	0.06	1.75	3.33	7.35	17.57	7.33	0.59	3.58	13.44	332.52	40.43	32.34	1.62	—
四川自贡	1.02	105.54	0.12	0.05	1.47	2.77	8.52	20.67	7.76	0.65	3.74	15.03	413.74	53.86	43.09	2.15	—
四川攀枝花	0.10	71.25	0.08	0.04	0.96	1.86	3.56	8.35	3.59	0.20	1.58	7.92	183.33	19.54	15.63	0.78	—
四川泸州	1.42	153.58	0.16	0.08	2.34	4.14	11.98	29.05	10.89	0.96	5.27	16.98	575.02	77.02	61.62	3.08	—
四川德阳	0.31	40.58	0.05	0.02	0.62	1.18	2.24	5.29	1.76	0.21	0.95	3.52	127.44	16.92	13.54	0.68	—
四川绵阳	0.97	150.95	0.17	0.07	2.22	4.18	12.80	31.35	12.48	0.77	6.42	19.58	620.63	81.03	64.82	3.24	—
四川广元	1.07	148.44	0.20	0.07	2.26	3.81	14.98	36.69	12.80	1.26	6.86	24.35	789.89	107.03	85.62	4.28	—
四川遂宁	0.99	103.74	0.12	0.04	1.55	2.66	7.68	18.72	4.66	0.53	2.57	7.18	431.01	59.23	47.38	2.37	—
四川内江	0.71	82.86	0.09	0.05	1.26	2.27	3.79	8.66	3.14	0.27	1.38	6.19	237.12	30.84	24.67	1.23	—
四川乐山	2.21	249.32	0.25	0.10	3.11	7.05	24.27	60.51	27.61	1.81	13.10	44.92	1001.89	133.96	107.17	5.36	—

（续）

市级区域	涵养水源（亿立方米/年）	保育土壤					固碳释氧		林木积累营养物质			净化大气环境					森林防护
		固土（万吨/年）	氮（万吨/年）	磷（万吨/年）	钾（万吨/年）	有机质（万吨/年）	固碳（万吨/年）	释氧（万吨/年）	氮（百吨/年）	磷（百吨/年）	钾（百吨/年）	提供负离子（×10²²个/年）	吸收污染物（万千克/年）	滞尘（万吨/年）	吸滞TSP（万吨/年）	吸滞PM₂.₅（万吨/年）	防风固沙（万吨/年）
四川南充	1.42	300.66	0.35	0.10	4.58	7.61	25.95	64.13	13.06	2.59	8.21	22.63	1448.60	203.55	162.84	8.14	—
四川宜宾	2.24	180.21	0.18	0.10	2.68	4.91	13.94	33.77	13.22	0.86	6.75	21.15	640.49	83.60	66.88	3.34	—
四川广安	1.35	152.49	0.18	0.06	2.25	3.98	12.41	30.31	7.99	1.21	4.60	16.24	674.13	92.50	74.00	3.70	—
四川达州	2.08	148.13	0.18	0.06	2.05	3.65	15.11	37.15	10.66	0.98	5.73	18.91	857.83	119.53	95.62	4.78	—
四川巴中	1.41	103.78	0.10	0.04	1.38	2.44	10.83	26.70	6.68	0.72	3.72	14.92	606.97	84.62	67.70	3.38	—
四川雅安	2.15	163.48	0.13	0.06	1.96	4.00	13.73	33.85	11.63	0.80	5.34	17.27	1000.44	148.64	118.91	5.95	—
四川眉山	1.32	130.88	0.13	0.06	1.75	3.44	8.67	20.92	8.72	0.69	3.95	14.26	392.20	49.92	39.94	2.00	—
四川资阳	1.24	147.99	0.16	0.08	2.23	4.16	5.88	13.16	4.00	0.42	2.13	8.17	385.71	49.76	39.81	1.99	—
四川阿坝	0.45	68.51	0.07	0.03	0.90	1.59	5.03	12.10	3.73	0.34	1.62	9.20	468.15	69.12	55.30	2.76	—
四川甘孜	0.44	43.33	0.05	0.02	0.48	0.88	6.18	15.13	5.26	0.39	1.95	12.73	488.79	72.68	58.14	2.91	—
四川凉山	1.81	359.96	0.31	0.26	4.78	8.07	24.85	60.38	20.03	2.82	10.90	39.18	1542.95	209.89	167.91	8.40	—
重庆	18.87	1782.49	6.68	1.36	23.67	49.28	159.39	385.44	131.53	49.29	88.03	246.45	11341.54	1606.95	1285.56	64.28	—
云南曲靖	1.64	88.59	1.04	0.09	0.02	0.60	11.42	27.49	6.67	1.33	3.43	22.55	647.70	121.00	96.80	4.84	—
云南迪庆	0.18	24.96	0.31	0.02	<0.01	0.15	2.46	5.75	1.34	0.32	0.97	4.72	236.40	32.66	26.13	1.31	—
云南大理	0.51	65.50	0.80	0.06	0.01	0.41	7.19	16.91	4.36	0.97	2.57	13.55	513.37	64.12	51.30	2.56	—
云南昆明	0.38	50.03	0.60	0.04	0.01	0.32	6.86	16.60	4.27	0.89	2.26	10.44	351.17	43.72	34.98	1.75	—
云南昭通	0.70	80.64	0.93	0.06	0.02	0.52	12.72	30.81	5.91	1.52	3.84	23.16	685.62	115.12	92.10	4.60	—
云南丽江	0.33	41.17	0.52	0.04	0.01	0.26	4.16	9.62	2.43	0.50	1.32	8.85	327.60	40.29	32.23	1.61	—
云南楚雄	0.38	50.03	0.60	0.04	0.01	0.32	6.86	16.60	4.27	0.89	2.26	10.44	351.17	43.72	34.98	1.75	—
湖北武汉	0.49	50.65	0.08	0.06	0.46	1.24	7.63	18.75	11.55	1.50	7.11	15.98	301.78	41.13	32.90	1.65	—
湖北黄石	0.32	38.89	0.07	0.04	0.39	0.90	4.23	10.23	7.22	0.93	3.58	9.50	184.99	25.46	20.37	1.02	—
湖北十堰	0.43	226.42	0.38	0.21	1.39	5.42	18.14	43.71	27.74	3.86	13.14	49.04	1070.15	155.47	124.38	6.22	—

（续）

市级区域	涵养水源 (亿立方米/年)	保育土壤					固碳释氧		林木积累营养物质			净化大气环境					森林防护
		固土 (万吨/年)	氮 (万吨/年)	磷 (万吨/年)	钾 (万吨/年)	有机质 (万吨/年)	固碳 (万吨/年)	释氧 (万吨/年)	氮 (百吨/年)	磷 (百吨/年)	钾 (百吨/年)	提供负离子 (×10²²个/年)	吸收污染物 (万千克/年)	滞尘 (万吨/年)	吸滞TSP (万吨/年)	吸滞PM₂.₅ (万吨/年)	防风固沙 (万吨/年)
湖北荆州	0.82	98.99	0.16	0.11	0.90	2.29	17.88	44.31	12.87	3.37	17.48	34.10	541.00	66.27	53.02	2.65	—
湖北宜昌	1.01	136.25	0.24	0.17	1.27	3.07	11.42	26.64	20.50	2.43	8.90	35.35	698.98	0.01	0.01	0.00	—
湖北襄阳	1.22	126.54	0.21	0.20	0.20	2.93	16.56	40.86	22.51	3.13	14.22	35.60	634.83	85.34	68.27	3.41	—
湖北鄂州	0.14	20.23	0.03	0.02	0.08	0.45	2.36	5.77	4.30	0.50	1.95	5.48	93.14	12.14	9.71	0.49	—
湖北荆门	0.66	80.86	0.12	0.11	0.15	1.90	10.50	25.83	15.03	1.94	8.87	27.30	523.97	76.85	61.48	3.07	—
湖北孝感	1.11	100.27	0.15	0.14	0.25	2.38	13.51	33.00	16.21	2.34	11.36	30.67	648.55	96.24	76.99	3.85	—
湖北黄冈	1.44	165.60	0.26	0.25	0.51	4.05	17.20	41.18	26.60	3.31	13.53	45.59	925.19	132.84	106.27	5.31	—
湖北咸宁	1.41	124.18	0.19	0.15	0.52	2.90	14.44	35.33	22.05	2.79	11.35	33.80	670.18	98.61	78.89	3.94	—
湖北恩施	1.94	208.62	0.37	0.19	1.61	4.19	16.69	40.14	21.62	3.18	11.45	52.68	1194.19	185.88	148.70	7.44	—
湖北随州	0.49	65.78	0.10	0.10	0.15	1.67	6.05	14.27	7.82	1.09	4.74	20.15	451.72	71.11	56.89	2.84	—
湖北仙桃	0.13	13.77	0.02	0.02	0.13	0.31	2.84	7.15	3.45	0.53	2.86	5.04	68.72	7.59	6.07	0.30	—
湖北天门	0.04	12.97	0.02	0.01	0.12	0.29	2.68	6.73	3.25	0.50	2.70	4.74	64.74	7.15	5.72	0.29	—
湖北潜江	0.14	10.77	0.02	0.02	0.01	0.23	2.09	5.26	2.37	0.36	1.91	3.83	52.04	5.81	4.65	0.23	—
湖北神农架	0.06	12.63	0.03	0.01	0.09	0.23	0.76	1.83	1.21	0.18	0.57	2.17	48.65	6.97	5.58	0.28	—
河南南阳	1.33	259.02	0.37	0.07	0.33	3.45	27.20	66.54	52.00	15.80	24.72	57.73	1071.80	96.11	76.89	3.84	105.71
江西抚州	1.61	215.53	0.35	0.23	3.39	4.73	11.34	27.25	12.94	2.50	6.71	17.92	805.70	134.46	107.57	5.38	—
江西南昌	0.16	37.98	0.05	0.04	0.37	0.86	1.91	4.52	2.40	0.43	1.14	3.68	126.10	18.78	15.02	0.75	—
江西景德镇	0.45	52.50	0.08	0.06	0.63	1.24	2.42	5.70	2.99	0.59	1.45	8.08	201.82	35.11	28.09	1.40	—
江西九江	0.30	192.14	0.31	0.18	2.30	4.21	11.07	26.66	13.60	2.38	6.78	24.82	586.16	88.77	71.02	3.55	—
江西新余	0.11	47.12	0.07	0.05	0.69	0.97	2.43	5.84	2.60	0.52	1.35	7.77	179.05	30.52	24.42	1.22	—
江西鹰潭	0.29	36.61	0.06	0.04	0.49	0.83	2.10	5.05	2.54	0.46	1.29	4.66	123.22	19.28	15.42	0.77	—
江西赣州	1.45	359.18	0.52	0.36	3.73	7.21	17.01	40.63	16.96	3.04	8.30	33.38	1101.05	175.17	140.14	7.01	—

（续）

市级区域	涵养水源 (亿立方米/年)	保育土壤					固碳释氧		林木积累营养物质			净化大气环境					森林防护
		固土 (万吨/年)	氮 (万吨/年)	磷 (万吨/年)	钾 (万吨/年)	有机质 (万吨/年)	固碳 (万吨/年)	释氧 (万吨/年)	氮 (百吨/年)	磷 (百吨/年)	钾 (百吨/年)	提供负离子 (×10²²个/年)	吸收污染物 (万千克/年)	滞尘 (万吨/年)	吸滞TSP (万吨/年)	吸滞PM₂.₅ (万吨/年)	防风固沙 (万吨/年)
江西吉安	0.79	233.09	0.34	0.25	0.22	4.91	10.11	23.85	5.41	2.14	5.30	18.81	920.21	154.04	123.23	6.16	—
江西宜春	1.33	234.72	0.35	0.23	0.23	4.74	10.25	24.35	4.92	1.93	5.05	30.41	854.68	142.84	114.27	5.71	—
江西上饶	1.27	225.86	0.30	0.23	0.16	4.75	9.05	21.25	4.42	1.71	4.18	30.52	772.68	129.00	103.20	5.16	—
江西萍乡	0.32	95.93	0.14	0.09	1.23	1.97	4.72	11.32	4.63	0.87	2.31	7.88	331.88	54.42	43.54	2.18	—
湖南益阳	0.56	128.73	0.15	0.20	1.14	2.88	7.01	16.75	7.36	0.69	4.15	16.90	505.29	82.48	65.98	3.30	—
湖南张家界	0.37	115.24	0.12	0.16	1.00	2.42	6.55	15.67	5.51	0.52	3.17	14.51	446.68	71.84	57.47	2.87	—
湖南湘潭	0.20	38.20	0.04	0.06	0.34	0.86	2.11	5.04	2.23	0.20	1.26	4.94	148.74	24.20	19.36	0.97	—
湖南岳阳	0.91	157.35	0.18	0.26	1.42	3.55	8.38	19.93	9.74	0.77	5.24	21.72	577.10	91.00	72.80	3.64	—
湖南常德	1.35	200.38	0.22	0.29	1.83	4.30	10.77	25.73	10.31	0.95	5.85	25.09	758.81	123.09	98.47	4.92	—
湖南怀化	1.90	356.54	0.37	0.50	3.10	7.46	19.70	46.99	16.71	1.58	9.51	47.05	1421.77	231.08	184.86	9.24	—
湖南郴州	2.14	227.01	0.26	0.35	2.01	5.08	12.47	29.80	13.18	1.20	7.45	29.08	876.31	142.43	113.94	5.70	—
湖南长沙	0.45	47.70	0.05	0.07	0.43	1.06	2.53	6.02	2.64	0.24	1.48	5.97	180.52	29.47	23.58	1.18	—
湖南株洲	0.99	105.31	0.12	0.16	0.93	2.36	5.81	13.88	6.16	0.56	3.48	13.63	409.71	66.63	53.30	2.67	—
湖南衡阳	0.77	150.92	0.19	0.22	1.32	3.43	9.05	21.84	9.94	0.85	5.67	16.89	523.86	81.55	65.24	3.26	—
湖南邵阳	1.89	336.87	0.37	0.49	3.07	7.23	18.43	44.13	17.60	1.63	10.01	42.03	1272.36	206.09	164.87	8.24	—
湖南永州	1.30	260.44	0.28	0.38	2.37	5.59	13.91	33.21	13.35	1.22	7.57	32.86	991.88	161.33	129.06	6.45	—
湖南娄底	0.71	125.92	0.14	0.18	1.15	2.71	6.90	16.54	7.29	0.67	4.14	15.65	472.73	76.38	61.10	3.06	—
湖南湘西	3.00	471.05	0.51	0.65	4.11	9.88	26.92	64.46	23.03	2.12	13.19	58.82	1800.76	287.90	230.32	11.52	—
合计	101.58	13673.82	28.70	12.41	130.13	311.10	1111.68	2686.75	1120.57	183.41	681.07	2144.02	73078.73	10374.03	8299.23	414.93	498.76

注：表中植物固碳为植物固碳与土壤固碳的物质量总和；吸收污染物是森林吸收二氧化硫、氟化物和氮氧化物的物质量总和。

表4-10 黄河流域中上游退耕还林宜林荒山荒地造林生态效益物质量

市级区域	涵养水源	保育土壤					固碳释氧		林木积累营养物质			净化大气环境					森林防护
	涵养水源(亿立方米/年)	固土(万吨/年)	氮(万吨/年)	磷(万吨/年)	钾(万吨/年)	有机质(万吨/年)	固碳(万吨/年)	释氧(万吨/年)	氮(百吨/年)	磷(百吨/年)	钾(百吨/年)	提供负离子(×10²²个/年)	吸收污染物(万千克/年)	滞尘(万吨/年)	吸滞TSP(万吨/年)	吸滞PM₂.₅(万吨/年)	防风固沙(万吨/年)
内蒙古呼和浩特	2.20	269.47	0.39	0.09	3.68	1.81	16.97	39.08	20.74	1.98	18.14	11.12	2288.33	341.57	273.26	13.66	—
内蒙古包头	0.69	108.47	0.09	0.04	1.63	0.62	4.67	10.19	9.34	0.64	8.52	2.34	457.24	48.79	39.03	1.95	107.26
内蒙古乌海	0.05	19.77	0.02	0.01	0.28	0.12	1.09	2.46	1.84	0.13	1.66	0.57	91.27	9.92	7.94	0.40	24.98
内蒙古乌兰察布	2.78	602.03	0.55	0.26	9.51	3.34	26.02	56.56	53.38	3.82	51.19	22.08	2698.79	298.57	238.85	11.94	455.61
内蒙古鄂尔多斯	2.27	553.16	0.50	0.22	8.36	3.30	27.30	60.45	48.73	3.43	46.91	13.78	2784.05	324.71	259.77	12.99	615.49
内蒙古巴彦淖尔	1.25	315.30	0.26	0.12	4.88	1.79	16.27	36.38	32.25	2.14	30.37	9.03	1406.69	149.47	119.57	5.98	382.89
宁夏固原	1.43	187.09	0.46	0.06	3.22	3.32	14.57	32.25	19.82	1.73	6.42	62.56	1716.58	199.69	159.75	7.99	31.02
宁夏石嘴山	<0.01	1.36	<0.01	<0.01	0.03	0.03	0.10	0.22	0.17	0.02	0.05	0.25	11.14	1.13	0.90	0.05	3.79
宁夏吴忠	1.72	324.53	0.90	0.12	6.28	6.61	23.34	49.50	39.73	3.66	12.44	50.77	2685.09	271.29	217.04	10.85	747.24
宁夏银川	0.05	24.54	0.06	0.01	0.45	0.50	1.74	3.68	2.80	0.25	0.79	5.02	215.91	21.69	17.35	0.87	57.39
甘肃兰州	0.44	77.24	0.29	0.05	1.48	1.96	4.31	9.25	7.32	0.71	4.43	12.73	512.93	56.87	45.50	2.27	144.95
甘肃白银	0.53	92.83	0.37	0.07	1.84	2.38	5.20	11.17	8.61	0.89	5.51	15.65	573.08	60.00	48.00	2.40	175.51
甘肃定西	1.19	212.17	0.62	0.12	4.23	4.92	16.57	38.11	22.40	3.43	17.14	34.38	1604.95	193.68	154.94	7.75	411.22
甘肃天水	1.22	221.03	0.56	0.08	4.48	4.74	20.24	47.78	9.33	5.40	17.59	25.83	1809.87	229.55	183.64	9.18	—
甘肃平凉	1.45	257.07	0.75	0.09	5.40	5.85	23.29	54.77	10.06	6.77	21.76	29.23	1761.31	200.50	160.40	8.02	534.25
甘肃庆阳	1.48	270.01	0.91	0.16	5.13	6.21	19.27	43.83	15.18	4.01	16.19	35.09	1847.35	214.51	171.61	8.58	523.15
甘肃临夏	1.59	157.50	1.84	0.47	0.09	3.05	10.27	23.37	13.03	2.21	10.97	23.30	1160.11	145.87	116.70	5.83	—
甘肃甘南	0.48	49.30	0.55	0.11	0.02	0.73	2.79	6.18	2.24	0.61	2.74	6.70	476.99	67.08	53.67	2.68	—
陕西榆林	2.21	466.46	0.74	0.15	8.44	7.97	40.45	90.49	96.25	4.16	36.10	62.97	3824.40	439.90	351.92	17.60	1016.85
陕西延安	1.66	391.52	0.74	0.14	7.54	8.48	38.49	89.73	89.46	19.46	75.86	101.45	2558.01	272.00	217.60	10.88	836.47
陕西宝鸡	0.71	153.72	0.19	0.06	2.51	3.09	14.89	35.26	40.77	7.34	34.25	45.46	1257.56	159.25	127.40	6.37	265.34

(续)

市级区域	涵养水源(亿立方米/年)	保育土壤					固碳释氧		林木积累营养物质			净化大气环境					森林防护
		固土(万吨/年)	氮(万吨/年)	磷(万吨/年)	钾(万吨/年)	有机质(万吨/年)	固碳(万吨/年)	释氧(万吨/年)	氮(百吨/年)	磷(百吨/年)	钾(百吨/年)	提供负离子(×10²²个/年)	吸收污染物(万千克/年)	滞尘(万吨/年)	吸滞TSP(万吨/年)	吸滞PM$_{2.5}$(万吨/年)	防风固沙(万吨/年)
陕西铜川	0.34	58.90	0.09	0.02	1.10	1.27	5.89	13.97	15.46	4.01	15.62	18.53	391.28	44.42	35.54	1.78	—
陕西渭南	0.77	157.27	0.20	0.09	2.21	3.00	14.91	35.19	40.84	5.44	27.68	38.60	1187.54	145.15	116.12	5.81	199.50
陕西西安	0.07	13.24	0.02	0.01	0.20	0.26	1.25	2.95	3.38	0.57	2.65	2.87	136.23	11.35	9.08	0.45	19.50
陕西咸阳	0.72	150.42	0.21	0.04	2.82	3.19	14.97	35.53	40.12	10.12	41.25	45.98	1045.47	122.58	98.07	4.90	248.28
山西长治	0.60	114.37	0.30	0.05	1.41	1.17	8.83	20.62	17.79	0.76	4.49	16.63	940.57	126.24	100.99	5.05	—
山西运城	0.93	120.48	0.29	0.05	1.21	1.24	8.66	19.86	20.55	0.70	5.04	19.49	1031.81	139.72	111.78	5.59	—
山西临汾	0.50	114.37	0.30	0.05	1.41	1.17	7.95	18.27	15.37	0.63	4.20	16.62	940.38	108.41	86.73	4.34	—
山西晋中	0.06	142.93	0.36	0.05	2.37	1.48	12.00	28.22	17.86	1.07	5.64	10.61	1099.41	141.44	113.15	5.66	—
山西晋城	0.51	53.43	0.12	0.02	0.58	0.53	4.21	9.83	7.82	0.35	2.29	6.46	478.89	66.06	52.85	2.64	—
山西吕梁	1.70	372.30	1.01	0.14	7.03	3.25	29.01	68.32	23.37	1.78	7.52	61.67	2170.18	252.19	201.75	10.09	—
山西朔州	0.60	101.41	0.28	0.04	2.03	1.07	3.99	8.04	5.11	0.26	0.83	5.71	546.51	58.62	46.90	2.34	15.59
山西太原	0.73	93.03	0.23	0.04	1.49	1.03	6.01	13.56	11.98	0.68	4.01	12.31	821.93	112.51	90.01	4.50	—
山西忻州	0.92	114.37	0.30	0.05	1.41	1.17	8.44	19.55	16.80	0.70	4.37	13.12	940.41	126.23	100.98	5.05	140.57
河南郑州	0.27	58.80	0.07	0.01	0.04	0.94	4.80	11.61	6.42	2.96	3.09	7.47	332.24	37.38	29.90	1.50	7.04
河南开封	0.28	25.52	0.03	<0.01	0.01	0.46	4.79	11.76	10.53	3.60	3.72	13.25	186.49	19.11	15.29	0.76	58.24
河南洛阳	0.37	236.68	0.32	0.06	0.24	3.66	12.43	28.78	16.65	6.33	8.29	29.70	962.73	126.43	101.15	5.06	—
河南濮阳	0.10	48.07	0.05	<0.01	0.01	0.87	11.66	29.19	26.14	8.94	9.22	16.69	350.35	35.92	28.74	1.44	109.44
河南焦作	0.48	61.97	0.06	<0.01	0.01	1.00	4.52	10.71	5.86	2.54	2.58	6.92	391.78	52.13	41.70	2.09	44.84
河南三门峡	0.33	274.42	0.36	0.06	0.25	3.30	13.23	30.93	14.33	7.17	7.58	17.31	1169.99	156.89	125.51	6.28	—
河南济源	0.56	50.46	0.05	<0.01	0.01	0.80	1.58	3.42	0.40	0.80	0.67	1.39	321.95	47.22	37.77	1.89	—
河南新乡	0.39	84.40	0.10	0.01	0.06	1.42	7.25	17.47	13.63	5.05	5.54	9.13	445.42	57.02	45.62	2.28	80.96
合计	36.63	7201.41	15.53	3.23	105.37	103.10	514.22	1178.49	873.86	137.26	585.31	940.77	47633.21	5693.06	4554.47	227.74	7257.37

注：表中固碳为植物固碳与土壤固碳的物质量总和；吸收污染物是森林吸收二氧化硫、氟化物和氮氧化物的物质量总和。

132

　　长江流域中上游宜林荒山荒地造林生态效益总价值量为3097.29亿元/年，其中，涵养水源价值量为1218.23亿元/年，净化大气环境价值量为562.59亿元/年（其中，吸滞TSP和$PM_{2.5}$的价值量分别为19.76亿元/年和334.90元/年），固碳释氧价值量为511.95亿元/年，生物多样性保护价值量为484.09亿元/年，保育土壤价值量为275.66亿元/年，林木积累营养物质价值量为36.34亿元/年，森林防护价值量为8.43亿元/年（表4-11）。

　　黄河流域中上游宜林荒山荒地造林生态效益总价值量为1550.20亿元/年，其中，涵养水源价值量为439.21亿元/年，净化大气环境价值量为341.95亿元/年（其中，吸滞TSP和$PM_{2.5}$的价值量分别为10.92亿元/年和185.57亿元/年），固碳释氧价值量为228.09亿元/年，生物多样性保护价值量为200.46亿元/年，森林防护价值量为159.36亿元/年，保育土壤价值量为153.13亿元/年，林木积累营养物质价值量为28.00亿元/年（表4-12）。

表4-11　长江流域中上游退耕还林宜林荒山荒地造林生态效益价值量

市级区域	涵养水源（亿元/年）	保育土壤（亿元/年）	固碳释氧（亿元/年）	林木积累营养物质（亿元/年）	净化大气环境			生物多样性保护（亿元/年）	森林防护（亿元/年）	总价值量（亿元/年）
					总计（亿元/年）	吸滞TSP（亿元/年）	吸滞$PM_{2.5}$（亿元/年）			
甘肃陇南	34.13	9.44	11.65	0.64	25.98	0.83	14.16	9.50	—	91.34
陕西汉中	20.03	3.58	8.58	1.04	11.45	0.37	6.20	6.17	—	50.85
陕西安康	24.14	5.37	12.41	1.43	17.14	0.55	9.27	10.29	5.41	76.19
陕西商洛	11.50	2.88	7.91	1.14	12.45	0.40	6.77	5.61	0.48	41.97
贵州贵阳	3.53	0.72	2.07	0.13	3.21	0.10	1.74	2.28	—	11.94
贵州遵义	25.45	5.97	19.25	1.00	20.89	0.67	11.36	12.27	—	84.83
贵州安顺	3.63	1.63	5.28	0.26	6.13	0.20	3.33	3.92	—	20.85
贵州铜仁	11.62	3.48	10.47	0.77	14.42	0.46	7.85	6.79	—	47.55
贵州毕节	18.30	3.66	10.49	0.62	18.09	0.58	9.86	7.91	—	59.07
贵州六盘水	10.03	1.60	4.85	0.30	7.47	0.24	4.05	3.69	—	27.94
贵州黔东南	6.78	2.28	7.12	0.48	10.92	0.35	5.95	4.49	—	32.07
贵州黔南	11.01	2.74	8.39	0.54	8.67	0.20	3.31	5.40	—	36.75
四川成都	12.60	2.51	3.36	0.21	2.43	0.08	1.32	3.30	—	24.41
四川自贡	12.26	2.17	3.93	0.23	3.23	0.10	1.76	2.98	—	24.80
四川攀枝花	1.18	1.41	1.61	0.10	1.18	0.04	0.64	2.05	—	7.53
四川泸州	16.99	3.27	5.53	0.32	4.62	0.15	2.51	4.85	—	35.58
四川德阳	3.68	0.86	1.01	0.05	1.01	0.03	0.55	0.79	—	7.40
四川绵阳	11.67	3.16	5.95	0.36	4.86	0.16	2.64	7.22	—	33.22

（续）

市级区域	涵养水源（亿元/年）	保育土壤（亿元/年）	固碳释氧（亿元/年）	林木积累营养物质（亿元/年）	净化大气环境			生物多样性保护（亿元/年）	森林防护（亿元/年）	总价值量（亿元/年）
					总计（亿元/年）	吸滞TSP（亿元/年）	吸滞PM2.5（亿元/年）			
四川广元	12.87	3.25	6.96	0.38	6.42	0.21	3.49	8.01	—	37.89
四川遂宁	11.92	2.19	3.56	0.14	3.55	0.11	1.93	3.37	—	24.73
四川内江	8.50	1.74	1.68	0.09	1.85	0.06	1.01	1.64	—	15.50
四川乐山	26.52	4.78	11.43	0.80	8.04	0.26	4.37	5.56	—	57.13
四川南充	17.00	6.39	12.14	0.43	12.19	0.39	6.64	10.26	—	58.41
四川宜宾	26.82	3.79	6.43	0.38	5.02	0.16	2.73	5.58	—	48.02
四川广安	16.17	3.20	5.76	0.25	5.54	0.18	3.02	4.55	—	35.47
四川达州	24.98	3.04	7.04	0.32	7.16	0.23	3.90	6.89	—	49.43
四川巴中	16.94	2.05	5.06	0.20	5.07	0.16	2.76	5.72	—	35.04
四川雅安	25.80	2.91	6.41	0.34	8.89	0.29	4.85	4.59	—	48.94
四川眉山	15.87	2.59	3.99	0.25	3.00	0.10	1.63	3.30	—	29.00
四川资阳	14.93	3.14	2.57	0.12	2.99	0.10	1.62	2.83	—	26.58
四川阿坝	5.41	1.31	2.31	0.11	4.13	0.13	2.25	3.29	—	16.56
四川甘孜	5.27	0.79	2.87	0.15	4.35	0.14	2.37	2.40	—	15.83
四川凉山	21.72	6.97	11.49	0.62	12.59	0.40	6.84	12.19	—	65.58
重庆	226.31	48.49	73.43	5.50	40.76	3.09	52.39	111.73	—	506.22
云南曲靖	19.65	3.32	5.24	0.21	7.21	0.23	3.94	5.98	—	41.61
云南迪庆	2.18	0.96	1.11	0.05	1.96	0.06	1.06	1.16	—	7.42
云南大理	6.06	2.49	3.25	0.14	3.85	0.12	2.09	3.95	—	19.74
云南昆明	4.56	1.89	3.16	0.14	2.63	0.08	1.43	4.03	—	16.41
云南昭通	8.40	2.94	5.87	0.22	6.87	0.22	3.75	6.56	—	30.86
云南丽江	3.94	1.59	1.86	0.08	2.42	0.08	1.31	2.49	—	12.38
云南楚雄	4.56	1.89	3.16	0.14	2.63	0.08	1.43	4.03	—	16.41
湖北武汉	5.88	0.97	3.56	0.36	2.47	0.08	1.34	1.74	—	14.98
湖北黄石	3.87	0.74	1.95	0.22	1.53	0.05	0.83	1.38	—	9.69
湖北十堰	5.17	3.87	8.34	0.85	9.33	0.30	5.07	7.93	—	35.49
湖北荆州	9.92	1.86	8.42	0.50	4.06	0.13	2.20	2.55	—	27.31
湖北宜昌	12.14	2.64	5.13	0.61	0.15	<0.01	<0.01	<0.01	—	20.67
湖北襄阳	14.66	1.97	7.74	0.71	5.13	0.16	2.78	4.55	—	34.76
湖北鄂州	1.69	0.32	1.10	0.13	0.73	0.02	0.40	0.85	—	4.82
湖北荆门	7.87	1.16	4.86	0.47	4.54	0.15	2.47	3.25	—	22.15
湖北孝感	13.35	1.51	6.27	0.52	5.77	0.18	3.14	3.06	—	30.48
湖北黄冈	17.21	2.65	7.87	0.81	7.97	0.26	4.33	7.24	—	43.75
湖北咸宁	16.96	1.96	6.71	0.67	5.91	0.19	3.21	3.79	—	36.00

（续）

市级区域	涵养水源（亿元/年）	保育土壤（亿元/年）	固碳释氧（亿元/年）	林木积累营养物质（亿元/年）	净化大气环境			生物多样性保护（亿元/年）	森林防护（亿元/年）	总价值量（亿元/年）
					总计（亿元/年）	吸滞TSP（亿元/年）	吸滞PM$_{2.5}$（亿元/年）			
湖北恩施	23.25	3.69	7.66	0.67	11.13	0.36	6.06	6.05	—	52.45
湖北随州	5.91	1.01	2.74	0.24	4.26	0.14	2.32	2.49	—	16.65
湖北仙桃	1.61	0.26	1.35	0.11	0.46	0.01	0.25	0.30	—	4.09
湖北天门	0.46	0.24	1.27	0.11	0.43	0.01	0.23	0.28	—	2.79
湖北潜江	1.69	0.16	0.99	0.08	0.35	0.01	0.19	0.26	—	3.53
湖北神农架	0.74	0.22	0.35	0.04	0.42	0.01	0.23	0.44	—	2.21
河南南阳	15.95	2.84	12.63	1.78	5.85	0.18	3.13	5.04	2.54	46.63
江西抚州	19.25	4.76	5.20	0.41	8.03	0.26	4.38	5.70	—	43.35
江西南昌	1.93	0.72	0.87	0.08	1.12	0.04	0.61	0.81	—	5.53
江西景德镇	5.39	1.07	1.09	0.10	2.10	0.07	1.14	1.12	—	10.87
江西九江	3.62	3.89	5.09	0.43	5.32	0.17	2.89	5.38	—	23.73
江西新余	1.36	1.01	1.11	0.08	1.82	0.06	1.00	0.91	—	6.29
江西鹰潭	3.48	0.76	0.96	0.08	1.15	0.04	0.63	1.01	—	7.44
江西赣州	17.36	6.76	7.77	0.53	10.47	0.34	5.71	8.89	—	51.78
江西吉安	9.46	3.08	4.58	0.21	9.20	0.30	5.02	3.54	—	30.07
江西宜春	15.99	3.04	4.66	0.19	8.54	0.27	4.66	3.40	—	35.82
江西上饶	15.20	2.85	4.08	0.17	7.71	0.25	4.21	3.26	—	33.27
江西萍乡	3.87	1.90	2.16	0.15	3.25	0.10	1.77	2.33	—	13.66
湖南益阳	6.69	2.49	3.20	0.22	4.93	0.16	2.69	3.45	—	20.98
湖南张家界	4.48	2.04	2.99	0.17	4.29	0.14	2.34	13.24	—	27.21
湖南湘潭	2.39	0.70	0.96	0.07	1.45	0.05	0.79	1.01	—	6.58
湖南岳阳	10.90	2.96	3.82	0.29	5.44	0.17	2.97	4.67	—	28.08
湖南常德	16.18	3.61	4.92	0.31	7.35	0.24	4.01	5.21	—	37.58
湖南怀化	22.74	6.31	8.99	0.50	13.81	0.44	7.53	9.62	—	61.97
湖南郴州	25.64	4.18	5.70	0.39	8.51	0.27	4.64	5.99	—	50.41
湖南长沙	5.38	0.88	1.15	0.08	1.76	0.06	0.96	1.16	—	10.41
湖南株洲	11.90	1.93	2.65	0.18	3.98	0.13	2.17	2.80	—	23.44
湖南衡阳	9.20	2.80	4.16	0.30	4.88	0.16	2.66	1.76	—	23.10
湖南邵阳	22.63	6.07	8.43	0.53	12.31	0.40	6.72	8.72	—	58.69
湖南永州	15.55	4.68	6.35	0.40	9.64	0.31	5.26	3.52	—	40.14
湖南娄底	8.46	2.27	3.16	0.22	4.56	0.15	2.49	3.26	—	21.93
湖南湘西	35.94	8.39	12.32	0.69	17.21	0.55	9.39	12.51	—	87.06
合计	1218.23	275.66	511.95	36.34	562.59	19.76	334.90	484.09	8.43	3097.29

表4-12 黄河流域中上游退耕还林宜林荒山荒地造林生态效益价值量

市级区域	涵养水源(亿元/年)	保育土壤(亿元/年)	固碳释氧(亿元/年)	林木积累营养物质(亿元/年)	净化大气环境			生物多样性保护(亿元/年)	森林防护(亿元/年)	总价值量(亿元/年)
					总计(亿元/年)	吸滞TSP(亿元/年)	吸滞PM$_{2.5}$(亿元/年)			
内蒙古呼和浩特	26.37	4.75	7.55	0.66	20.25	0.66	11.14	7.53	—	67.11
内蒙古包头	8.24	1.80	2.00	0.29	2.94	0.09	1.59	1.97	2.58	19.82
内蒙古乌海	0.55	0.32	0.48	0.06	0.60	0.02	0.32	0.39	0.60	3.00
内蒙古乌兰察布	33.35	10.22	11.13	1.70	17.98	0.57	9.73	17.27	10.95	102.60
内蒙古鄂尔多斯	27.26	9.17	11.82	1.55	19.50	0.62	10.59	10.82	14.79	94.91
内蒙古巴彦淖尔	14.99	5.18	7.09	1.02	9.00	0.29	4.87	5.75	9.20	52.23
宁夏固原	17.13	4.58	6.31	0.56	11.91	0.38	6.51	6.58	0.75	47.82
宁夏石嘴山	0.05	0.04	0.04	<0.01	0.07	<0.01	0.04	0.05	0.09	0.34
宁夏吴忠	20.65	8.87	9.81	1.13	16.38	0.52	8.84	10.94	17.96	85.74
宁夏银川	0.57	0.63	0.73	0.08	1.31	0.04	0.71	0.83	1.38	5.53
甘肃兰州	5.24	2.27	1.83	0.22	3.43	0.11	1.85	1.91	3.48	18.38
甘肃白银	6.34	2.83	2.21	0.26	3.62	0.12	1.96	2.33	4.22	21.81
甘肃定西	14.28	5.81	7.37	0.73	11.64	0.37	6.31	6.48	9.88	56.19
甘肃天水	14.65	5.77	9.17	0.46	13.77	0.44	7.48	8.20	—	52.02
甘肃平凉	17.33	7.06	10.52	0.53	12.06	0.38	6.54	9.82	12.84	70.16
甘肃庆阳	17.76	7.56	8.50	0.56	12.90	0.41	6.99	8.35	12.57	68.20
甘肃临夏	19.11	6.79	4.53	0.43	8.76	0.28	4.76	4.04	—	43.66
甘肃甘南	5.79	1.98	1.21	0.08	4.02	0.13	2.19	1.15	—	14.23
陕西榆林	26.46	10.60	17.64	2.67	26.47	0.84	14.34	12.30	15.25	111.39
陕西延安	19.87	9.57	17.28	3.09	16.41	0.52	8.87	14.44	12.55	93.21
陕西宝鸡	8.55	3.21	6.76	1.37	9.57	0.31	5.19	5.87	3.98	39.31
陕西铜川	4.11	1.34	2.68	0.56	2.68	0.09	1.45	2.24	—	13.61
陕西渭南	9.19	3.16	6.75	1.29	8.73	0.28	4.73	5.34	2.99	37.45
陕西西安	0.89	0.27	0.57	0.11	0.69	0.02	0.37	0.47	0.29	3.29
陕西咸阳	8.58	3.38	6.81	1.46	7.38	0.24	4.00	5.90	3.72	37.23
山西长治	7.24	2.37	3.97	0.48	7.57	0.24	4.11	3.49	—	25.12
山西运城	11.20	2.32	3.84	0.55	8.38	0.27	4.55	3.88	—	30.17
山西临汾	5.96	2.37	3.53	0.42	6.53	0.21	3.53	3.49	—	22.30
山西晋中	0.73	3.31	5.42	0.50	8.48	0.27	4.61	4.27	—	22.71

(续)

市级区域	涵养水源(亿元/年)	保育土壤(亿元/年)	固碳释氧(亿元/年)	林木积累营养物质(亿元/年)	净化大气环境			生物多样性保护(亿元/年)	森林防护(亿元/年)	总价值量(亿元/年)
					总计(亿元/年)	吸滞TSP(亿元/年)	吸滞PM$_{2.5}$(亿元/年)			
山西晋城	6.14	1.01	1.89	0.21	3.96	0.13	2.15	1.70	—	14.91
山西吕梁	20.38	9.04	13.12	0.66	15.19	0.48	8.22	10.36	—	68.75
山西朔州	7.18	2.52	1.62	0.14	3.53	0.11	1.91	2.07	3.38	20.44
山西太原	8.76	2.11	2.64	0.33	6.74	0.22	3.67	2.68	—	23.26
山西忻州	11.03	2.37	3.77	0.45	7.57	0.24	4.11	3.49	8.68	37.36
河南郑州	3.28	0.59	2.21	0.24	2.25	0.07	1.22	0.89	0.17	9.63
河南开封	3.36	0.23	2.23	0.36	1.16	0.04	0.62	0.77	1.40	9.51
河南洛阳	4.42	2.56	5.55	0.60	7.59	0.24	4.12	3.88	—	24.60
河南濮阳	1.14	0.44	5.51	0.90	2.17	0.07	1.17	1.45	2.63	14.24
河南焦作	5.71	0.55	2.05	0.22	3.12	0.10	1.70	1.00	1.08	13.73
河南三门峡	4.00	2.87	5.95	0.56	9.40	0.30	5.11	4.07	—	26.85
河南济源	6.66	0.44	0.67	0.03	2.82	0.09	1.54	0.59	—	11.21
河南新乡	4.71	0.87	3.33	0.48	3.42	0.11	1.86	1.41	1.95	16.17
合计	439.21	153.13	228.09	28.00	341.95	10.92	185.57	200.46	159.36	1550.20

4.2.3 封山育林生态效益

（1）**物质量** 长江、黄河流域中上游封山育林涵养水源总物质量为24.00亿立方米/年；固土总物质量为3610.86万吨/年，固定土壤氮、磷、钾和有机质物质量分别为7.29万吨/年、2.79万吨/年、46.56万吨/年和78.45万吨/年；固碳总物质量为251.40万吨/年，释氧总物质量为594.30万吨/年；林木积累氮、磷和钾物质量分别为3.05万吨/年、0.49万吨/年和1.85万吨/年；提供负离子总物质量为517.50×10^{22}个/年，吸收污染物总物质量为20.07万吨/年，滞尘总物质量为2655.62万吨/年，其中吸滞TSP和PM$_{2.5}$总物质量分别为2124.52万吨/年和106.43万吨/年；防风固沙总物质量为749.53万吨/年（表4-13和表4-14）。

长江流域中上游封山育林涵养水源物质量为19.12亿立方米/年；固土物质量为2642.57万吨/年，固定土壤氮、磷、钾和有机质物质量分别为5.19万吨/年、2.33万吨/年、33.30万吨/年和63.83万吨/年；固碳物质量为190.23万吨/年，释氧物质量为455.43万吨/年；林木积累氮、磷和钾物质量分别为1.89万吨/年、0.34万吨/年和1.14万吨/年；提供负离子物质量为397.19×10^{22}个/年，吸收污染物物质量为13.61万吨/年，滞尘物质量为

1888.25万吨/年，其中吸滞TSP和PM$_{2.5}$物质量分别为1510.63万吨/年和75.55万吨/年；防风固沙物质量为62.92万吨/年（表4-13）。

黄河流域中上游封山育林涵养水源物质量为4.88亿立方米/年；固土物质量为968.29万吨/年，固定土壤氮、磷、钾和有机质物质量分别为2.10万吨/年、0.46万吨/年、13.26万吨/年和14.62万吨/年；固碳物质量为61.17万吨/年，释氧物质量为138.87万吨/年；林木积累氮、磷和钾物质量分别为1.16万吨/年、0.15万吨/年和0.71万吨/年；提供负离子物质量为120.31×10^{22}个/年，吸收污染物物质量为6.46万吨/年，滞尘物质量为767.37万吨/年，其中吸滞TSP和PM$_{2.5}$物质量分别为613.89万吨/年和30.88万吨/年；防风固沙物质量为686.61万吨/年（表4-14）。

（2）**价值量**　长江、黄河流域中上游封山育林生态效益总价值量为764.10亿元/年，其中，涵养水源价值量最大，为287.29亿元/年，占总价值量的37.60%；净化大气环境价值量次之，为143.52亿元/年，占18.78%，其中吸滞TSP和PM$_{2.5}$的价值量分别为5.15亿元/年和83.88亿元/年；生物多样性保护价值量居第三，为118.48亿元/年，占15.51%；其次是固碳释氧价值量，为113.33亿元/年，占14.83%；保育土壤和森林防护价值量分别为76.11亿元/年和15.65亿元/年，各占总价值量的9.96%和2.05%，而林木积累营养物质价值量最小，为9.72亿元/年，仅占1.27%（表4-15和表4-16）。

长江流域中上游封山育林生态效益总价值量为571.09亿元/年，其中，涵养水源价值量为229.18亿元/年，净化大气环境价值量为99.34亿元/年（其中吸滞TSP和PM$_{2.5}$价值量分别为3.63亿元/年和60.83元/年），生物多样性保护价值量为92.59亿元/年，固碳释氧价值量为86.78亿元/年，保育土壤价值量为56.20亿元/年，林木积累营养物质价值量为6.06亿元/年，森林防护价值量为0.94亿元/年（表4-15）。

黄河流域中上游封山育林生态效益总价值量为193.01亿元/年，其中，涵养水源价值量为58.11亿元/年，净化大气环境价值量为44.18亿元/年（其中吸滞TSP和PM$_{2.5}$的价值量分别为1.52亿元/年和23.05亿元/年），固碳释氧价值量为26.55亿元/年，生物多样性保护价值量为25.89亿元/年，保育土壤价值量为19.91亿元/年，森林防护价值量为14.71亿元/年，林木积累营养物质价值量为3.66亿元/年（表4-16）。

表4-13 长江流域中上游退耕还林封山育林生态效益物质量

| 市级区域 | 涵养水源 (亿立方米/年) | 保育土壤 | | | | | 固碳释氧 | | 林木积累营养物质 | | | 净化大气环境 | | | | | 森林防护 |
		固土 (万吨/年)	氮 (万吨/年)	磷 (万吨/年)	钾 (万吨/年)	有机质 (万吨/年)	固碳 (万吨/年)	释氧 (万吨/年)	氮 (百吨/年)	磷 (百吨/年)	钾 (百吨/年)	提供负离子 (×10²²个/年)	吸收污染物 (万千克/年)	滞尘 (万吨/年)	吸滞TSP (万吨/年)	吸滞PM₂.₅ (万吨/年)	防风固沙 (万吨/年)
甘肃陇南	0.22	21.21	0.25	0.04	0.01	0.38	1.79	4.23	1.15	0.36	1.30	2.30	192.11	26.29	21.03	1.05	—
陕西汉中	0.41	47.92	0.10	0.02	0.74	1.17	4.76	11.56	8.44	0.46	4.84	14.14	411.81	40.40	32.32	1.62	—
陕西安康	0.31	46.10	0.07	0.02	0.87	1.12	4.76	11.59	5.90	0.42	3.65	12.41	436.89	35.37	28.30	1.41	62.92
陕西商洛	0.21	32.59	0.04	0.02	0.51	0.75	3.52	8.37	7.02	0.55	3.23	12.75	356.47	43.42	34.74	1.74	—
贵州贵阳	0.06	10.81	0.02	0.01	0.07	0.27	1.04	2.50	0.88	0.12	0.77	2.30	74.26	10.88	8.70	0.44	—
贵州遵义	0.36	64.12	0.10	0.03	0.41	1.65	6.83	16.54	4.91	1.03	4.93	15.91	393.35	54.14	43.31	2.17	—
贵州安顺	0.08	28.31	0.04	0.02	0.19	0.63	2.22	5.17	1.41	0.18	1.27	3.84	198.13	25.63	20.50	1.03	—
贵州铜仁	0.18	33.47	0.05	0.02	0.23	0.79	3.21	7.69	3.33	0.39	2.49	4.57	269.14	36.77	29.42	1.47	—
贵州毕节	0.59	104.45	0.15	0.06	0.62	2.46	9.62	23.15	9.91	0.92	6.14	10.06	786.20	110.65	88.52	4.43	—
贵州六盘水	0.20	26.83	0.04	0.01	0.18	0.50	2.28	5.44	2.04	0.17	1.56	5.33	206.98	27.00	21.60	1.08	—
贵州黔东南	0.26	45.83	0.07	0.03	0.29	1.19	4.62	11.19	4.95	0.57	4.11	10.80	305.42	44.26	35.41	1.77	—
贵州黔南	0.22	36.46	0.04	0.02	0.23	0.86	2.79	6.46	2.14	0.27	1.90	5.11	229.51	28.14	22.51	1.13	—
四川成都	0.08	8.16	0.01	<0.01	0.12	0.21	0.75	1.85	0.68	0.07	0.32	1.25	35.30	4.77	3.82	0.19	—
四川自贡	0.05	2.87	<0.01	<0.01	0.03	0.06	0.51	1.27	0.30	0.04	0.16	0.66	31.75	4.62	3.70	0.18	—
四川攀枝花	0.02	4.68	0.01	<0.01	0.07	0.13	0.33	0.80	0.36	0.05	0.19	0.63	13.54	1.54	1.23	0.06	—
四川泸州	0.21	22.08	0.02	0.01	0.38	0.60	1.93	4.75	1.68	0.17	0.79	2.00	88.54	12.74	10.19	0.51	—
四川德阳	0.04	5.19	0.01	<0.01	0.08	0.17	0.42	1.04	0.52	0.03	0.25	0.75	20.10	2.82	2.26	0.11	—
四川绵阳	0.08	14.35	0.02	0.01	0.22	0.39	1.26	3.10	1.18	0.09	0.64	1.93	58.01	8.07	6.46	0.32	—
四川广元	0.29	38.51	0.05	0.01	0.56	0.82	3.66	9.03	2.43	0.39	1.78	3.50	175.00	30.44	24.35	1.22	—
四川遂宁	0.05	5.13	0.01	<0.01	0.08	0.14	0.44	1.09	0.25	0.03	0.15	0.34	25.85	3.67	2.94	0.15	—
四川内江	0.03	3.69	<0.01	<0.01	0.05	0.08	0.35	0.87	0.16	0.04	0.10	0.37	20.79	3.02	2.42	0.12	—

(续)

市级区域	涵养水源 (亿立方米/年)	保育土壤					固碳释氧		林木积累营养物质			净化大气环境					森林防护
		固土 (万吨/年)	氮 (万吨/年)	磷 (万吨/年)	钾 (万吨/年)	有机质 (万吨/年)	固碳 (万吨/年)	释氧 (万吨/年)	氮 (百吨/年)	磷 (百吨/年)	钾 (百吨/年)	提供负离子 (×10²²个/年)	吸收污染物 (万千克/年)	滞尘 (万吨/年)	吸滞TSP (万吨/年)	吸滞PM₂.₅ (万吨/年)	防风固沙 (万吨/年)
四川乐山	0.23	25.69	0.03	0.01	0.38	0.71	2.07	5.08	2.45	0.16	1.23	4.68	72.96	8.45	6.76	0.34	—
四川南充	0.07	14.53	0.02	<0.01	0.24	0.37	1.29	3.20	0.47	0.12	0.30	0.61	85.69	12.70	10.16	0.51	—
四川宜宾	0.22	17.02	0.02	0.01	0.26	0.46	1.56	3.82	1.46	0.11	0.70	2.32	68.87	8.96	7.17	0.36	—
四川广安	0.13	11.46	0.01	<0.01	0.16	0.29	1.29	3.18	0.70	0.10	0.41	1.27	74.28	10.57	8.46	0.42	—
四川达州	0.52	31.72	0.03	0.01	0.46	0.78	4.23	10.46	2.23	0.38	1.33	3.93	267.37	39.19	31.35	1.57	—
四川巴中	0.40	28.29	0.03	0.01	0.40	0.68	3.50	8.67	1.61	0.32	1.02	4.18	225.45	34.18	27.34	1.37	—
四川雅安	0.22	17.19	0.02	0.01	0.24	0.38	1.09	2.60	1.10	0.09	0.46	2.63	106.77	15.80	12.64	0.63	—
四川眉山	0.13	11.86	0.01	0.01	0.17	0.35	1.28	3.17	1.18	0.12	0.58	1.96	61.84	8.60	6.88	0.34	—
四川资阳	0.01	1.32	<0.01	<0.01	0.02	0.03	0.12	0.30	0.04	0.01	0.03	0.05	8.14	1.22	0.98	0.05	—
四川阿坝	0.54	84.28	0.09	0.04	1.24	2.16	4.78	11.23	3.88	0.34	1.54	9.43	549.62	81.07	64.86	3.24	—
四川甘孜	0.35	57.83	0.06	0.03	0.85	1.40	2.53	5.74	2.18	0.18	0.71	6.06	356.62	52.52	42.02	2.10	—
四川凉山	0.42	104.65	0.10	0.08	1.46	2.14	5.86	13.97	5.81	0.69	3.11	14.47	427.31	57.55	46.04	2.30	—
重庆	4.34	369.85	1.50	0.31	5.32	11.54	36.66	89.13	31.86	13.21	22.29	56.13	2620.57	373.19	298.55	14.93	—
云南曲靖	0.31	17.29	0.23	0.02	<0.01	0.13	2.20	5.31	1.04	0.26	0.73	4.63	116.24	27.32	21.86	1.09	—
云南大理	0.04	5.41	0.07	0.01	<0.01	0.04	0.61	1.45	0.28	0.07	0.20	1.31	56.14	7.87	6.30	0.31	—
云南昆明	0.04	6.18	0.08	0.01	<0.01	0.04	0.83	2.01	0.36	0.09	0.25	1.15	62.40	9.15	7.32	0.37	—
云南昭通	0.02	2.49	0.03	<0.01	<0.01	0.02	0.43	1.04	0.21	0.06	0.14	0.71	17.81	2.70	2.16	0.11	—
云南丽江	0.05	7.30	0.10	0.01	<0.01	0.05	0.86	2.06	0.37	0.09	0.29	1.59	85.51	12.78	10.22	0.51	—
云南楚雄	0.01	1.94	0.03	<0.01	<0.01	0.01	0.23	0.56	0.08	0.02	0.06	0.35	20.99	3.14	2.51	0.13	—
湖北武汉	0.02	2.01	<0.01	<0.01	0.01	0.06	0.19	0.46	0.42	0.05	0.17	0.52	9.55	1.25	1.00	0.05	—
湖北黄石	0.01	0.63	<0.01	<0.01	0.01	0.02	0.06	0.13	0.07	0.01	0.05	0.22	6.66	1.14	0.91	0.05	—

（续）

市级区域	涵养水源（亿立方米/年）	保育土壤					固碳释氧		林木积累营养物质			净化大气环境					森林防护
		固土（万吨/年）	氮（万吨/年）	磷（万吨/年）	钾（万吨/年）	有机质（万吨/年）	固碳（万吨/年）	释氧（万吨/年）	氮（百吨/年）	磷（百吨/年）	钾（百吨/年）	提供负离子（×10²²个/年）	吸收污染物（万千克/年）	滞尘（万吨/年）	吸滞TSP（万吨/年）	吸滞PM₂.₅（万吨/年）	防风固沙（万吨/年）
湖北十堰	0.02	17.31	0.04	0.01	0.08	0.47	1.04	2.51	1.59	0.27	0.76	2.32	47.25	5.80	4.64	0.23	—
湖北荆州	0.01	0.76	<0.01	<0.01	0.01	0.02	0.08	0.16	0.08	0.01	0.09	0.28	4.38	0.42	0.34	0.02	—
湖北宜昌	0.05	9.06	0.02	0.01	0.06	0.26	0.63	1.52	1.41	0.17	0.58	1.93	32.85	0.00	0.00	0.00	—
湖北襄阳	0.05	5.54	0.01	0.01	0.01	0.15	0.42	1.00	0.62	0.09	0.33	1.42	21.99	2.83	2.26	0.11	—
湖北鄂州	0.01	1.58	<0.01	<0.01	<0.01	0.04	0.14	0.32	0.15	0.02	0.10	0.56	16.30	2.79	2.23	0.11	—
湖北荆门	0.02	2.72	<0.01	<0.01	<0.01	0.06	0.23	0.56	0.32	0.06	0.19	0.97	14.37	1.84	1.47	0.07	—
湖北孝感	0.04	3.83	<0.01	<0.01	<0.01	0.11	0.34	0.78	0.37	0.06	0.25	1.36	39.40	6.74	5.39	0.27	—
湖北黄冈	0.05	5.80	0.01	0.01	0.01	0.15	0.66	1.60	1.02	0.13	0.49	2.11	45.11	7.00	5.60	0.28	—
湖北咸宁	0.06	5.75	0.01	0.01	0.02	0.13	0.57	1.39	1.12	0.13	0.46	1.61	27.78	3.90	3.12	0.16	—
湖北恩施	0.07	9.72	0.02	0.01	0.05	0.24	0.62	1.48	0.90	0.14	0.44	1.73	37.03	5.21	4.17	0.21	—
湖北随州	0.02	3.80	0.01	0.01	<0.01	0.10	0.29	0.69	0.51	0.07	0.23	0.82	19.86	3.00	2.40	0.12	—
湖北神农架	0.02	3.66	0.01	<0.01	0.03	0.07	0.22	0.50	0.31	0.04	0.16	0.93	15.54	2.08	1.66	0.08	—
河南南阳	0.36	51.85	0.07	0.02	0.14	0.82	5.42	12.94	11.50	2.43	6.16	1.32	94.71	10.01	8.01	0.40	—
江西抚州	0.43	55.19	0.09	0.04	0.86	1.29	2.70	6.45	3.21	0.54	1.63	7.00	208.87	30.67	24.54	1.23	—
江西南昌	0.02	7.99	0.02	0.01	0.16	0.19	0.44	1.06	0.57	0.11	0.30	1.15	34.42	5.71	4.57	0.23	—
江西景德镇	0.13	15.60	0.02	0.01	0.19	0.38	0.87	2.09	1.20	0.20	0.57	1.90	44.22	6.43	5.14	0.26	—
江西九江	0.15	62.14	0.15	0.07	1.40	2.15	3.45	8.30	5.96	1.03	3.26	13.84	222.55	35.58	28.46	1.42	—
江西新余	0.03	14.81	0.03	0.01	0.29	0.33	0.84	2.04	0.99	0.19	0.53	2.86	55.63	9.62	7.70	0.38	—
江西鹰潭	0.18	22.89	0.03	0.01	0.23	0.56	1.30	3.15	1.66	0.28	0.85	2.92	58.32	8.13	6.50	0.33	—
江西赣州	0.38	107.70	0.17	0.07	1.68	2.47	4.95	11.81	5.24	0.87	2.70	13.76	357.59	55.81	44.65	2.23	—
江西吉安	0.34	91.50	0.17	0.08	1.30	2.11	4.64	11.09	5.53	0.95	2.83	10.46	291.21	45.15	36.12	1.81	—

(续)

市级区域	涵养水源 (亿立方米/年)	保育土壤					固碳释氧		林木积累营养物质			净化大气环境					森林防护
		固土 (万吨/年)	氮 (万吨/年)	磷 (万吨/年)	钾 (万吨/年)	有机质 (万吨/年)	固碳 (万吨/年)	释氧 (万吨/年)	氮 (百吨/年)	磷 (百吨/年)	钾 (百吨/年)	提供负离子 (×10²²个/年)	吸收污染物 (万千克/年)	滞尘 (万吨/年)	吸滞TSP (万吨/年)	吸滞PM₂.₅ (万吨/年)	防风固沙 (万吨/年)
江西宜春	0.42	73.55	0.12	0.05	0.96	1.66	3.68	8.87	3.73	0.63	2.01	10.57	223.63	32.38	25.90	1.30	—
江西上饶	0.38	57.68	0.09	0.03	0.79	1.33	2.68	6.40	2.82	0.44	1.43	6.89	168.15	26.34	21.07	1.05	—
江西萍乡	0.19	56.05	0.10	0.05	0.87	1.25	2.99	7.27	3.27	0.59	1.66	5.06	178.04	28.15	22.52	1.13	—
湖南益阳	0.10	21.13	0.02	0.04	0.27	0.47	0.89	2.01	0.77	0.08	0.44	2.62	62.81	8.83	7.06	0.35	—
湖南张家界	0.12	33.69	0.03	0.05	0.42	0.70	1.41	3.18	0.99	0.11	0.57	4.83	112.66	15.19	12.15	0.61	—
湖南湘潭	0.11	19.17	0.02	0.03	0.24	0.42	0.81	1.82	0.70	0.08	0.40	2.72	63.91	8.72	6.98	0.35	—
湖南岳阳	0.16	24.72	0.02	0.04	0.32	0.55	1.04	2.35	0.90	0.10	0.52	3.49	81.35	10.97	8.78	0.44	—
湖南常德	0.28	37.10	0.03	0.06	0.49	0.79	1.51	3.40	1.19	0.13	0.68	5.16	121.17	16.52	13.22	0.66	—
湖南怀化	0.33	55.70	0.04	0.09	0.71	1.15	2.33	5.23	1.63	0.18	0.94	8.00	186.12	25.02	20.02	1.00	—
湖南郴州	0.54	51.66	0.04	0.09	0.66	1.15	2.17	4.91	1.87	0.20	1.08	7.25	168.38	22.55	18.04	0.90	—
湖南长沙	0.23	21.96	0.02	0.04	0.28	0.49	0.92	2.08	0.80	0.09	0.46	3.13	73.70	10.10	8.08	0.40	—
湖南株洲	0.28	26.63	0.02	0.05	0.34	0.59	1.12	2.54	0.96	0.10	0.56	3.72	85.85	11.41	9.13	0.46	—
湖南衡阳	0.22	38.19	0.03	0.06	0.54	0.85	1.59	3.56	1.32	0.13	0.79	4.96	103.32	11.31	9.05	0.45	—
湖南邵阳	0.38	61.27	0.05	0.10	0.81	1.30	2.54	5.73	1.98	0.21	1.14	8.43	195.75	26.23	20.98	1.05	—
湖南永州	0.29	52.89	0.04	0.09	0.70	1.12	2.16	4.86	1.68	0.18	0.97	7.28	169.08	22.64	18.11	0.91	—
湖南娄底	0.20	31.67	0.03	0.05	0.41	0.67	1.32	2.99	1.12	0.12	0.66	4.31	99.22	13.12	10.50	0.52	—
湖南湘西	0.42	58.61	0.05	0.09	0.73	1.21	2.46	5.53	1.71	0.18	0.99	8.37	194.47	26.06	20.85	1.04	—
合计	19.12	2642.57	5.19	2.33	33.30	63.83	190.23	455.43	189.10	34.16	114.36	397.19	13606.93	1888.25	1510.63	75.55	62.92

注：1. 表中固碳为植物固碳与土壤固碳的物质量总和；吸收污染物是森林吸收二氧化硫、氟化物和氮氧化物的物质量总和。

2. 没有实施封山育林的市级区域没有在表中出现。

表4-14 黄河流域中上游退耕还林封山育林生态效益物质量

市级区域	涵养水源 (亿立方米/年)	保育土壤					固碳释氧		林木积累营养物质			净化大气环境					森林防护
		固土 (万吨/年)	氮 (万吨/年)	磷 (万吨/年)	钾 (万吨/年)	有机质 (万吨/年)	固碳 (万吨/年)	释氧 (万吨/年)	氮 (百吨/年)	磷 (百吨/年)	钾 (百吨/年)	提供负离子 (×10²²个/年)	吸收污染物 (万千克/年)	滞尘 (万吨/年)	吸滞TSP (万吨/年)	吸滞PM₂.₅ (万吨/年)	防风固沙 (万吨/年)
内蒙古呼和浩特	0.22	29.94	0.03	0.01	0.48	0.19	1.37	3.02	2.53	0.19	2.43	1.18	161.61	20.48	16.38	0.82	1.91
内蒙古包头	0.14	21.40	0.02	0.01	0.35	0.12	0.81	1.73	1.83	0.12	1.83	0.36	89.56	9.52	7.61	0.38	—
内蒙古乌海	0.02	8.94	0.01	<0.01	0.14	0.05	0.42	0.92	0.88	0.06	0.88	0.16	39.96	4.25	3.40	0.17	1.88
内蒙古乌兰察布	0.18	38.98	0.04	0.02	0.65	0.23	1.60	3.45	3.52	0.25	3.45	1.53	173.30	19.05	15.24	0.76	41.90
内蒙古鄂尔多斯	0.22	52.13	0.05	0.02	0.82	0.32	2.65	5.91	4.91	0.35	4.81	1.13	256.06	29.37	23.50	1.17	66.87
内蒙古巴彦淖尔	0.18	45.88	0.04	0.02	0.73	0.25	2.42	5.42	4.81	0.34	4.63	1.30	206.48	21.94	17.55	0.88	50.80
宁夏固原	0.31	19.40	0.05	0.01	0.38	0.40	1.34	2.88	2.07	0.18	0.64	5.33	169.95	19.11	15.29	0.76	8.16
宁夏吴忠	0.13	21.83	0.07	0.01	0.47	0.49	1.51	3.15	2.91	0.26	0.81	3.46	181.88	18.47	14.78	0.74	49.92
宁夏银川	0.05	12.09	0.03	0.01	0.24	0.27	0.80	1.67	1.27	0.12	0.37	2.10	96.99	9.73	7.79	0.57	23.66
甘肃兰州	0.12	20.95	0.09	0.02	0.42	0.55	1.10	2.31	2.10	0.18	1.23	3.64	126.62	13.01	10.40	0.52	39.09
甘肃白银	0.13	22.94	0.09	0.02	0.46	0.60	1.20	2.53	2.30	0.19	1.34	3.99	138.66	14.24	11.39	0.57	42.81
甘肃定西	0.08	14.56	0.06	0.01	0.29	0.38	0.83	1.78	1.54	0.13	0.86	2.43	89.10	9.30	7.44	0.37	27.29
甘肃天水	0.08	15.72	0.04	0.01	0.35	0.36	1.34	3.15	1.38	0.25	1.02	1.82	114.14	13.81	11.05	0.55	—
甘肃平凉	0.06	11.12	0.03	<0.01	0.23	0.26	1.00	2.37	0.54	0.23	0.81	1.17	72.35	8.14	6.51	0.33	22.32
甘肃庆阳	0.09	15.67	0.05	0.01	0.26	0.35	1.20	2.74	0.87	0.22	0.93	2.21	110.27	12.82	10.25	0.51	31.57
甘肃临夏	0.17	16.53	0.20	0.07	0.01	0.34	0.90	1.96	1.91	0.15	1.00	2.52	92.33	9.62	7.70	0.38	—
甘肃甘南	0.11	9.63	0.11	0.03	0.01	0.15	0.58	1.29	0.63	0.10	0.56	1.49	98.68	13.67	10.93	0.55	—
陕西榆林	0.05	14.00	0.02	0.01	0.25	0.29	1.31	3.04	4.21	0.20	2.64	5.31	128.36	16.23	12.98	0.65	27.05
陕西延安	0.11	24.34	0.04	0.01	0.49	0.48	1.95	4.30	4.79	0.24	1.87	3.38	202.10	21.02	16.82	0.84	51.04
陕西宝鸡	0.16	37.55	0.06	0.02	0.71	0.88	3.35	7.93	7.36	0.96	5.52	11.02	311.13	28.91	23.13	1.16	56.42

（续）

市级区域	涵养水源	保育土壤					固碳释氧		林木积累营养物质			净化大气环境					森林防护
	涵养水源 (亿立方米/年)	固土 (万吨/年)	氮 (万吨/年)	磷 (万吨/年)	钾 (万吨/年)	有机质 (万吨/年)	固碳 (万吨/年)	释氧 (万吨/年)	氮 (百吨/年)	磷 (百吨/年)	钾 (百吨/年)	提供负离子 (×10²²个/年)	吸收污染物 (万千克/年)	滞尘 (万吨/年)	吸滞TSP (万吨/年)	吸滞PM$_{2.5}$ (万吨/年)	防风固沙 (万吨/年)
陕西铜川	0.11	20.18	0.03	0.01	0.38	0.48	1.73	4.03	4.10	0.42	2.62	5.73	183.75	19.81	15.85	0.79	—
陕西渭南	0.16	31.10	0.05	0.01	0.60	0.75	2.65	6.15	6.76	1.03	5.13	8.09	245.19	25.89	20.71	1.04	53.79
陕西西安	0.10	18.43	0.03	0.01	0.35	0.44	1.72	4.06	4.14	0.86	3.51	5.35	200.83	15.48	12.38	0.62	30.31
陕西咸阳	0.13	27.84	0.04	0.01	0.57	0.65	2.75	6.51	8.23	1.98	8.36	9.75	203.30	24.44	19.56	0.98	40.06
山西长治	0.21	25.69	0.08	0.01	0.36	0.28	1.66	3.85	4.45	0.23	0.83	3.49	192.05	26.35	21.08	1.05	—
山西运城	0.10	13.26	0.03	<0.01	0.07	0.14	0.91	2.07	2.78	0.11	0.72	1.81	140.96	20.40	16.32	0.82	—
山西临汾	0.15	44.02	0.11	0.02	0.68	0.43	3.75	8.83	5.56	0.33	1.76	7.89	342.46	34.30	27.44	1.37	—
山西晋中	0.02	31.55	0.07	0.01	0.49	0.36	2.35	5.44	4.58	0.32	1.49	1.71	278.90	38.07	30.46	1.52	—
山西晋城	0.10	10.66	0.02	<0.01	0.13	0.12	0.79	1.83	1.59	0.08	0.50	1.11	100.64	14.13	11.30	0.57	—
山西吕梁	0.20	42.10	0.10	0.02	0.70	0.41	3.08	7.17	3.96	0.46	1.33	8.60	340.91	46.25	37.00	1.85	—
山西朔州	0.03	4.83	0.01	<0.01	0.10	0.05	0.18	0.35	0.22	0.01	0.02	0.27	24.32	2.48	1.98	0.10	0.01
山西太原	0.09	12.84	0.03	<0.01	0.21	0.14	0.89	2.03	1.76	0.13	0.70	2.25	129.66	18.51	14.81	0.74	—
山西忻州	0.30	40.00	0.12	0.02	0.76	0.44	2.88	6.61	8.27	0.44	1.13	3.27	333.98	44.17	35.34	1.77	6.01
河南郑州	0.05	10.40	0.02	<0.01	0.02	0.15	0.48	1.10	0.67	0.27	0.37	0.63	32.77	3.70	2.96	0.15	4.86
河南洛阳	0.13	70.18	0.08	0.01	0.03	1.23	3.25	7.28	3.81	1.63	2.62	1.15	311.85	45.17	36.13	1.81	—
河南焦作	0.06	10.10	0.01	<0.01	<0.01	0.17	0.35	0.77	0.18	0.19	0.23	0.17	60.82	8.92	7.14	0.36	2.88
河南三门峡	0.09	67.87	0.09	0.01	0.06	0.88	2.96	6.85	2.44	1.65	1.75	2.47	307.60	42.25	33.80	1.69	—
河南济源	0.18	16.15	0.02	<0.01	<0.01	0.28	0.51	1.10	0.13	0.29	0.24	0.50	104.53	15.34	12.27	0.61	—
河南新乡	0.06	17.49	0.03	0.01	0.02	0.27	0.60	1.29	0.51	0.23	0.38	0.54	68.92	9.02	7.22	0.36	6.00
合计	4.88	968.29	2.10	0.46	13.26	14.62	61.17	138.87	116.49	15.36	71.31	120.31	6462.97	767.37	613.89	30.88	686.61

注：1. 表中固碳为植物固碳与土壤固碳的物质质量总和；吸收污染物是森林吸收二氧化硫、氟化物和氮氧化物的物质质量总和。

2. 没有实施封山育林的市级区域没有在表中出现。

表4-15 长江流域中上游退耕还林封山育林生态效益价值量

市级区域	涵养水源(亿元/年)	保育土壤(亿元/年)	固碳释氧(亿元/年)	林木积累营养物质(亿元/年)	净化大气环境			生物多样性保护(亿元/年)	森林防护(亿元/年)	总价值量(亿元/年)
					总计(亿元/年)	吸滞TSP(亿元/年)	吸滞PM$_{2.5}$(亿元/年)			
甘肃陇南	2.61	0.86	0.81	0.04	1.57	0.05	0.86	0.67	—	6.56
陕西汉中	4.93	1.06	2.20	0.25	2.45	0.08	1.32	0.98	—	11.87
陕西安康	3.72	1.06	2.20	0.18	2.16	0.07	1.15	0.65	0.94	10.91
陕西商洛	2.49	0.69	1.60	0.20	2.61	0.08	1.42	0.93	—	8.52
贵州贵阳	0.67	0.17	0.48	0.03	0.65	0.02	0.35	0.47	—	2.47
贵州遵义	4.34	1.04	3.15	0.17	3.25	0.10	1.76	2.47	—	14.42
贵州安顺	1.01	0.43	1.00	0.05	1.54	0.05	0.84	0.93	—	4.96
贵州铜仁	2.17	0.52	1.47	0.11	2.20	0.07	1.20	1.11	—	7.58
贵州毕节	7.11	1.57	4.42	0.30	6.62	0.21	3.61	3.37	—	23.39
贵州六盘水	2.43	0.40	1.04	0.06	1.62	0.05	0.88	1.00	—	6.55
贵州黔东南	3.13	0.71	2.13	0.16	2.65	0.08	1.44	1.82	—	10.60
贵州黔南	2.70	0.54	1.25	0.07	1.21	0.03	0.46	1.35	—	7.12
四川成都	0.92	0.17	0.35	0.02	0.29	0.01	0.16	0.29	—	2.04
四川自贡	0.62	0.05	0.24	0.01	0.28	0.01	0.15	0.33	—	1.53
四川攀枝花	0.22	0.10	0.15	0.01	0.09	<0.01	0.05	0.28	—	0.85
四川泸州	2.49	0.49	0.90	0.05	0.76	0.02	0.42	0.71	—	5.40
四川德阳	0.43	0.10	0.20	0.01	0.17	0.01	0.09	0.16	—	1.07
四川绵阳	1.01	0.30	0.59	0.03	0.48	0.02	0.26	0.76	—	3.17
四川广元	3.44	0.76	1.71	0.08	1.81	0.06	0.99	1.88	—	9.68
四川遂宁	0.63	0.11	0.21	0.01	0.22	0.01	0.12	0.24	—	1.42
四川内江	0.39	0.07	0.16	0.01	0.18	0.01	0.10	0.14	—	0.95
四川乐山	2.81	0.55	0.96	0.07	0.51	0.02	0.28	1.00	—	5.90
四川南充	0.81	0.31	0.61	0.02	0.76	0.02	0.41	0.62	—	3.13
四川宜宾	2.66	0.36	0.72	0.04	0.54	0.02	0.29	0.82	—	5.14
四川广安	1.55	0.23	0.60	0.02	0.63	0.02	0.34	0.77	—	3.80
四川达州	6.25	0.63	1.98	0.07	2.34	0.08	1.28	2.82	—	14.09
四川巴中	4.84	0.54	1.64	0.05	2.04	0.07	1.11	2.02	—	11.13
四川雅安	2.59	0.32	0.50	0.04	0.95	0.03	0.52	0.62	—	5.01
四川眉山	1.59	0.24	0.60	0.04	0.52	0.02	0.28	0.49	—	3.48
四川资阳	0.16	0.03	0.06	<0.01	0.07	<0.01	0.04	0.05	—	0.37
四川阿坝	6.53	1.66	2.16	0.11	4.85	0.16	2.64	3.33	—	18.64
四川甘孜	4.15	1.11	1.11	0.06	3.14	0.10	1.71	2.07	—	11.64
四川凉山	5.02	1.97	2.67	0.18	3.46	0.11	1.88	3.79	—	17.09
重庆	51.99	10.58	16.95	1.21	9.46	0.72	12.17	20.54	—	110.73
云南曲靖	3.70	0.70	1.01	0.04	1.62	0.05	0.89	0.87	—	7.94
云南大理	0.49	0.22	0.28	0.01	0.47	0.02	0.26	0.23	—	1.70
云南昆明	0.52	0.25	0.38	0.01	0.55	0.02	0.30	0.36	—	2.07
云南昭通	0.28	0.10	0.20	0.01	0.16	0.01	0.09	0.14	—	0.89
云南丽江	0.59	0.31	0.39	0.01	0.76	0.02	0.42	0.24	—	2.30
云南楚雄	0.16	0.08	0.11	<0.01	0.19	0.01	0.10	0.06	—	0.60

（续）

市级区域	涵养水源 (亿元/年)	保育土壤 (亿元/年)	固碳释氧 (亿元/年)	林木积累营养物质 (亿元/年)	净化大气环境			生物多样性保护 (亿元/年)	森林防护 (亿元/年)	总价值量 (亿元/年)
					总计 (亿元/年)	吸滞TSP (亿元/年)	吸滞PM$_{2.5}$ (亿元/年)			
湖北武汉	0.14	0.03	0.07	0.01	0.08	<0.01	0.04	0.10	—	0.43
湖北黄石	0.05	0.01	0.02	<0.01	0.07	<0.01	0.04	0.02	—	0.17
湖北十堰	0.29	0.31	0.48	0.05	0.35	0.01	0.19	1.05	—	2.53
湖北荆州	0.08	0.02	0.04	<0.01	0.03	<0.01	0.02	0.06	—	0.23
湖北宜昌	0.41	0.15	0.23	0.04	<0.01	<0.01	<0.01	<0.01	—	0.83
湖北襄阳	0.55	0.10	0.19	0.02	0.17	0.01	0.09	0.31	—	1.34
湖北鄂州	0.15	0.02	0.06	<0.01	0.17	0.01	0.09	0.05	—	0.45
湖北荆门	0.27	0.04	0.10	0.01	0.11	<0.01	0.06	0.32	—	0.85
湖北孝感	0.51	0.05	0.15	0.01	0.40	0.01	0.22	0.13	—	1.25
湖北黄冈	0.65	0.08	0.30	0.03	0.42	0.01	0.23	0.38	—	1.86
湖北咸宁	0.74	0.09	0.26	0.03	0.23	0.01	0.13	0.25	—	1.60
湖北恩施	0.87	0.17	0.28	0.03	0.31	0.01	0.17	0.39	—	2.05
湖北随州	0.27	0.06	0.13	0.02	0.18	0.01	0.10	0.18	—	0.84
湖北神农架	0.26	0.07	0.10	0.01	0.13	<0.01	0.07	0.20		0.77
河南南阳	4.28	0.58	2.47	0.37	0.28	0.02	<0.01	1.47	—	9.45
江西抚州	5.17	1.18	1.23	0.10	1.84	0.06	1.00	1.39	—	10.91
江西南昌	0.17	0.20	0.16	0.02	0.29	0.01	0.19	0.16	—	1.00
江西景德镇	1.59	0.29	0.40	0.04	0.39	0.01	0.21	0.63	—	3.34
江西九江	1.80	1.73	1.58	0.19	2.13	0.07	1.16	2.17	—	9.60
江西新余	0.23	0.35	0.31	0.03	0.48	0.02	0.31	0.21	—	1.61
江西鹰潭	2.12	0.40	0.60	0.05	0.49	0.02	0.26	0.64	—	4.30
江西赣州	4.53	2.26	2.26	0.16	3.34	0.11	1.82	2.45	—	15.00
江西吉安	4.10	1.94	2.12	0.17	2.70	0.09	1.47	1.32	—	12.35
江西宜春	4.98	1.44	1.69	0.12	1.94	0.06	1.06	0.98	—	11.15
江西上饶	4.53	1.13	1.22	0.09	1.58	0.05	0.86	0.76	—	9.31
江西萍乡	2.25	1.22	1.38	0.10	1.68	0.05	0.92	1.05	—	7.68
湖南益阳	1.22	0.43	0.39	0.02	0.53	0.02	0.29	0.46	—	3.05
湖南张家界	1.46	0.67	0.62	0.03	0.91	0.03	0.50	4.05	—	7.74
湖南湘潭	1.34	0.39	0.35	0.02	0.52	0.02	0.28	0.41	—	3.03
湖南岳阳	1.89	0.51	0.46	0.03	0.66	0.02	0.36	0.53	—	4.08
湖南常德	3.34	0.75	0.66	0.04	0.99	0.03	0.54	0.78	—	6.56
湖南怀化	3.97	1.12	1.02	0.05	1.50	0.05	0.82	1.21	—	8.87
湖南郴州	6.52	1.07	0.95	0.06	1.35	0.04	0.74	1.10	—	11.05
湖南长沙	2.77	0.45	0.41	0.02	0.61	0.02	0.33	0.47	—	4.73
湖南株洲	3.36	0.55	0.49	0.03	0.69	0.02	0.37	0.57	—	5.69
湖南衡阳	2.68	0.82	0.69	0.04	0.68	0.02	0.37	0.72	—	5.63
湖南邵阳	4.60	1.24	1.11	0.06	1.57	0.05	0.86	1.30	—	9.88
湖南永州	3.54	1.08	0.95	0.05	1.36	0.04	0.74	0.95	—	7.93
湖南娄底	2.37	0.64	0.58	0.03	0.79	0.03	0.43	0.69	—	5.10
湖南湘西	4.98	1.17	1.08	0.05	1.56	0.05	0.85	1.30	—	10.14
合计	229.18	56.20	86.78	6.06	99.34	3.63	60.83	92.59	0.94	571.09

注：没有实施封山育林的市级区域没有在表中出现。

表4-16 黄河流域中上游退耕还林封山育林生态效益价值量

市级区域	涵养水源(亿元/年)	保育土壤(亿元/年)	固碳释氧(亿元/年)	林木积累营养物质(亿元/年)	净化大气环境			生物多样性保护(亿元/年)	森林防护(亿元/年)	总价值量(亿元/年)
					总计(亿元/年)	吸滞TSP(亿元/年)	吸滞PM2.5(亿元/年)			
内蒙古呼和浩特	2.58	0.53	0.59	0.08	1.22	0.04	0.67	0.82	0.05	5.87
内蒙古包头	1.64	0.37	0.34	0.06	0.57	0.02	0.31	0.58	—	3.56
内蒙古乌海	0.25	0.15	0.18	0.03	0.26	0.01	0.14	0.16	0.05	1.08
内蒙古乌兰察布	2.16	0.68	0.68	0.11	1.15	0.04	0.62	1.08	1.01	6.87
内蒙古鄂尔多斯	2.69	0.88	1.15	0.16	1.76	0.06	0.96	0.97	1.61	9.22
内蒙古巴彦淖尔	2.19	0.78	1.06	0.15	1.32	0.04	0.72	0.80	1.22	7.52
宁夏固原	3.66	0.52	0.57	0.06	1.14	0.04	0.62	0.91	0.20	7.06
宁夏吴忠	1.53	0.63	0.63	0.08	1.12	0.04	0.60	0.99	1.20	6.18
宁夏银川	0.59	0.32	0.33	0.04	0.59	0.02	0.32	0.54	0.57	2.98
甘肃兰州	1.43	0.65	0.46	0.06	0.79	0.03	0.42	0.50	0.94	4.83
甘肃白银	1.57	0.71	0.50	0.07	0.86	0.03	0.46	0.55	1.03	5.29
甘肃定西	0.99	0.44	0.35	0.05	0.56	0.02	0.30	0.36	0.66	3.41
甘肃天水	1.01	0.43	0.61	0.05	0.83	0.03	0.45	0.54	—	3.47
甘肃平凉	0.72	0.29	0.45	0.02	0.49	0.02	0.27	0.41	0.54	2.92
甘肃庆阳	1.06	0.41	0.53	0.03	0.77	0.02	0.42	0.49	0.76	4.05
甘肃临夏	2.08	0.77	0.38	0.06	0.58	0.02	0.31	0.38	—	4.25
甘肃甘南	1.27	0.40	0.25	0.02	0.82	0.03	0.45	0.25	—	3.01
陕西榆林	0.44	0.28	0.46	0.13	0.98	0.03	0.53	0.40	0.41	3.10
陕西延安	1.36	0.58	0.84	0.13	1.27	0.04	0.69	0.76	0.77	5.71
陕西宝鸡	1.90	0.85	1.52	0.23	1.75	0.06	0.94	1.14	0.85	8.24
陕西铜川	1.29	0.46	0.78	0.13	1.20	0.04	0.65	0.52	—	4.38
陕西渭南	1.91	0.73	1.19	0.22	1.56	0.05	0.84	1.72	0.81	8.14
陕西西安	1.21	0.42	0.78	0.14	0.95	0.03	0.50	0.62	0.45	4.57
陕西咸阳	1.15	0.65	0.98	0.32	1.47	0.05	0.80	1.06	0.60	6.23
山西长治	2.51	0.58	0.74	0.12	1.58	0.05	0.86	0.66	—	6.19
山西运城	1.26	0.21	0.40	0.07	1.22	0.04	0.66	0.46	—	3.62
山西临汾	1.85	0.99	1.70	0.15	2.07	0.07	1.12	1.40	—	8.16
山西晋中	0.25	0.71	1.05	0.13	2.28	0.07	1.24	0.92	—	5.34
山西晋城	1.14	0.20	0.35	0.04	0.85	0.03	0.46	0.31	—	2.89
山西吕梁	2.44	0.95	1.38	0.12	2.77	0.09	1.51	1.27	—	8.93
山西朔州	0.35	0.12	0.07	0.01	0.15	<0.01	0.08	0.09	0.14	0.93
山西太原	1.14	0.29	0.39	0.05	1.11	0.04	0.60	0.40	—	3.38
山西忻州	3.63	1.04	1.28	0.22	2.65	0.08	1.44	1.09	0.51	10.42
河南郑州	0.58	0.13	0.21	0.02	0.22	0.01	0.12	0.15	0.12	1.43
河南洛阳	1.57	0.65	1.42	0.15	2.70	0.09	1.47	1.22	—	7.71
河南焦作	0.67	0.09	0.15	0.01	0.24	0.02	<0.01	0.11	0.07	1.34
河南三门峡	1.10	0.68	1.32	0.11	1.16	0.08	<0.01	0.86	—	5.23
河南济源	2.16	0.14	0.22	0.01	0.92	0.03	0.50	0.17	—	3.62
河南新乡	0.78	0.20	0.26	0.02	0.25	0.02	<0.01	0.23	0.14	1.88
合计	58.11	19.91	26.55	3.66	44.18	1.52	23.05	25.89	14.71	193.01

注：没有实施封山育林的市级区域没有在表中出现。

4.3 三个林种类型生态效益

不同林种类型的生态服务功能和生态效益差异很大（Wang *et al.*，2013）。以净化大气环境为例，森林能够有效降低空气中PM_{2.5}等颗粒物，其中针叶树滞纳颗粒物的能力远高于阔叶林；落叶树吸硫能力最强，常绿阔叶树次之，针叶树最弱，且落叶树吸收氟化氢、氮化物等有毒气体的能力是常绿阔叶树的2～3倍。长江、黄河流域中上游退耕还林工程生态效益的差异性较大，这与两大流域中上游退耕还林工程的林种配置密切相关。因此，本次评估对长江、黄河流域中上游退耕还林工程3个林种类型的生态效益物质量和价值量变化特证进行了评价分析。

在长江、黄河流域中上游退耕还林工程中，生态林面积为1098.85万公顷，占两大流域中上游退耕还林工程总面积的66.63%，其中，长江流域中上游生态林面积达769.06万公顷，占两大流域中上游生态林总面积的69.99%；黄河流域中上游生态林面积为329.79万公顷，占两大流域中上游生态林总面积的30.01%。经济林面积为181.01万公顷，占两大流域中上游退耕还林工程总面积的10.98%，其中，长江流域中上游经济林面积为112.63万公顷，占两大流域中上游经济林总面积的62.23%；黄河流域中上游经济林面积为68.37万公顷，占两大流域中上游经济林总面积的37.77%。灌木林面积为369.29万公顷，占两大流域中上游退耕还林工程总面积的22.39%，其中，长江流域中上游灌木林面积为42.37万公顷，占两大流域中上游灌木林总面积的11.47%；黄河流域中上游灌木林面积为326.93万公顷，占两大流域中上游灌木林总面积的88.53%。

4.3.1 生态林生态效益

（1）**物质量** 长江、黄河流域中上游生态林涵养水源总物质量为192.55亿立方米/年；固土总物质量为2.81亿吨/年，固定土壤氮、磷、钾和有机质物质量分别为57.10万吨/年、22.08万吨/年、308.18万吨/年和615.78万吨/年；固碳总物质量为2402.52万吨/年，释氧总物质量为5813.38万吨/年；林木积累氮、磷和钾物质量分别为27.97万吨/年、5.01万吨/年和17.94万吨/年；提供负离子总物质量为4896.56×10^{22}个/年，吸收污染物总物质量为163.49万吨/年，滞尘总物质量为2.27亿吨/年（其中，吸滞TSP和PM_{2.5}总物质量分别为1.82亿吨/年和908.20万吨/年）；防风固沙总物质量为5894.83万吨/年（表4-17和表4-18）。

长江流域中上游生态林涵养水源物质量为162.59亿立方米/年；固土物质量为2.22亿吨/年，固定土壤氮、磷、钾和有机质物质量分别为44.54万吨/年、20.04万吨/年、

224.74万吨/年和518.99万吨/年；固碳物质量为1862.52万吨/年，释氧物质量为4529.22万吨/年；林木积累氮、磷和钾物质量分别为19.13万吨/年、3.08万吨/年和11.35万吨/年；提供负离子物质量为3673.27×10^{22}个/年，吸收污染物物质量为119.00万吨/年，滞尘物质量为1.71亿吨/年（其中，吸滞TSP和PM$_{2.5}$物质量分别为1.34亿吨/年和684.86万吨/年）；防风固沙物质量为711.89万吨/年（表4-17）。

黄河流域中上游生态林涵养水源物质量为29.96亿立方米/年；固土物质量为5889.31万吨/年，固定土壤氮、磷、钾和有机质物质量分别为12.56万吨/年、2.04万吨/年和83.44万吨/年和96.79万吨/年；固碳物质量为540.00万吨/年，释氧物质量为1284.16万吨/年；林木积累氮、磷和钾物质量分别为8.84万吨/年、1.93万吨/年和6.59万吨/年；提供负离子物质量为1223.29×10^{22}个/年，吸收污染物物质量为44.48万吨/年，滞尘物质量为5583.35万吨/年（其中，吸滞TSP和PM$_{2.5}$物质量分别为4466.68万吨/年和223.34万吨/年）；防风固沙物质量为5182.94万吨/年（表4-18）。

（2）**价值量** 长江、黄河流域中上游生态林生态效益总价值量为6511.45亿元/年，其中，涵养水源价值量最大，为2305.42亿元/年；净化大气环境价值量次之，为1312.12亿元/年（其中，吸滞TSP和PM$_{2.5}$的价值量分别为42.85亿元/年和727.44亿元/年）；固碳释氧价值量居第三，为1103.58亿元/年；其次是生物多样性保护价值量，为1010.27亿元/年；保育土壤和森林防护价值量分别为574.07亿元/年和114.62亿元/年，而林木积累营养物质价值量最小，为91.37亿元/年（表4-19和表4-20）。

长江流域中上游生态林生态效益总价值量为5109.34亿元/年，其中，涵养水源价值量为1946.21亿元/年，净化大气环境价值量为956.08亿元/年（其中，吸滞TSP和PM$_{2.5}$价值量分别为32.19亿元/年和547.20元/年），固碳释氧价值量为859.71亿元/年，生物多样性保护价值为824.56亿元/年，保育土壤价值量为449.88亿元/年，林木积累营养物质价值量为61.34亿元/年，森林防护价值量为11.56亿元/年（表4-19）。

黄河流域中上游生态林生态效益总价值量为1402.11亿元/年，其中，涵养水源价值量为359.21亿元/年，净化大气环境价值量为356.04亿元/年（其中，吸滞TSP和PM$_{2.5}$价值量分别为10.66亿元/年和180.24亿元/年），固碳释氧价值量为243.87亿元/年，生物多样性保护价值量为185.71亿元/年，保育土壤价值量为124.19亿元/年，森林防护价值量为103.06亿元/年，林木积累营养物质价值量为30.03亿元/年（表4-20）。

表4-17 长江流域中上游退耕还林生态林生态效益物质量

市级区域	涵养水源 (亿立方米/年)	保育土壤 固土 (万吨/年)	氮 (万吨/年)	磷 (万吨/年)	钾 (万吨/年)	有机质 (万吨/年)	固碳释氧 固碳 (万吨/年)	释氧 (万吨/年)	林木积累营养物质 氮 (百吨/年)	磷 (百吨/年)	钾 (百吨/年)	净化大气环境 提供负离子 (×10²²个/年)	吸收污染物 (万千克/年)	滞尘 (万吨/年)	吸滞TSP (万吨/年)	吸滞PM$_{2.5}$ (万吨/年)	森林防护 防风固沙 (万吨/年)
甘肃陇南	3.77	313.41	3.67	0.54	0.12	6.50	35.06	84.01	22.80	7.01	27.33	45.35	4027.71	584.19	467.35	23.37	—
陕西汉中	2.45	281.57	0.41	0.10	4.24	6.12	28.64	69.07	49.99	4.21	32.62	88.18	2644.89	290.59	232.47	11.62	—
陕西安康	2.39	339.87	0.45	0.14	5.33	7.18	34.01	81.16	56.94	5.69	40.13	109.79	3561.38	416.09	332.87	16.64	606.87
陕西商洛	0.93	159.61	0.18	0.08	2.20	3.27	18.89	45.56	41.29	4.85	25.68	65.97	1819.39	247.50	198.00	9.90	6.82
贵州贵阳	0.54	85.90	0.14	0.05	0.56	1.81	8.69	21.00	7.81	0.93	6.51	20.31	718.49	95.21	76.17	3.81	—
贵州遵义	3.55	614.84	0.96	0.37	4.04	14.58	69.47	169.21	47.73	10.37	47.10	150.24	4115.97	590.56	472.45	23.62	—
贵州安顺	0.47	185.31	0.28	0.11	1.16	3.89	20.09	49.30	12.67	2.07	12.55	36.15	1295.70	177.41	141.93	7.10	—
贵州铜仁	1.35	365.83	0.56	0.24	2.33	8.93	39.51	96.53	60.89	5.50	26.93	47.81	2648.30	352.76	282.21	14.11	—
贵州毕节	3.01	515.46	0.70	0.31	3.20	10.73	48.03	115.96	44.87	4.59	31.41	49.53	4130.59	595.70	476.56	23.83	—
贵州六盘水	1.51	199.66	0.31	0.11	1.25	3.50	19.33	46.93	17.69	1.59	13.56	42.91	1747.39	225.48	180.38	9.02	—
贵州黔东南	1.04	250.73	0.41	0.17	1.69	5.62	27.72	67.85	27.36	3.19	20.73	52.65	2055.48	307.21	245.77	12.29	—
贵州黔南	1.28	268.73	0.38	0.16	1.73	6.28	28.74	70.29	25.60	3.19	19.39	52.27	2174.46	305.82	244.66	12.23	—
四川成都	1.42	161.21	0.19	0.08	2.33	4.36	13.92	34.34	14.89	1.18	7.18	25.67	513.34	61.31	49.05	2.45	—
四川自贡	1.26	127.82	0.14	0.07	1.77	3.26	12.96	32.06	12.04	1.03	5.77	20.77	541.18	70.53	56.42	2.82	—
四川攀枝花	0.15	69.25	0.08	0.04	0.88	1.78	5.11	12.53	5.56	0.32	2.68	11.19	199.94	22.49	17.99	0.90	—
四川泸州	2.30	226.49	0.25	0.11	3.57	6.04	22.62	55.68	21.44	1.77	10.62	32.04	1041.46	142.66	114.13	5.71	—
四川德阳	0.30	39.77	0.05	0.01	0.58	1.14	3.73	9.29	3.56	0.36	1.88	6.05	162.48	21.42	17.14	0.86	—
四川绵阳	1.82	247.58	0.30	0.11	3.59	6.85	24.13	59.63	24.98	1.46	12.96	40.76	1101.69	143.20	114.56	5.73	—
四川广元	2.25	316.64	0.43	0.15	4.84	8.03	33.18	81.79	28.40	2.72	16.21	51.01	1646.68	230.73	184.58	9.23	—
四川遂宁	1.44	144.60	0.17	0.06	2.19	3.68	12.19	30.08	7.59	0.83	4.24	10.77	657.09	90.79	72.63	3.63	—
四川内江	0.69	82.73	0.09	0.05	1.25	2.19	7.31	18.04	6.90	0.66	3.33	10.99	280.52	35.51	28.41	1.42	—
四川乐山	4.05	446.56	0.48	0.21	6.02	12.65	42.54	105.88	48.38	3.43	22.88	78.80	1623.81	210.76	168.61	8.43	—

(续)

市级区域	涵养水源 (亿立方米/年)	保育土壤					固碳释氧		林木积累营养物质			净化大气环境					森林防护
		固土 (万吨/年)	氮 (万吨/年)	磷 (万吨/年)	钾 (万吨/年)	有机质 (万吨/年)	固碳 (万吨/年)	释氧 (万吨/年)	氮 (百吨/年)	磷 (百吨/年)	钾 (百吨/年)	提供负离子 (×10²²个/年)	吸收污染物 (万千克/年)	滞尘 (万吨/年)	吸滞TSP (万吨/年)	吸滞PM$_{2.5}$ (万吨/年)	防风固沙 (万吨/年)
四川南充	2.22	470.88	0.56	0.15	7.33	12.01	41.68	103.20	20.81	4.12	13.06	34.06	2346.74	332.22	265.78	13.29	—
四川宜宾	4.21	330.44	0.33	0.18	5.02	8.97	29.70	73.01	29.45	1.77	14.95	42.13	1189.07	151.07	120.86	6.04	—
四川广安	2.01	216.66	0.26	0.08	3.19	5.50	21.51	53.30	14.03	2.13	8.01	26.79	1123.57	156.95	125.56	6.28	—
四川达州	4.15	289.84	0.35	0.12	4.13	6.95	31.88	78.71	21.07	2.38	11.68	37.60	1859.80	263.62	210.90	10.54	—
四川巴中	3.04	235.00	0.25	0.09	3.33	5.89	24.03	59.31	15.81	1.57	9.24	35.08	1284.88	177.94	142.35	7.12	—
四川雅安	4.41	326.49	0.29	0.14	4.35	8.30	29.54	73.13	25.97	1.73	11.99	42.43	2041.54	303.51	242.81	12.14	—
四川眉山	1.94	205.32	0.20	0.09	2.81	5.67	18.88	46.88	20.13	1.61	9.40	30.17	713.36	92.68	74.14	3.71	—
四川资阳	0.52	54.66	0.06	0.02	0.83	1.42	4.79	11.85	2.83	0.52	1.72	4.99	230.43	31.29	25.03	1.25	—
四川阿坝	1.14	172.49	0.20	0.07	2.46	4.54	18.20	44.93	13.87	1.22	6.75	34.84	1308.05	193.94	155.15	7.76	—
四川甘孜	1.22	133.68	0.17	0.06	1.67	3.20	18.69	46.00	16.94	1.24	6.76	41.04	1387.93	206.05	164.84	8.24	—
四川凉山	3.27	732.84	0.68	0.56	10.37	17.54	54.63	133.72	46.81	6.32	27.66	97.58	3215.08	435.64	348.51	17.43	—
重庆	31.11	2899.46	11.09	2.39	39.09	82.58	275.95	671.12	232.35	87.83	157.72	425.69	17714.99	2504.37	2003.50	100.17	—
云南曲靖	2.16	124.61	1.51	0.13	0.03	0.91	19.30	47.57	11.65	2.35	6.17	35.31	1065.87	197.92	158.34	7.92	—
云南迪庆	0.18	26.59	0.33	0.03	0.01	0.17	3.19	7.70	1.84	0.46	1.37	5.96	271.80	39.01	31.21	1.56	—
云南大理	0.48	67.97	0.84	0.07	0.02	0.46	10.25	25.20	7.39	1.48	3.99	19.63	597.33	80.66	64.53	3.23	—
云南昆明	0.50	71.76	0.89	0.07	0.02	0.48	11.39	28.18	7.54	1.54	3.95	16.88	557.47	75.32	60.26	3.01	—
云南昭通	0.90	106.22	1.24	0.07	0.02	0.68	19.12	47.00	9.17	2.39	5.92	33.05	920.86	156.32	125.06	6.25	—
云南丽江	0.26	35.50	0.45	0.04	0.01	0.24	5.00	12.20	3.39	0.66	1.71	10.39	333.95	45.78	36.62	1.83	—
云南楚雄	0.46	63.15	0.79	0.06	0.01	0.50	11.09	27.53	9.87	1.44	3.45	19.98	452.23	57.56	46.05	2.30	—
湖北武汉	0.54	56.73	0.09	0.07	0.50	1.42	8.84	21.82	14.10	1.80	8.39	18.23	343.95	46.78	37.42	1.87	—
湖北黄石	0.32	39.96	0.07	0.04	0.38	0.95	4.70	11.49	8.66	1.07	4.22	11.08	202.09	28.26	22.61	1.13	—
湖北十堰	0.70	363.39	0.63	0.36	2.24	9.06	32.14	78.16	49.56	6.72	23.68	86.78	1744.31	248.63	198.90	9.95	—

（续）

市级区域	涵养水源 (亿立方米/年)	保育土壤					固碳释氧		林木积累营养物质			净化大气环境					森林防护
		固土 (万吨/年)	氮 (万吨/年)	磷 (万吨/年)	钾 (万吨/年)	有机质 (万吨/年)	固碳 (万吨/年)	释氧 (万吨/年)	氮 (百吨/年)	磷 (百吨/年)	钾 (百吨/年)	提供负离子 (×10²²个/年)	吸收污染物 (万千克/年)	滞尘 (万吨/年)	吸滞TSP (万吨/年)	吸滞PM$_{2.5}$ (万吨/年)	防风固沙 (万吨/年)
湖北荆州	0.82	99.55	0.16	0.11	0.90	2.32	17.90	44.70	13.20	3.41	17.70	34.79	550.14	69.21	55.37	2.77	—
湖北宜昌	1.04	156.23	0.27	0.20	1.25	3.79	15.98	38.76	33.66	3.88	14.84	48.21	823.85	0.01	0.01	0.00	—
湖北襄阳	1.71	173.09	0.28	0.28	0.18	4.04	23.92	59.17	33.51	4.55	20.77	52.45	902.16	120.60	96.48	4.82	—
湖北鄂州	0.17	23.57	0.04	0.03	0.07	0.55	2.81	6.89	5.39	0.60	2.36	6.66	119.52	16.13	12.90	0.65	—
湖北荆门	0.82	99.32	0.14	0.14	0.11	2.33	14.02	34.34	19.63	2.60	12.13	35.00	652.64	92.58	74.06	3.70	—
湖北孝感	1.10	99.46	0.14	0.14	0.11	2.42	14.36	35.34	17.33	2.51	12.52	33.71	702.17	105.95	84.76	4.24	—
湖北黄冈	1.64	248.24	0.45	0.45	0.26	6.54	22.27	54.06	35.59	4.97	18.42	53.57	1098.70	154.45	123.56	6.18	—
湖北咸宁	1.94	174.94	0.27	0.20	0.67	4.09	20.64	50.68	32.33	4.08	16.44	48.27	950.48	140.17	112.14	5.61	—
湖北恩施	2.96	319.30	0.57	0.29	2.31	6.93	26.93	65.12	35.67	5.26	18.76	82.37	1815.27	278.82	223.06	11.15	—
湖北随州	0.53	71.87	0.11	0.11	0.08	1.86	7.14	17.07	9.66	1.33	5.91	23.51	511.97	80.52	64.42	3.22	—
湖北仙桃	0.13	13.77	0.02	0.02	0.13	0.31	2.84	7.15	3.45	0.53	2.86	5.04	68.72	7.59	6.07	0.30	—
湖北天门	0.04	14.12	0.02	0.02	0.13	0.32	2.91	7.32	3.53	0.54	2.93	5.16	70.44	7.78	6.22	0.31	—
湖北潜江	0.14	10.51	0.02	0.02	0.01	0.22	2.08	5.22	2.35	0.35	1.90	3.78	50.92	5.65	4.52	0.23	—
湖北神农架	0.19	45.43	0.10	0.04	0.25	1.03	2.40	5.77	3.38	0.62	1.77	6.28	131.35	17.47	13.98	0.70	—
河南南阳	1.51	209.67	0.23	0.03	0.25	2.85	35.82	88.92	72.01	22.25	33.91	64.17	811.80	88.21	70.57	3.53	98.20
江西抚州	2.58	340.99	0.54	0.29	4.99	7.54	18.44	44.62	28.47	3.94	10.83	32.66	1215.57	195.04	156.03	7.80	—
江西南昌	0.26	65.70	0.09	0.07	0.81	1.55	3.45	8.27	6.36	0.79	2.10	6.51	230.37	35.84	28.67	1.43	—
江西景德镇	0.69	82.49	0.12	0.08	0.96	1.97	4.19	10.01	6.73	0.98	2.58	11.89	284.87	47.05	37.64	1.88	—
江西九江	0.47	321.95	0.55	0.30	4.61	7.96	19.23	46.66	33.07	4.40	13.05	49.92	990.23	149.63	119.70	5.99	—
江西新余	0.16	75.54	0.12	0.07	1.16	1.62	3.95	9.53	5.36	0.85	2.24	12.89	285.79	48.36	38.69	1.93	—
江西鹰潭	0.57	73.72	0.11	0.06	0.89	1.74	4.22	10.20	6.48	0.91	2.64	9.49	224.92	33.94	27.15	1.36	—
江西赣州	2.06	538.07	0.78	0.44	6.18	11.24	26.05	62.56	26.80	4.55	13.00	58.19	1580.41	245.55	196.44	9.82	—

第四章 长江、黄河流域中上游退耕还林工程生态效益

（续）

市级区域	涵养水源 涵养水源(亿立方米/年)	保育土壤 固土(万吨/年)	氮(万吨/年)	磷(万吨/年)	钾(万吨/年)	有机质(万吨/年)	固碳释氧 固碳(万吨/年)	释氧(万吨/年)	林木积累营养物质 氮(百吨/年)	磷(百吨/年)	钾(百吨/年)	净化大气环境 提供负离子(×10²²个/年)	吸收污染物(万千克/年)	滞尘(万吨/年)	吸滞TSP(万吨/年)	吸滞PM₂.₅(万吨/年)	森林防护 防风固沙(万吨/年)
江西吉安	1.36	402.97	0.59	0.40	2.42	8.83	18.84	44.89	15.98	3.92	10.39	34.23	1461.21	239.23	191.38	9.57	—
江西宜春	2.18	399.01	0.58	0.35	2.24	8.42	18.32	43.84	13.61	3.38	9.25	54.50	1341.75	215.80	172.64	8.63	—
江西上饶	1.97	358.42	0.47	0.32	1.76	7.81	15.58	37.02	11.61	2.81	7.56	49.13	1147.02	186.85	149.48	7.47	—
江西萍乡	0.62	186.82	0.29	0.16	2.50	3.98	9.40	22.66	9.71	1.77	4.81	16.09	616.09	98.96	79.17	3.96	—
湖南益阳	0.92	209.94	0.24	0.32	1.90	4.72	10.70	25.30	11.56	1.06	6.33	28.10	854.67	141.03	112.82	5.64	—
湖南张家界	0.84	256.57	0.27	0.35	2.34	5.40	13.01	30.64	11.26	1.04	6.23	34.59	1071.07	175.75	140.60	7.03	—
湖南湘潭	0.43	79.71	0.09	0.12	0.77	1.79	3.96	9.32	4.20	0.39	2.31	10.78	317.98	51.17	40.94	2.05	—
湖南岳阳	1.88	316.58	0.34	0.50	3.09	7.17	15.46	36.21	17.61	1.49	9.34	44.06	1234.58	195.94	156.75	7.84	—
湖南常德	2.28	335.94	0.36	0.48	3.14	7.25	16.70	39.45	16.36	1.49	9.02	43.73	1332.86	218.12	174.50	8.72	—
湖南怀化	3.37	628.78	0.66	0.86	5.65	13.23	32.12	75.78	28.04	2.59	15.47	85.58	2637.70	434.62	347.70	17.38	—
湖南郴州	3.78	395.16	0.45	0.60	3.62	8.89	20.14	47.59	21.77	1.97	11.96	52.94	1603.30	261.83	209.46	10.47	—
湖南长沙	0.87	89.45	0.10	0.14	0.86	2.01	4.44	10.43	4.68	0.43	2.58	12.19	357.37	57.50	46.00	2.30	—
湖南株洲	1.76	184.18	0.21	0.28	1.70	4.14	9.39	22.18	10.09	0.91	5.56	24.70	742.53	120.81	96.65	4.83	—
湖南衡阳	1.36	261.36	0.32	0.37	2.40	6.00	14.15	33.65	16.23	1.32	8.90	30.53	963.29	150.97	120.78	6.04	—
湖南邵阳	3.52	623.49	0.68	0.88	5.78	13.47	31.22	73.86	30.74	2.78	16.88	81.17	2499.09	411.09	328.87	16.44	—
湖南永州	2.31	459.59	0.50	0.66	4.30	9.93	22.64	53.43	22.26	2.01	12.23	60.09	1831.31	300.10	240.08	12.00	—
湖南娄底	1.41	249.41	0.27	0.35	2.34	5.39	12.40	29.30	13.43	1.21	7.37	32.42	991.52	162.24	129.79	6.49	—
湖南湘西	6.49	1017.84	1.11	1.36	8.99	21.53	52.13	123.11	46.89	4.17	25.57	135.02	4313.90	716.00	572.80	28.64	—
合计	162.59	22179.96	44.54	20.04	224.74	518.99	1862.52	4529.22	1912.61	307.98	1134.93	3673.27	119002.77	17122.00	13697.62	684.86	711.89

注：表中固碳为植物固碳与土壤固碳的物质质量总和；吸收污染物是森林吸收二氧化硫、氟化物和氮氧化物的物质质量总和。

153

表4-18 黄河流域中上游退耕还林生态林生态效益物质量

市级区域	涵养水源 (亿立方米/年)	保育土壤					固碳释氧		林木积累营养物质			净化大气环境					森林防护
		固土 (万吨/年)	氮 (万吨/年)	磷 (万吨/年)	钾 (万吨/年)	有机质 (万吨/年)	固碳 (万吨/年)	释氧 (万吨/年)	氮 (百吨/年)	磷 (百吨/年)	钾 (百吨/年)	提供负离子 ($\times 10^{22}$个/年)	吸收污染物 (万千克/年)	滞尘 (万吨/年)	吸滞TSP (万吨/年)	吸滞$PM_{2.5}$ (万吨/年)	防风固沙 (万吨/年)
内蒙古呼和浩特	1.81	199.80	0.38	0.06	2.56	1.58	16.30	38.62	15.62	1.83	12.16	9.52	2330.43	374.55	299.64	14.98	0.31
内蒙古包头	0.07	11.01	0.01	<0.01	0.17	0.10	1.08	2.63	1.94	0.16	1.05	1.04	52.02	5.96	4.77	0.24	0.40
内蒙古乌海	0.01	4.15	<0.01	<0.01	0.06	0.04	0.39	0.95	0.54	0.05	0.30	0.39	21.79	2.51	2.01	0.10	5.40
内蒙古乌兰察布	0.34	61.57	0.11	0.03	1.00	0.34	8.20	20.15	13.48	1.37	9.20	2.75	564.67	79.99	63.99	3.20	64.95
内蒙古鄂尔多斯	0.42	148.98	0.18	0.06	2.16	1.30	8.97	20.59	7.69	0.85	5.09	8.67	1149.06	167.16	133.73	6.69	109.85
内蒙古巴彦淖尔	0.21	72.16	0.05	0.01	1.33	0.61	7.76	19.10	13.92	0.96	8.65	11.56	310.70	33.81	27.05	1.35	103.86
宁夏固原	1.04	163.13	0.33	0.03	2.68	2.78	16.03	37.33	24.15	1.77	7.64	102.32	1578.41	197.50	158.00	7.90	63.45
宁夏石嘴山	<0.01	1.00	<0.01	<0.01	0.02	0.02	0.12	0.29	0.17	0.02	0.10	0.54	8.90	0.82	0.66	0.03	2.48
宁夏吴忠	0.13	31.67	0.07	0.01	0.59	0.63	3.71	8.86	6.37	0.53	3.14	16.90	247.39	23.02	18.41	0.92	46.41
宁夏银川	0.03	10.50	0.02	<0.01	0.19	0.21	1.10	2.55	2.28	0.16	0.68	6.40	106.09	10.49	8.39	0.42	22.72
甘肃兰州	0.10	17.11	0.03	0.01	0.27	0.35	1.75	4.15	1.86	0.34	1.60	2.84	167.46	22.21	17.77	0.89	37.13
甘肃白银	0.08	12.93	0.03	<0.01	0.25	0.28	1.51	3.59	0.97	0.33	1.44	2.43	112.29	13.47	10.77	0.54	31.13
甘肃定西	1.16	210.83	0.35	0.07	3.90	4.26	21.14	50.48	26.13	4.54	21.51	32.50	1901.41	251.65	201.32	10.07	423.96
甘肃天水	1.60	289.28	0.70	0.09	6.03	6.26	27.47	65.12	13.44	7.42	24.35	33.59	2362.80	298.48	238.79	11.94	—
甘肃平凉	2.04	362.20	1.01	0.11	7.78	8.30	33.92	80.08	14.45	10.03	32.20	40.85	2501.20	284.89	227.92	11.40	759.33
甘肃庆阳	1.10	198.13	0.49	0.07	4.17	4.49	18.06	42.59	8.80	4.49	15.58	22.45	1534.42	188.99	151.19	7.56	403.72
甘肃临夏	0.95	98.52	1.12	0.18	0.03	1.80	8.12	19.21	7.64	1.92	8.23	13.64	845.18	114.79	91.83	4.59	—
甘肃甘南	0.48	48.19	0.53	0.07	0.02	0.64	3.08	6.96	1.48	0.69	2.81	6.40	563.72	83.18	66.55	3.33	—
陕西榆林	0.61	201.77	0.26	0.08	3.63	4.13	18.98	44.67	50.89	4.69	36.98	68.51	2057.56	280.45	224.36	11.22	378.29
陕西延安	2.32	595.58	1.12	0.22	12.24	14.53	63.03	150.04	152.45	43.10	160.92	210.54	3652.36	385.95	308.76	15.44	1171.66
陕西宝鸡	1.02	224.57	0.30	0.07	4.03	4.77	21.88	51.98	59.05	11.85	54.14	74.22	1806.14	216.91	173.53	8.68	410.29

（续）

市级区域	涵养水源	保育土壤					固碳释氧		林木积累营养物质			净化大气环境					森林防护
	涵养水源（亿立方米/年）	固土（万吨/年）	氮（万吨/年）	磷（万吨/年）	钾（万吨/年）	有机质（万吨/年）	固碳（万吨/年）	释氧（万吨/年）	氮（百吨/年）	磷（百吨/年）	钾（百吨/年）	提供负离子（×10^{22}个/年）	吸收污染物（万千克/年）	滞尘（万吨/年）	吸滞TSP（万吨/年）	吸滞PM$_{2.5}$（万吨/年）	防风固沙（万吨/年）
陕西铜川	0.49	88.69	0.13	0.03	1.70	1.95	8.93	21.26	23.32	5.91	23.60	30.02	617.75	68.55	54.84	2.74	123.50
陕西渭南	0.70	151.91	0.19	0.05	2.64	3.19	14.77	35.05	41.35	7.69	37.03	50.76	1239.94	152.97	122.37	6.12	235.45
陕西西安	0.20	36.85	0.05	0.01	0.66	0.83	3.51	8.35	8.91	1.99	8.20	11.16	413.30	30.89	24.71	1.24	62.90
陕西咸阳	1.12	235.89	0.34	0.07	4.58	5.16	23.54	55.91	64.60	16.64	67.28	80.78	1630.78	164.37	131.50	6.57	331.13
山西长治	0.89	150.33	0.40	0.06	1.87	1.49	12.81	30.39	23.68	1.14	6.22	26.48	1215.16	163.34	130.67	6.53	—
山西运城	1.39	172.81	0.43	0.07	1.84	1.77	13.04	30.16	28.94	1.03	6.97	29.75	1403.94	188.77	151.02	7.55	—
山西临汾	0.80	193.79	0.51	0.08	2.72	1.83	17.33	41.20	24.95	1.34	7.72	36.36	1496.07	137.55	110.04	5.50	—
山西晋中	0.08	167.59	0.39	0.06	2.55	1.70	15.91	37.98	23.96	1.55	8.28	15.07	1418.46	189.89	151.91	7.60	—
山西晋城	0.73	74.48	0.16	0.03	0.78	0.74	6.42	15.18	11.22	0.52	3.30	9.67	657.20	89.91	71.93	3.60	4.73
山西吕梁	2.42	376.37	0.99	0.14	6.80	3.06	35.66	85.96	28.32	2.48	10.34	79.86	2403.59	293.80	235.04	11.75	—
山西朔州	0.09	19.52	0.04	0.01	0.32	0.20	1.65	3.87	2.72	0.18	0.96	2.08	202.17	29.01	23.21	1.16	4.73
山西太原	0.73	96.77	0.22	0.04	1.37	1.04	8.04	18.87	16.01	1.00	6.01	18.20	1025.28	148.29	118.63	5.93	27.44
山西忻州	1.20	152.19	0.40	0.07	1.89	1.56	12.74	29.95	32.11	1.60	7.35	18.71	1495.46	211.61	169.29	8.46	34.87
河南郑州	0.40	78.96	0.10	0.01	0.06	1.28	8.30	20.32	12.30	5.04	5.75	13.99	457.36	44.93	35.94	1.80	65.43
河南开封	0.34	29.34	0.03	<0.01	<0.01	0.54	5.82	14.30	12.93	4.44	4.56	16.31	223.98	22.82	18.25	0.91	1.97
河南洛阳	0.54	276.88	0.33	0.04	0.19	4.32	20.08	47.74	28.00	10.92	14.10	47.62	1336.52	173.54	138.83	6.94	117.78
河南濮阳	0.10	49.84	0.05	<0.01	0.01	0.91	12.83	32.16	28.96	9.94	10.22	18.47	380.49	38.76	31.01	1.55	46.71
河南焦作	0.59	73.96	0.07	<0.01	0.01	1.21	5.78	13.77	7.72	3.33	3.44	8.85	483.45	63.99	51.19	2.56	1.97
河南三门峡	0.43	355.04	0.48	0.08	0.32	4.22	18.18	42.80	20.94	10.56	10.72	26.58	1555.75	205.34	164.27	8.21	4.50
河南济源	0.79	68.86	0.06	<0.01	0.01	1.12	2.41	5.30	1.01	1.27	1.12	2.41	441.59	64.19	51.35	2.57	91.19
河南新乡	0.41	76.16	0.07	<0.01	0.02	1.29	9.65	23.70	19.05	7.16	7.62	12.10	512.22	64.05	51.24	2.56	—
合计	29.96	5889.31	12.56	2.04	83.44	96.79	540.00	1284.16	884.35	192.79	658.57	1223.29	44484.46	5583.35	4466.68	223.34	5182.94

注：表中固碳物为植物固碳与土壤固碳的物质质量总和；吸收污染物是森林吸收二氧化硫、氟化物和氮氧化物的物质质量总和。

表4-19 长江流域中上游退耕还林生态林生态效益价值量

市级区域	涵养水源(亿元/年)	保育土壤(亿元/年)	固碳释氧(亿元/年)	林木积累营养物质(亿元/年)	净化大气环境			生物多样性保护(亿元/年)	森林防护(亿元/年)	总价值量(亿元/年)
					总计(亿元/年)	吸滞TSP(亿元/年)	吸滞PM2.5(亿元/年)			
甘肃陇南	45.19	12.62	16.05	0.88	36.48	1.12	19.04	12.86	—	124.08
陕西汉中	29.40	5.76	13.17	1.51	17.54	0.56	9.47	8.02	—	75.40
陕西安康	28.66	6.95	15.52	1.76	25.06	0.80	13.56	13.07	9.10	100.12
陕西商洛	11.21	3.05	8.69	1.27	14.85	0.48	8.07	6.17	0.10	45.34
贵州贵阳	6.51	1.37	4.00	0.25	5.72	0.18	3.10	4.36	—	22.21
贵州遵义	42.61	10.01	32.17	1.68	35.40	1.13	19.25	20.65	—	142.52
贵州安顺	5.68	2.83	9.35	0.43	10.64	0.34	5.78	6.71	—	35.64
贵州铜仁	16.16	5.75	18.34	1.78	21.15	0.68	11.50	11.32	—	74.50
贵州毕节	36.07	7.52	22.10	1.39	35.64	1.14	19.42	16.29	—	119.01
贵州六盘水	18.09	2.94	8.93	0.55	13.54	0.43	7.35	7.01	—	51.06
贵州黔东南	12.50	4.04	12.88	0.87	18.38	0.59	10.01	8.43	—	57.10
贵州黔南	15.31	4.05	13.35	0.81	13.05	0.29	4.98	8.64	—	55.21
四川成都	17.01	3.40	6.50	0.45	4.43	0.12	2.00	6.09	—	37.88
四川自贡	15.09	2.63	6.07	0.35	4.74	0.14	2.30	4.32	—	33.20
四川攀枝花	1.74	1.36	2.38	0.16	2.06	0.04	0.73	2.67	—	10.37
四川泸州	27.57	4.94	10.55	0.63	9.23	0.27	4.65	9.23	—	62.15
四川德阳	3.65	0.83	1.76	0.11	1.75	0.04	0.70	1.59	—	9.69
四川绵阳	21.79	5.21	11.29	0.72	9.09	0.27	4.67	13.37	—	61.47
四川广元	27.00	6.90	15.50	0.85	14.22	0.44	7.52	18.52	—	82.99
四川遂宁	17.21	3.07	5.70	0.23	5.74	0.17	2.96	6.00	—	37.95
四川内江	8.32	1.77	3.42	0.20	2.90	0.07	1.16	2.62	—	19.23
四川乐山	48.53	9.01	20.01	1.40	13.16	0.40	6.87	11.05	—	103.16
四川南充	26.62	10.07	19.53	0.68	20.35	0.64	10.83	18.43	—	95.68
四川宜宾	50.48	7.04	13.84	0.85	9.77	0.29	4.92	14.02	—	96.00
四川广安	24.15	4.54	10.08	0.44	10.22	0.30	5.12	8.14	—	57.57
四川达州	49.79	5.93	14.91	0.64	16.01	0.51	8.59	15.81	—	103.09
四川巴中	36.42	4.76	11.23	0.48	10.81	0.34	5.80	14.38	—	78.08
四川雅安	52.90	6.19	13.84	0.75	20.55	0.58	9.89	10.04	—	104.27
四川眉山	23.32	4.12	8.86	0.59	6.22	0.18	3.02	5.39	—	48.50
四川资阳	6.18	1.18	2.24	0.09	3.80	0.06	1.02	2.23	—	15.72
四川阿坝	13.73	3.52	8.51	0.41	15.12	0.37	6.32	9.28	—	50.57
四川甘孜	14.64	2.58	8.72	0.48	15.53	0.40	6.72	7.72	—	49.67
四川凉山	39.18	14.67	25.39	1.46	27.47	0.84	14.20	26.63	—	134.80
重庆	373.04	80.06	127.65	9.26	63.56	4.81	81.64	180.08	—	833.65

（续）

市级区域	涵养水源（亿元/年）	保育土壤（亿元/年）	固碳释氧（亿元/年）	林木积累营养物质（亿元/年）	净化大气环境			生物多样性保护（亿元/年）	森林防护（亿元/年）	总价值量（亿元/年）
					总计（亿元/年）	吸滞TSP（亿元/年）	吸滞PM2.5（亿元/年）			
云南曲靖	25.94	4.77	9.01	0.38	11.79	0.38	6.45	8.78	—	60.67
云南迪庆	2.19	1.03	1.47	0.06	2.34	0.07	1.27	1.68	—	8.77
云南大理	5.79	2.63	4.78	0.24	4.84	0.15	2.63	5.43	—	23.71
云南昆明	6.00	2.77	5.33	0.24	4.52	0.14	2.46	6.03	—	24.89
云南昭通	10.85	3.87	8.91	0.33	9.33	0.30	5.10	8.44	—	41.73
云南丽江	3.08	1.40	2.32	0.11	2.75	0.09	1.49	2.62	—	12.28
云南楚雄	5.57	2.45	5.21	0.30	3.46	0.11	1.88	4.71	—	21.70
湖北武汉	6.41	1.06	4.11	0.44	2.81	0.09	1.53	2.17	—	17.00
湖北黄石	3.78	0.75	2.18	0.26	1.70	0.05	0.92	1.38	—	10.05
湖北十堰	8.42	6.36	14.87	1.51	14.92	0.48	8.11	14.41	—	60.49
湖北荆州	9.84	1.84	8.44	0.51	4.17	0.13	2.26	2.61	—	27.41
湖北宜昌	12.30	2.92	7.32	1.00	0.18	<0.01	<0.01	<0.01	—	23.72
湖北襄阳	20.48	2.64	11.20	1.05	7.25	0.23	3.93	6.61	—	49.23
湖北鄂州	2.00	0.36	1.31	0.16	0.97	0.03	0.53	1.02	—	5.82
湖北荆门	9.83	1.42	6.52	0.61	5.56	0.18	3.02	4.27	—	28.21
湖北孝感	13.15	1.41	6.70	0.56	6.35	0.20	3.45	2.97	—	31.14
湖北黄冈	19.62	4.14	10.29	1.10	9.27	0.30	5.04	11.85	—	56.27
湖北咸宁	23.31	2.72	9.61	0.98	8.41	0.27	4.57	5.14	—	50.17
湖北恩施	32.07	5.27	11.38	1.13	16.70	0.54	9.09	11.35	—	77.90
湖北随州	6.34	1.06	3.26	0.30	4.82	0.15	2.62	2.89	—	18.67
湖北仙桃	1.61	0.26	1.35	0.11	0.46	0.01	0.25	0.30	—	4.09
湖北天门	0.50	0.27	1.38	0.12	0.47	0.01	0.25	0.30	—	3.04
湖北潜江	1.69	0.15	0.98	0.08	0.34	0.01	0.18	0.25	—	3.49
湖北神农架	2.31	0.81	1.10	0.11	1.05	0.03	0.57	1.89	—	7.27
河南南阳	18.10	1.98	16.26	2.48	5.13	0.17	2.66	5.87	2.36	52.18
江西抚州	30.98	7.09	8.50	0.85	11.66	0.37	6.36	8.46	—	67.54
江西南昌	3.09	1.31	1.54	0.19	2.09	0.04	0.71	1.33	—	9.55
江西景德镇	8.27	1.59	1.91	0.20	2.81	0.08	1.32	2.05	—	16.83
江西九江	5.61	6.96	8.88	0.99	8.97	0.22	3.79	9.26	—	40.67
江西新余	1.80	1.61	1.73	0.17	2.80	0.09	1.58	1.42	—	9.53
江西鹰潭	6.86	1.44	1.94	0.20	2.03	0.07	1.11	1.99	—	14.46
江西赣州	24.67	10.17	11.94	0.84	14.70	0.42	7.21	13.51	—	75.83
江西吉安	16.36	6.42	8.59	0.54	14.29	0.46	7.80	5.91	—	52.11
江西宜春	26.19	6.08	8.38	0.47	12.91	0.33	5.59	5.54	—	59.57

（续）

市级区域	涵养水源（亿元/年）	保育土壤（亿元/年）	固碳释氧（亿元/年）	林木积累营养物质（亿元/年）	净化大气环境			生物多样性保护（亿元/年）	森林防护（亿元/年）	总价值量（亿元/年）
					总计（亿元/年）	吸滞TSP（亿元/年）	吸滞PM₂.₅（亿元/年）			
江西上饶	23.57	5.26	7.09	0.39	11.18	0.29	4.91	5.00	—	52.49
江西萍乡	7.46	3.74	4.32	0.31	5.92	0.16	2.65	3.98	—	25.73
湖南益阳	11.03	4.01	4.85	0.34	8.42	0.27	4.60	5.35	—	34.00
湖南张家界	10.09	4.61	5.88	0.34	10.50	0.34	5.73	28.66	—	60.08
湖南湘潭	5.12	1.50	1.79	0.13	3.06	0.10	1.67	1.95	—	13.55
湖南岳阳	22.48	6.04	6.96	0.52	11.71	0.38	6.39	8.01	—	55.72
湖南常德	27.40	6.10	7.57	0.49	13.03	0.42	7.11	8.26	—	62.85
湖南怀化	40.42	11.24	14.54	0.84	25.96	0.83	14.17	16.00	—	109.00
湖南郴州	45.31	7.34	9.13	0.65	15.64	0.50	8.54	9.88	—	87.95
湖南长沙	10.39	1.68	2.00	0.14	3.44	0.11	1.87	2.09	—	19.74
湖南株洲	21.16	3.43	4.26	0.30	7.22	0.23	3.94	4.61	—	40.98
湖南衡阳	16.28	4.92	6.44	0.48	9.03	0.29	4.92	3.80	—	40.95
湖南邵阳	42.21	11.29	14.16	0.92	24.56	0.79	13.40	15.21	—	108.35
湖南永州	27.73	8.34	10.25	0.66	17.93	0.58	9.78	6.89	—	71.80
湖南娄底	16.94	4.54	5.62	0.40	9.69	0.31	5.29	6.05	—	43.24
湖南湘西	77.86	18.16	23.62	1.40	42.76	1.37	23.34	25.24	—	189.04
合计	1946.21	449.88	859.71	61.34	956.08	32.19	547.20	824.56	11.56	5109.34

表4-20 黄河流域中上游退耕还林生态林生态效益价值量

市级区域	涵养水源（亿元/年）	保育土壤（亿元/年）	固碳释氧（亿元/年）	林木积累营养物质（亿元/年）	净化大气环境			生物多样性保护（亿元/年）	森林防护（亿元/年）	总价值量（亿元/年）
					总计（亿元/年）	吸滞TSP（亿元/年）	吸滞PM₂.₅（亿元/年）			
内蒙古呼和浩特	21.76	3.73	7.40	0.50	22.18	0.72	12.21	6.95	0.01	62.53
内蒙古包头	0.78	0.20	0.50	0.06	0.36	0.01	0.19	0.23	0.01	2.14
内蒙古乌海	0.11	0.07	0.18	0.02	0.15	<0.01	0.08	0.09	0.13	0.75
内蒙古乌兰察布	4.07	1.20	3.82	0.42	4.78	0.15	2.61	1.92	1.56	17.77
内蒙古鄂尔多斯	5.02	2.65	3.98	0.24	9.99	0.32	5.45	3.89	2.64	28.41
内蒙古巴彦淖尔	2.46	1.28	3.62	0.41	2.04	0.06	1.10	1.41	2.50	13.72
宁夏固原	12.50	3.64	7.19	0.68	11.79	0.38	6.44	5.82	1.52	43.14
宁夏石嘴山	0.02	0.03	0.06	0.01	0.05	<0.01	0.03	0.03	0.06	0.26
宁夏吴忠	1.55	0.79	1.70	0.19	1.40	0.04	0.75	0.89	1.12	7.64

(续)

市级区域	涵养水源 (亿元/年)	保育土壤 (亿元/年)	固碳释氧 (亿元/年)	林木积累营养物质 (亿元/年)	净化大气环境			生物多样性保护 (亿元/年)	森林防护 (亿元/年)	总价值量 (亿元/年)
					总计 (亿元/年)	吸滞TSP (亿元/年)	吸滞PM$_{2.5}$ (亿元/年)			
宁夏银川	0.40	0.26	0.49	0.06	0.64	0.02	0.34	0.34	0.55	2.74
甘肃兰州	1.22	0.36	0.79	0.06	3.66	0.04	0.72	0.63	0.89	7.61
甘肃白银	1.01	0.32	0.69	0.04	5.50	0.03	0.44	0.56	0.75	8.87
甘肃定西	13.95	4.79	9.65	0.87	18.67	0.48	8.20	7.58	10.19	65.70
甘肃天水	19.24	7.53	12.48	0.64	19.33	0.57	9.73	11.05	—	70.27
甘肃平凉	24.51	9.91	15.36	0.77	19.10	0.55	9.29	14.23	18.25	102.13
甘肃庆阳	13.14	5.26	8.17	0.41	17.03	0.36	6.16	7.58	9.70	61.29
甘肃临夏	11.44	3.91	3.68	0.28	9.30	0.22	3.74	2.95	—	31.56
甘肃甘南	5.72	1.81	1.35	0.07	5.55	0.16	2.71	1.23	—	15.73
陕西榆林	7.26	4.47	8.48	1.58	16.82	0.54	9.14	6.75	5.67	51.03
陕西延安	27.82	15.02	28.72	5.67	23.31	0.74	12.58	19.84	17.57	137.95
陕西宝鸡	12.22	4.89	9.96	2.04	13.05	0.42	7.07	8.47	6.15	56.78
陕西铜川	5.90	2.02	4.07	0.85	4.13	0.13	2.23	3.17	1.85	21.99
陕西渭南	8.42	3.24	6.71	1.41	9.20	0.29	4.99	6.52	3.53	39.03
陕西西安	2.36	0.81	1.60	0.31	1.89	0.06	1.01	1.25	0.94	9.16
陕西咸阳	13.07	5.40	10.44	2.38	9.94	0.32	5.36	9.13	4.97	55.33
山西长治	10.67	3.18	5.82	0.64	9.80	0.31	5.32	4.78	—	34.89
山西运城	16.61	3.44	5.82	0.77	11.32	0.36	6.15	5.48	—	43.44
山西临汾	9.65	4.24	7.89	0.69	8.35	0.26	4.48	6.42	—	37.24
山西晋中	1.01	3.73	7.26	0.67	11.38	0.36	6.19	5.46	—	29.51
山西晋城	8.71	1.39	2.91	0.31	5.39	0.17	2.93	2.37	—	21.08
山西吕梁	29.06	8.98	16.39	0.81	17.68	0.56	9.58	11.92	—	84.84
山西朔州	1.13	0.44	0.74	0.08	1.74	0.06	0.95	0.61	0.65	5.39
山西太原	8.75	2.08	3.63	0.45	8.88	0.28	4.83	3.31	—	27.10
山西忻州	14.39	3.26	5.75	0.87	12.67	0.41	6.90	5.13	3.14	45.21
河南郑州	4.85	0.82	3.57	0.45	2.72	0.09	1.46	1.41	0.84	14.66
河南开封	4.02	0.26	2.62	0.45	1.38	0.04	0.74	0.91	1.57	11.21
河南洛阳	6.53	2.74	8.64	1.02	10.43	0.33	5.66	5.64	0.05	35.05
河南濮阳	1.23	0.44	5.95	1.00	2.34	0.07	1.26	1.56	2.83	15.35
河南焦作	7.04	0.64	2.55	0.29	3.55	0.12	1.80	1.31	1.12	16.50
河南三门峡	5.18	3.68	7.96	0.82	11.07	0.39	5.45	4.53	—	33.24
河南济源	9.47	0.60	1.01	0.06	3.84	0.12	2.09	0.81	0.11	15.90
河南新乡	4.96	0.68	4.27	0.68	3.64	0.12	1.88	1.55	2.19	17.97
合计	359.21	124.19	243.87	30.03	356.04	10.66	180.24	185.71	103.06	1402.11

4.3.2 经济林生态效益

（1）**物质量**　长江、黄河流域中上游经济林涵养水源总物质量为29.34亿立方米/年；固土总物质量为4276.46万吨/年，固定土壤氮、磷、钾和有机质物质量分别为10.73万吨/年、3.70万吨/年、47.11万吨/年和88.75万吨/年；固碳总物质量为214.06万吨/年，释氧总物质量为471.05万吨/年；林木积累氮、磷和钾物质量分别为3.42万吨/年、0.19万吨/年和1.00万吨/年；提供负离子总物质量为370.05×10^{22}个/年，吸收污染物总物质量为16.79万吨/年，滞尘总物质量为1857.36万吨/年（其中，吸滞TSP和$PM_{2.5}$总物质量分别为1485.88万吨/年和74.34万吨/年）；防风固沙总物质量为956.00万吨/年（表4-21和表4-22）。

长江流域中上游经济林涵养水源物质量为23.82亿立方米/年；固土物质量为2906.11万吨/年，固定土壤氮、磷、钾和有机质物质量分别为7.04万吨/年、2.69万吨/年、32.07万吨/年和65.66万吨/年；固碳物质量为133.49万吨/年，释氧物质量为290.68万吨/年；林木积累氮、磷和钾物质量分别为1.79万吨/年、0.14万吨/年和0.62万吨/年；提供负离子物质量为259.27×10^{22}个/年，吸收污染物物质量为10.37万吨/年，滞尘物质量为1171.50万吨/年（其中，吸滞TSP和$PM_{2.5}$物质量分别为937.18万吨/年和46.84万吨/年）；防风固沙物质量为75.71万吨/年（表4-21）。

黄河流域中上游经济林涵养水源物质量为5.52亿立方米/年；固土物质量为1370.35万吨/年，固定土壤氮、磷、钾和有机质物质量分别为3.69万吨/年、1.01万吨/年、15.04万吨/年和23.09万吨/年；固碳物质量为80.57万吨/年，释氧物质量为180.37万吨/年；林木积累氮、磷和钾物质量分别为1.64万吨/年、0.05万吨/年和0.38万吨/年；提供负离子物质量为110.78×10^{22}个/年，吸收污染物物质量为6.42万吨/年，滞尘物质量为685.86万吨/年（其中，吸滞TSP和$PM_{2.5}$物质量分别为548.70万吨/年和27.50万吨/年），防风固沙物质量为880.29万吨/年（表4-22）。

（2）**价值量**　长江、黄河流域中上游经济林生态效益总价值量为732.47亿元/年，其中，涵养水源价值量最大，为351.87亿元/年；保育土壤价值量次之，为92.95亿元/年；固碳释氧价值量居第三，为91.81亿元/年；其次是净化大气环境价值量，为88.76亿元/年（其中，吸滞TSP和$PM_{2.5}$价值量分别为3.5亿元/年和59.19亿元/年）；生物多样性保护价值量为79.14亿元/年；森林防护价值量为21.17亿元/年，而林木积累营养物质价值量最小，为9.45亿元/年（表4-23和表4-24）。

长江流域中上游经济林生态效益总价值量为517.59亿元/年，其中，涵养水源价值

表4-21 长江流域中上游退耕还林经济林生态效益物质量

市级区域	涵养水源 (亿立方米/年)	保育土壤					固碳释氧		林木积累营养物质			净化大气环境					森林防护
		固土 (万吨/年)	氮 (万吨/年)	磷 (万吨/年)	钾 (万吨/年)	有机质 (万吨/年)	固碳 (万吨/年)	释氧 (万吨/年)	氮 (百吨/年)	磷 (百吨/年)	钾 (百吨/年)	提供负离子 (×10²²个/年)	吸收污染物 (万千克/年)	滞尘 (万吨/年)	吸滞TSP (万吨/年)	吸滞PM₂.₅ (万吨/年)	防风固沙 (万吨/年)
甘肃陇南	0.48	49.65	0.58	0.25	0.05	0.52	2.15	4.55	0.67	0.18	0.42	5.01	237.68	25.27	20.22	1.01	—
陕西汉中	1.03	86.92	0.14	0.09	0.86	1.53	8.28	19.44	18.55	0.37	4.14	6.79	503.74	51.29	41.03	2.05	—
陕西安康	1.98	216.17	0.34	0.22	2.14	3.81	20.60	48.34	46.18	0.93	10.29	16.85	1252.82	127.55	102.04	5.10	—
陕西商洛	1.09	143.27	0.23	0.15	1.42	2.54	13.65	32.04	30.72	0.62	6.85	11.02	830.30	84.54	67.63	3.38	57.73
贵州贵阳	0.05	7.13	0.01	<0.01	0.05	0.16	0.32	0.65	0.24	0.03	0.23	0.93	27.34	3.96	3.17	0.16	—
贵州遵义	0.11	16.25	0.02	0.01	0.11	0.37	0.72	1.48	0.56	0.06	0.52	3.08	62.32	8.14	6.51	0.33	—
贵州安顺	0.02	5.72	0.01	<0.01	0.03	0.12	0.23	0.48	0.16	0.02	0.15	1.13	20.06	2.55	2.04	0.10	—
贵州铜仁	0.14	19.84	0.03	0.01	0.12	0.43	0.84	1.71	0.71	0.07	0.66	1.31	73.30	10.81	8.65	0.43	—
贵州毕节	0.05	8.48	0.01	<0.01	0.05	0.18	0.34	0.70	0.24	0.03	0.22	0.31	29.73	4.01	3.21	0.16	—
贵州六盘水	0.04	5.46	0.01	<0.01	0.03	0.12	0.22	0.45	0.15	0.02	0.14	0.65	19.16	2.78	2.22	0.11	—
贵州黔东南	0.12	16.60	0.02	0.01	0.10	0.36	0.70	1.43	0.59	0.06	0.55	2.05	69.95	8.78	7.02	0.35	—
贵州黔南	0.23	37.96	0.05	0.02	0.23	0.81	1.54	3.15	1.07	0.11	0.99	5.44	133.11	19.96	15.97	0.80	—
四川成都	0.64	73.09	0.09	0.05	1.20	2.28	1.87	3.74	1.51	0.09	0.71	3.44	157.96	20.05	16.04	0.80	—
四川自贡	0.34	40.48	0.05	0.03	0.66	1.26	1.04	2.07	0.83	0.05	0.39	1.89	87.47	11.10	8.88	0.44	—
四川攀枝花	0.06	58.39	0.07	0.04	0.93	1.75	1.41	2.82	1.05	0.06	0.49	3.26	142.13	15.11	12.09	0.60	—
四川泸州	0.32	40.75	0.05	0.03	0.67	1.27	1.04	2.09	0.84	0.05	0.40	1.91	88.06	11.18	8.94	0.45	—
四川德阳	0.35	47.74	0.06	0.03	0.79	1.50	1.22	2.44	1.00	0.06	0.47	2.26	103.18	13.10	10.48	0.52	—
四川绵阳	0.29	48.93	0.06	0.03	0.81	1.53	1.25	2.51	1.02	0.06	0.48	2.31	105.75	13.42	10.74	0.54	—
四川广元	0.11	24.03	0.03	0.02	0.39	0.75	0.62	1.23	0.50	0.03	0.23	1.67	51.93	6.59	5.27	0.26	—
四川遂宁	0.17	22.55	0.03	0.01	0.37	0.70	0.58	1.15	0.47	0.03	0.22	1.06	48.73	6.19	4.95	0.25	—

（续）

市级区域	涵养水源(立方米/年)	保育土壤					固碳释氧		林木积累营养物质				净化大气环境				森林防护
		固土(万吨/年)	氮(万吨/年)	磷(万吨/年)	钾(万吨/年)	有机质(万吨/年)	固碳(万吨/年)	释氧(万吨/年)	氮(百吨/年)	磷(百吨/年)	钾(百吨/年)	提供负离子(×10²²个/年)	吸收污染物(万千克/年)	滞尘(万吨/年)	吸滞TSP(万吨/年)	吸滞PM2.5(万吨/年)	防风固沙(万吨/年)
四川内江	0.47	58.70	0.07	0.04	0.96	1.82	1.50	3.01	1.21	0.07	0.57	2.74	126.85	16.10	12.88	0.64	—
四川乐山	0.28	29.59	0.04	0.02	0.50	0.94	0.76	1.52	0.62	0.04	0.29	1.42	63.95	8.12	6.50	0.32	—
四川南充	0.12	34.69	0.04	0.02	0.58	1.11	0.89	1.78	0.73	0.05	0.34	1.66	74.97	9.52	7.62	0.38	—
四川宜宾	0.77	72.43	0.08	0.05	1.19	2.25	1.85	3.71	1.50	0.09	0.70	3.39	156.52	19.87	15.90	0.79	—
四川广安	0.43	60.12	0.07	0.04	1.00	1.89	1.54	3.08	1.25	0.08	0.59	2.84	129.93	16.49	13.19	0.66	—
四川达州	0.20	21.65	0.03	0.01	0.36	0.68	0.55	1.11	0.45	0.03	0.21	1.03	46.80	5.94	4.75	0.24	—
四川巴中	0.14	14.97	0.02	0.01	0.24	0.46	0.38	0.77	0.31	0.02	0.14	1.04	32.36	4.11	3.29	0.16	—
四川雅安	0.26	20.35	0.02	0.01	0.30	0.57	0.48	0.96	0.31	0.02	0.14	1.86	112.96	16.83	13.46	0.67	—
四川眉山	0.45	43.60	0.05	0.03	0.69	1.30	1.12	2.23	0.86	0.05	0.40	1.96	94.22	11.96	9.57	0.48	—
四川资阳	1.59	202.83	0.23	0.13	3.26	6.17	5.19	10.39	4.09	0.25	1.92	9.28	438.33	55.64	44.51	2.23	—
四川阿坝	0.04	8.36	0.01	0.01	0.13	0.25	0.20	0.40	0.13	0.01	0.06	0.81	46.40	6.91	5.53	0.28	—
四川甘孜	0.24	49.46	0.05	0.03	0.77	1.46	1.17	2.35	0.80	0.05	0.37	4.81	274.53	40.89	32.71	1.64	—
四川凉山	0.42	30.86	0.03	0.02	0.47	0.89	0.75	1.49	0.53	0.03	0.25	1.65	75.12	7.99	6.39	0.32	—
重庆	3.33	285.87	0.97	0.19	4.50	6.48	11.55	25.00	8.52	3.16	7.25	24.75	767.43	103.41	82.73	4.14	—
云南曲靖	0.57	27.10	0.33	0.02	<0.01	0.17	1.64	3.32	0.62	0.13	0.33	4.73	145.64	21.12	16.90	0.84	—
云南迪庆	0.11	13.39	0.18	0.01	<0.01	0.08	0.77	1.56	0.33	0.07	0.18	1.83	79.63	8.47	6.78	0.34	—
云南大理	0.37	44.76	0.58	0.04	0.01	0.27	2.63	5.36	1.13	0.24	0.60	6.30	273.96	29.13	23.30	1.17	—
云南昆明	0.06	7.73	0.10	0.01	<0.01	0.05	0.45	0.92	0.16	0.03	0.08	0.87	42.57	4.53	3.62	0.18	—
云南昭通	0.18	21.19	0.27	0.02	<0.01	0.14	1.28	2.59	0.50	0.11	0.27	3.80	113.88	16.51	13.21	0.66	—
云南丽江	0.18	22.28	0.30	0.02	<0.01	0.13	1.27	2.59	0.55	0.11	0.29	3.04	132.48	14.09	11.27	0.56	—
云南楚雄	0.15	18.76	0.25	0.02	<0.01	0.11	1.09	2.22	0.39	0.08	0.21	2.16	103.33	10.99	8.79	0.44	—
湖北武汉	0.19	18.15	0.03	0.02	0.21	0.41	1.23	2.65	1.68	0.17	0.59	3.65	82.37	11.61	9.29	0.46	—

（续）

市级区域	涵养水源	保育土壤					固碳释氧		林木积累营养物质			净化大气环境					森林防护
	涵养水源（亿立方米/年）	固土（万吨/年）	氮（万吨/年）	磷（万吨/年）	钾（万吨/年）	有机质（万吨/年）	固碳（万吨/年）	释氧（万吨/年）	氮（百吨/年）	磷（百吨/年）	钾（百吨/年）	提供负离子（×10²²个/年）	吸收污染物（万千克/年）	滞尘（万吨/年）	吸滞TSP（万吨/年）	吸滞PM2.5（万吨/年）	防风固沙（万吨/年）
湖北黄石	0.13	12.40	0.02	0.02	0.14	0.28	0.82	1.76	1.00	0.14	0.35	1.79	54.77	7.58	6.06	0.30	—
湖北十堰	0.11	38.52	0.06	0.05	0.42	0.82	2.53	5.49	2.51	0.36	0.89	5.54	171.21	22.73	18.18	0.91	—
湖北荆州	0.03	3.56	0.01	<0.01	0.04	0.08	0.24	0.52	0.18	0.03	0.12	0.72	16.09	2.28	1.82	0.09	—
湖北宜昌	0.78	86.80	0.15	0.12	0.99	1.96	5.80	12.53	7.60	0.88	2.67	16.75	404.15	<0.01	<0.01	<0.01	—
湖北襄阳	0.14	12.24	0.02	0.01	0.13	0.26	0.79	1.72	0.96	0.11	0.34	2.15	52.26	7.35	5.88	0.29	—
湖北鄂州	0.02	2.66	<0.01	<0.01	0.03	0.06	0.17	0.37	0.19	0.03	0.07	0.35	11.16	1.54	1.23	0.06	—
湖北荆门	0.06	6.50	0.01	0.01	0.07	0.14	0.42	0.92	0.53	0.05	0.19	1.24	27.92	3.95	3.16	0.16	—
湖北孝感	0.34	29.20	0.05	0.04	0.31	0.62	1.88	4.07	2.19	0.27	0.77	4.64	123.74	17.29	13.83	0.69	—
湖北黄冈	0.44	44.86	0.07	0.05	0.47	0.94	2.91	6.31	3.54	0.39	1.24	8.01	191.72	27.00	21.60	1.08	—
湖北咸宁	0.23	16.24	0.03	0.02	0.17	0.34	1.06	2.29	1.31	0.14	0.46	3.06	69.70	9.85	7.88	0.39	—
湖北恩施	0.51	35.02	0.06	0.04	0.38	0.74	2.35	5.10	2.56	0.29	0.90	6.81	158.75	21.48	17.18	0.86	—
湖北随州	0.16	18.58	0.03	0.02	0.20	0.39	1.21	2.62	1.49	0.16	0.52	3.44	79.60	11.24	8.99	0.45	—
湖北天门	<0.01	0.05	<0.01	<0.01	<0.01	<0.01	<0.01	0.01	<0.01	<0.01	<0.01	0.01	0.24	0.03	0.02	<0.01	—
湖北潜江	<0.01	0.26	<0.01	<0.01	<0.01	0.01	0.02	0.04	0.02	<0.01	0.01	0.05	1.12	0.16	0.13	0.01	—
湖北神农架	<0.01	0.25	<0.01	<0.01	<0.01	0.01	0.02	0.03	0.01	<0.01	<0.01	0.02	1.07	0.14	0.11	0.01	—
河南南阳	0.62	206.50	0.38	0.10	0.38	2.97	4.92	10.16	8.16	1.00	2.83	20.07	857.92	57.80	46.24	2.31	17.98
江西抚州	0.13	15.35	0.03	0.02	0.07	0.32	0.62	1.39	0.94	0.15	0.43	1.13	39.24	4.96	3.97	0.20	—
江西南昌	0.06	13.67	0.03	0.02	0.07	0.29	0.59	1.31	1.19	0.15	0.43	1.89	38.35	4.69	3.75	0.19	—
江西景德镇	0.06	4.76	0.01	0.01	0.02	0.10	0.21	0.46	0.39	0.05	0.15	0.41	12.18	1.63	1.30	0.07	—
江西九江	0.07	26.45	0.06	0.04	0.13	0.55	1.14	2.54	2.12	0.30	0.83	2.22	67.70	9.07	7.26	0.36	—
江西新余	0.02	7.63	0.02	0.01	0.04	0.15	0.31	0.69	0.60	0.07	0.21	1.28	16.75	2.47	1.98	0.10	—
江西鹰潭	0.03	2.91	0.01	<0.01	0.01	0.06	0.13	0.28	0.25	0.03	0.09	0.31	7.06	1.00	0.80	0.04	—

（续）

市级区域	涵养水源 (亿立方米/年)	保育土壤 固土 (万吨/年)	氮 (万吨/年)	磷 (万吨/年)	钾 (万吨/年)	有机质 (万吨/年)	固碳释氧 固碳 (万吨/年)	释氧 (万吨/年)	林木积累营养物质 氮 (百吨/年)	磷 (百吨/年)	钾 (百吨/年)	净化大气环境 提供负离子 (×10²²个/年)	吸收污染物 (万千克/年)	滞尘 (万吨/年)	吸滞TSP (万吨/年)	吸滞PM$_{2.5}$ (万吨/年)	森林防护 防风固沙 (万吨/年)
江西赣州	0.27	44.30	0.08	0.06	0.19	0.86	1.70	3.78	1.80	0.36	1.00	3.86	108.31	13.50	10.80	0.54	—
江西吉安	0.09	17.66	0.04	0.03	0.06	0.36	0.72	1.60	0.75	0.18	0.49	3.52	46.56	5.70	4.56	0.23	—
江西宜春	0.14	19.32	0.04	0.03	0.05	0.38	0.74	1.65	0.61	0.16	0.44	2.72	44.07	5.89	4.71	0.24	—
江西上饶	0.45	36.25	0.07	0.05	0.10	0.71	1.39	3.09	1.20	0.30	0.83	3.90	94.75	11.05	8.84	0.44	—
江西萍乡	0.02	6.80	0.01	0.01	0.03	0.13	0.26	0.58	0.28	0.06	0.16	0.32	12.98	2.07	1.66	0.08	—
湖南益阳	0.02	4.86	0.01	0.01	0.06	0.10	0.15	0.32	0.11	0.01	0.04	0.20	8.19	1.31	1.05	0.05	—
湖南张家界	0.02	5.36	0.01	0.01	0.06	0.11	0.16	0.35	0.10	0.01	0.04	0.23	9.14	1.46	1.17	0.06	—
湖南湘潭	0.01	1.58	<0.01	<0.01	0.02	0.03	0.05	0.10	0.04	<0.01	0.01	0.07	2.66	0.42	0.34	0.02	—
湖南岳阳	0.04	7.52	0.01	0.01	0.09	0.16	0.23	0.50	0.17	0.01	0.07	0.32	12.67	2.02	1.62	0.08	—
湖南常德	0.05	7.43	0.01	0.01	0.09	0.15	0.22	0.47	0.15	0.01	0.06	0.30	12.16	1.94	1.55	0.08	—
湖南怀化	0.06	11.14	0.01	0.01	0.13	0.22	0.33	0.72	0.20	0.01	0.08	0.47	19.00	3.03	2.42	0.12	—
湖南郴州	0.10	11.29	0.01	0.01	0.13	0.24	0.34	0.75	0.26	0.01	0.10	0.48	19.03	3.04	2.43	0.12	—
湖南长沙	0.05	4.92	0.01	0.01	0.06	0.11	0.15	0.33	0.11	0.01	0.04	0.21	8.29	1.32	1.06	0.05	—
湖南株洲	0.04	4.01	0.01	0.01	0.05	0.09	0.12	0.27	0.09	<0.01	0.04	0.17	6.75	1.08	0.86	0.04	—
湖南衡阳	0.04	8.90	0.01	0.01	0.10	0.19	0.27	0.59	0.20	0.01	0.08	0.37	15.00	2.40	1.92	0.10	—
湖南邵阳	0.08	13.89	0.02	0.02	0.16	0.29	0.41	0.89	0.28	0.01	0.11	0.57	22.74	3.63	2.90	0.15	—
湖南永州	0.05	10.50	0.01	0.01	0.12	0.22	0.31	0.67	0.21	0.01	0.08	0.43	17.19	2.75	2.20	0.11	—
湖南娄底	0.03	5.72	0.01	0.01	0.07	0.12	0.17	0.37	0.13	0.01	0.05	0.23	9.36	1.50	1.20	0.06	—
湖南湘西	0.15	24.00	0.03	0.03	0.27	0.48	0.72	1.56	0.44	0.02	0.17	1.02	40.94	6.54	5.23	0.26	—
合计	23.82	2906.11	7.04	2.69	32.07	65.66	133.49	290.68	178.63	13.61	61.73	259.27	10371.44	1171.50	937.18	46.84	75.71

注：1. 表中固碳为植物固碳与土壤固碳的物质量总和；吸收污染物是森林吸收二氧化硫、氟化物和氮氧化物的物质量总和。

2. 退耕还林工程中没有营造经济林的市级区域没有在表中出现。

表4-22 黄河流域中上游退耕还林经济林生态效益物质量

市级区域	涵养水源 涵养水源(亿立方米/年)	保育土壤 固土(万吨/年)	氮(万吨/年)	磷(万吨/年)	钾(万吨/年)	有机质(万吨/年)	固碳释氧 固碳(万吨/年)	释氧(万吨/年)	林木积累营养物质 氮(百吨/年)	磷(百吨/年)	钾(百吨/年)	净化大气环境 提供负离子(×10²²个/年)	吸收污染物(万千克/年)	滞尘(万吨/年)	吸滞TSP(万吨/年)	吸滞PM₂.₅(万吨/年)	森林防护 防风固沙(万吨/年)
内蒙古呼和浩特	0.01	1.04	<0.01	<0.01	0.01	0.02	0.05	0.11	0.02	<0.01	0.01	0.09	3.44	0.46	0.37	0.02	—
内蒙古包头	<0.01	0.09	<0.01	<0.01	<0.01	<0.01	<0.01	0.01	<0.01	<0.01	<0.01	<0.01	0.35	0.04	0.03	<0.01	—
内蒙古乌海	<0.01	0.31	<0.01	<0.01	<0.01	0.01	0.02	0.04	<0.01	<0.01	<0.01	<0.01	1.09	0.15	0.12	0.01	0.41
内蒙古乌兰察布	0.01	1.42	<0.01	<0.01	0.01	0.03	0.07	0.15	0.02	0.01	0.01	0.12	4.70	0.63	0.51	0.03	0.20
内蒙古鄂尔多斯	<0.01	1.17	<0.01	<0.01	0.01	0.02	0.06	0.14	0.02	<0.01	0.01	0.11	4.15	0.56	0.45	0.02	1.47
内蒙古巴彦淖尔	<0.01	0.05	<0.01	<0.01	<0.01	<0.01	<0.01	0.01	<0.01	<0.01	<0.01	<0.01	0.16	0.02	0.02	<0.01	—
宁夏银川	<0.01	6.34	<0.01	0.01	0.09	0.14	0.37	0.76	0.10	0.03	0.06	1.33	44.74	4.29	3.43	0.20	—
甘肃兰州	0.03	5.29	0.03	0.01	0.05	0.10	0.25	0.52	0.07	0.02	0.04	0.58	27.70	2.94	2.36	0.12	9.58
甘肃白银	0.33	63.97	0.31	0.07	0.64	1.15	2.99	6.30	0.85	0.23	0.53	7.00	335.18	35.64	28.51	1.43	115.93
甘肃天水	0.17	34.02	0.16	0.04	0.34	0.61	1.59	3.35	0.45	0.12	0.28	3.72	178.27	18.95	15.16	0.76	—
甘肃平凉	0.44	86.97	0.42	0.09	0.87	1.56	4.07	8.56	1.15	0.31	0.72	9.51	455.73	48.45	38.76	1.94	157.62
甘肃庆阳	0.89	173.69	0.84	0.18	1.73	3.12	8.12	17.10	2.30	0.62	1.44	18.99	910.11	96.76	77.41	3.87	314.77
甘肃临夏	0.10	10.84	0.13	0.06	0.01	0.11	0.47	0.99	0.15	0.04	0.09	1.09	51.88	5.52	4.41	0.22	—
甘肃甘南	0.05	5.16	0.06	0.03	0.01	0.05	0.22	0.47	0.07	0.02	0.04	0.52	24.71	2.63	2.10	0.11	—
陕西榆林	0.87	206.82	0.33	0.07	4.78	3.49	19.29	44.95	48.09	0.96	10.72	16.12	1233.70	125.61	100.48	5.02	—
陕西延安	0.44	107.69	0.17	0.04	2.51	1.83	10.05	23.41	25.23	0.51	5.62	8.16	642.36	65.40	52.32	2.62	207.73
陕西宝鸡	0.26	56.58	0.09	0.06	0.54	0.98	5.14	12.05	14.12	0.28	3.15	4.16	312.27	31.79	25.43	1.27	—
陕西铜川	0.13	21.18	0.03	0.02	0.20	0.37	1.88	4.40	5.22	0.10	1.16	1.49	116.91	11.90	9.52	0.48	—
陕西渭南	0.71	131.63	0.20	0.13	1.24	2.26	11.69	27.34	31.77	0.64	7.08	9.91	726.52	73.97	59.18	2.96	—
陕西西安	0.09	14.97	0.02	0.01	0.14	0.26	1.33	3.11	3.65	0.07	0.81	1.09	82.61	8.41	6.73	0.34	—

（续）

市级区域	涵养水源 (亿立方米/年)	保育土壤					固碳释氧		林木积累营养物质			净化大气环境					森林防护
		固土 (万吨/年)	氮 (万吨/年)	磷 (万吨/年)	钾 (万吨/年)	有机质 (万吨/年)	固碳 (万吨/年)	释氧 (万吨/年)	氮 (百吨/年)	磷 (百吨/年)	钾 (百吨/年)	提供负离子 (×10²²个/年)	吸收污染物 (万千克/年)	滞尘 (万吨/年)	吸滞TSP (万吨/年)	吸滞PM₂.₅ (万吨/年)	防风固沙 (万吨/年)
陕西咸阳	0.07	13.03	0.02	0.01	0.12	0.23	1.16	2.71	3.18	0.06	0.71	1.13	71.91	1.63	1.30	0.07	2.11
山西长治	0.02	5.74	0.02	<0.01	0.09	0.07	0.38	0.82	1.49	0.01	0.17	1.03	36.50	3.72	2.98	0.15	—
山西运城	0.05	11.14	0.03	<0.01	0.17	0.13	0.98	2.26	4.14	0.03	0.47	2.00	68.71	7.22	5.78	0.29	—
山西临汾	0.02	14.49	0.04	0.01	0.22	0.18	0.74	1.50	2.74	0.02	0.31	2.60	92.21	9.39	7.51	0.38	—
山西晋中	<0.01	9.82	0.03	<0.01	0.15	0.12	0.65	1.43	2.62	0.02	0.29	1.20	62.49	6.37	5.10	0.25	—
山西晋城	0.01	1.89	0.01	<0.01	0.03	0.02	0.12	0.26	0.43	<0.01	0.05	0.36	11.78	1.20	0.96	0.05	—
山西吕梁	0.06	15.23	0.04	0.01	0.22	0.17	0.70	1.40	2.10	0.01	0.24	2.55	90.18	9.19	7.35	0.37	3.61
山西朔州	0.01	1.63	0.00	<0.01	0.02	0.02	0.10	0.23	0.38	<0.01	0.04	0.24	10.17	1.04	0.83	0.04	—
山西太原	0.03	5.24	0.02	<0.01	0.08	0.06	0.27	0.54	0.99	0.01	0.11	0.62	33.36	7.28	5.82	0.29	2.86
山西忻州	0.03	6.55	0.02	<0.01	0.10	0.08	0.33	0.68	1.24	0.01	0.14	0.97	40.42	4.25	3.40	0.17	0.69
河南郑州	0.08	18.94	0.04	0.01	0.04	0.34	0.46	0.96	0.78	0.10	0.27	0.51	40.49	5.46	4.36	0.22	2.86
河南开封	0.01	3.45	0.01	<0.01	0.01	0.06	0.09	0.19	0.16	0.02	0.06	0.13	7.81	1.05	0.84	0.04	6.08
河南洛阳	0.12	139.59	0.26	0.07	0.26	2.39	2.44	4.51	3.27	0.40	1.13	6.99	289.97	39.07	31.26	1.56	5.29
河南濮阳	0.01	6.36	0.01	<0.01	0.01	0.12	0.17	0.34	0.30	0.04	0.10	0.22	14.43	1.95	1.56	0.08	1.01
河南焦作	0.08	15.75	0.03	0.01	0.03	0.27	0.38	0.78	0.57	0.07	0.20	1.08	32.71	4.41	3.53	0.18	—
河南三门峡	0.11	103.00	0.19	0.05	0.19	1.50	2.46	5.07	3.71	0.45	1.29	3.62	213.96	28.83	23.07	1.15	23.68
河南济源	0.14	32.98	0.06	0.02	0.06	0.58	0.79	1.62	1.20	0.15	0.42	0.57	68.52	9.23	7.39	0.37	24.39
河南新乡	0.14	36.29	0.07	0.02	0.07	0.63	0.69	1.30	1.13	0.14	0.39	0.97	77.57	10.45	8.36	0.42	—
合计	5.52	1370.35	3.69	1.01	15.04	23.09	80.57	180.37	163.73	5.49	38.19	110.78	6419.77	685.86	548.70	27.50	880.29

注：1. 表中固碳为植物固碳与土壤固碳的物质质量总和；吸收污染物是森林吸收二氧化硫、氟化物和氮氧化物的物质质量总和。

2. 退耕还林工程中没有营造经济林的市级区域没有在表中出现。

表4-23 长江流域中上游退耕还林经济林生态效益价值量

市级区域	涵养水源(亿元/年)	保育土壤(亿元/年)	固碳释氧(亿元/年)	林木积累营养物质(亿元/年)	净化大气环境			生物多样性保护(亿元/年)	森林防护(亿元/年)	总价值量(亿元/年)
					总计(亿元/年)	吸滞TSP(亿元/年)	吸滞PM_{2.5}(亿元/年)			
甘肃陇南	5.74	2.35	0.90	0.02	0.65	0.05	0.82	0.96	—	10.62
陕西汉中	12.41	1.71	3.74	0.49	3.10	0.10	1.67	2.00	—	23.45
陕西安康	23.79	4.24	9.29	1.22	7.70	0.24	4.16	5.46	—	51.70
陕西商洛	13.01	2.82	6.16	0.81	5.10	0.16	2.76	3.28	0.87	32.05
贵州贵阳	0.57	0.11	0.13	0.01	0.24	0.01	0.13	0.13	—	1.19
贵州遵义	1.33	0.26	0.30	0.02	0.49	0.02	0.27	0.30	—	2.70
贵州安顺	0.25	0.08	0.10	0.01	0.15	<0.01	0.08	0.10	—	0.69
贵州铜仁	1.68	0.30	0.34	0.02	0.65	0.02	0.35	0.35	—	3.34
贵州毕节	0.62	0.12	0.14	0.01	0.24	0.01	0.13	0.14	—	1.27
贵州六盘水	0.48	0.08	0.09	<0.01	0.17	0.01	0.09	0.09	—	0.91
贵州黔东南	1.41	0.25	0.29	0.02	0.53	0.02	0.29	0.29	—	2.79
贵州黔南	2.72	0.56	0.63	0.03	0.85	0.02	0.33	0.64	—	5.43
四川成都	7.73	1.61	0.76	0.04	0.51	0.04	0.65	0.98	—	11.63
四川自贡	4.08	0.89	0.42	0.02	0.28	0.02	0.36	0.52	—	6.21
四川攀枝花	0.73	1.24	0.57	0.03	0.39	0.03	0.49	0.98	—	3.94
四川泸州	3.78	0.90	0.42	0.02	0.29	0.02	0.36	0.54	—	5.95
四川德阳	4.24	1.06	0.49	0.03	0.33	0.03	0.43	0.68	—	6.83
四川绵阳	3.45	1.08	0.51	0.03	0.34	0.03	0.44	0.69	—	6.10
四川广元	1.34	0.53	0.25	0.01	0.17	0.01	0.21	0.31	—	2.61
四川遂宁	2.06	0.50	0.23	0.01	0.16	0.01	0.20	0.30	—	3.26
四川内江	5.64	1.29	0.61	0.03	0.41	0.03	0.52	0.73	—	8.71
四川乐山	3.41	0.66	0.31	0.02	0.21	0.02	0.26	0.46	—	5.07
四川南充	1.43	0.77	0.36	0.02	0.24	0.02	0.31	0.56	—	3.38
四川宜宾	9.29	1.59	0.75	0.04	0.51	0.04	0.65	0.95	—	13.13
四川广安	5.20	1.33	0.62	0.04	0.42	0.03	0.54	0.86	—	8.47
四川达州	2.44	0.48	0.22	0.01	0.15	0.01	0.19	0.31	—	3.61
四川巴中	1.64	0.33	0.15	0.01	0.10	0.01	0.13	0.23	—	2.46
四川雅安	3.12	0.41	0.19	0.01	0.43	0.03	0.55	0.26	—	4.42
四川眉山	5.40	0.94	0.45	0.02	0.30	0.02	0.39	0.57	—	7.68
四川资阳	19.10	4.42	2.10	0.12	1.42	0.11	1.81	2.87	—	30.03
四川阿坝	0.53	0.17	0.08	<0.01	0.17	0.01	0.23	0.13	—	1.08
四川甘孜	2.87	1.02	0.47	0.02	1.03	0.08	1.33	0.79	—	6.20

（续）

市级区域	涵养水源（亿元/年）	保育土壤（亿元/年）	固碳释氧（亿元/年）	林木积累营养物质（亿元/年）	净化大气环境			生物多样性保护（亿元/年）	森林防护（亿元/年）	总价值量（亿元/年）
					总计（亿元/年）	吸滞TSP（亿元/年）	吸滞PM2.5（亿元/年）			
四川凉山	4.98	0.64	0.30	0.02	0.21	0.02	0.26	0.54	—	6.69
重庆	39.95	7.26	4.92	0.32	2.64	0.20	3.37	6.24	—	61.33
云南曲靖	6.84	1.03	0.67	0.02	1.26	0.04	0.69	0.73	—	10.55
云南迪庆	1.28	0.54	0.31	0.01	0.51	0.02	0.28	0.33	—	2.98
云南大理	4.41	1.76	1.08	0.04	1.76	0.06	0.95	1.13	—	10.18
云南昆明	0.76	0.30	0.18	0.01	0.27	0.01	0.15	0.20	—	1.72
云南昭通	2.19	0.82	0.52	0.02	0.99	0.03	0.54	0.56	—	5.10
云南丽江	2.13	0.90	0.52	0.02	0.85	0.03	0.46	0.55	—	4.97
云南楚雄	1.85	0.75	0.45	0.01	0.66	0.02	0.36	0.47	—	4.19
湖北武汉	2.26	0.38	0.52	0.05	0.70	0.02	0.38	0.42	—	4.33
湖北黄石	1.51	0.26	0.35	0.03	0.45	0.01	0.15	0.53	—	2.77
湖北十堰	1.38	0.76	1.08	0.08	1.37	0.04	0.74	1.71	—	5.13
湖北荆州	0.39	0.07	0.10	0.01	0.14	<0.01	0.07	0.08	—	0.79
湖北宜昌	9.34	1.80	2.47	0.22	0.09	<0.01	<0.01	<0.01	—	13.92
湖北襄阳	1.72	0.23	0.34	0.03	0.44	0.01	0.21	0.24	—	3.00
湖北鄂州	0.27	0.05	0.07	0.01	0.09	<0.01	0.03	0.03	—	0.52
湖北荆门	0.67	0.12	0.18	0.02	0.24	0.01	0.13	0.14	—	1.37
湖北孝感	4.08	0.56	0.80	0.06	1.04	0.03	0.56	0.97	—	7.02
湖北黄冈	5.27	0.85	1.24	0.10	1.62	0.05	1.18	0.88	—	9.96
湖北咸宁	2.77	0.31	0.45	0.04	0.59	0.02	0.32	0.35	—	4.51
湖北恩施	5.89	0.67	0.98	0.08	1.29	0.04	0.70	0.97	—	9.60
湖北随州	1.91	0.35	0.52	0.04	0.67	0.02	0.35	0.39	—	3.88
湖北天门	<0.01	<0.01	<0.01	<0.01	<0.01	<0.01	<0.01	<0.01	—	<0.01
湖北潜江	0.01	<0.01	0.01	<0.01	0.01	<0.01	0.01	0.01	—	0.04
湖北神农架	0.03	<0.01	0.01	<0.01	0.01	<0.01	<0.01	<0.01	—	0.05
河南南阳	7.40	2.68	1.89	0.24	3.45	0.11	1.78	2.12	0.43	18.21
江西抚州	1.53	0.29	0.27	0.03	0.30	0.01	0.16	0.59	—	3.01
江西南昌	0.71	0.27	0.26	0.04	0.28	<0.01	0.07	0.43	—	1.99
江西景德镇	0.76	0.09	0.09	0.01	0.10	<0.01	0.03	0.19	—	1.24
江西九江	0.79	0.51	0.50	0.06	0.54	0.01	0.17	0.78	—	3.18
江西新余	0.26	0.14	0.13	0.02	0.15	<0.01	0.08	0.24	—	0.94
江西鹰潭	0.41	0.06	0.05	0.01	0.06	<0.01	0.03	0.09	—	0.68

（续）

市级区域	涵养水源（亿元/年）	保育土壤（亿元/年）	固碳释氧（亿元/年）	林木积累营养物质（亿元/年）	净化大气环境			生物多样性保护（亿元/年）	森林防护（亿元/年）	总价值量（亿元/年）
					总计（亿元/年）	吸滞TSP（亿元/年）	吸滞PM$_{2.5}$（亿元/年）			
江西赣州	3.25	0.79	0.74	0.06	0.81	0.02	0.32	1.06	—	6.71
江西吉安	1.13	0.32	0.31	0.03	0.34	0.01	0.19	0.34	—	2.47
江西宜春	1.70	0.33	0.32	0.02	0.35	0.01	0.10	0.36	—	3.08
江西上饶	5.36	0.62	0.60	0.04	0.67	0.01	0.15	0.67	—	7.96
江西萍乡	0.28	0.12	0.11	0.01	0.12	<0.01	0.03	0.19	—	0.83
湖南益阳	0.25	0.10	0.06	<0.01	0.08	<0.01	0.04	0.05	—	0.54
湖南张家界	0.20	0.10	0.07	<0.01	0.09	<0.01	0.05	0.05	—	0.51
湖南湘潭	0.10	0.03	0.02	<0.01	0.03	<0.01	0.01	0.02	—	0.20
湖南岳阳	0.50	0.15	0.10	<0.01	0.12	<0.01	0.07	0.07	—	0.94
湖南常德	0.58	0.14	0.09	<0.01	0.12	<0.01	0.06	0.07	—	1.00
湖南怀化	0.69	0.21	0.14	0.01	0.18	<0.01	0.10	0.11	—	1.34
湖南郴州	1.25	0.22	0.15	0.01	0.18	<0.01	0.10	0.11	—	1.92
湖南长沙	0.54	0.10	0.06	<0.01	0.08	<0.01	0.04	0.05	—	0.83
湖南株洲	0.44	0.08	0.05	<0.01	0.06	<0.01	0.04	0.04	—	0.67
湖南衡阳	0.53	0.18	0.12	0.01	0.14	<0.01	0.08	<0.01	—	0.98
湖南邵阳	0.91	0.27	0.18	0.01	0.22	0.01	0.12	0.13	—	1.72
湖南永州	0.61	0.20	0.13	0.01	0.16	0.01	0.09	0.16	—	1.27
湖南娄底	0.37	0.11	0.07	<0.01	0.09	<0.01	0.05	0.05	—	0.69
湖南湘西	1.77	0.46	0.31	0.01	0.39	0.01	0.21	0.23	—	3.17
合计	285.70	63.08	56.96	5.06	54.74	2.17	36.89	53.43	1.30	517.59

注：退耕还林工程中没有营造经济林的市级区域没有在表中出现。

量为285.70亿元/年，保育土壤价值量为63.08亿元/年，固碳释氧价值量为56.96亿元/年，净化大气环境价值量为54.74亿元/年（其中，吸滞TSP和PM$_{2.5}$价值量分别为2.17亿元/年和36.89元/年），生物多样性保护价值为53.43亿元/年，林木积累营养物质价值量为5.06亿元/年，森林防护价值量为1.30亿元/年（表4-23）。

黄河流域中上游经济林生态效益总价值量为214.88亿元/年，其中，涵养水源价值量为66.17亿元/年，固碳释氧价值量为34.85亿元/年，净化大气环境价值量为34.02亿元/年（其中，吸滞TSP和PM$_{2.5}$价值量分别为1.33亿元/年和22.30亿元/年），保育土壤价值量为29.87亿元/年，生物多样性保护价值量为25.71亿元/年，森林防护价值量为19.87亿元/年，林木积累营养物质价值量为4.39亿元/年（表4-24）。

表4-24 黄河流域中上游退耕还林经济林生态效益价值量

市级区域	涵养水源 (亿元/年)	保育土壤 (亿元/年)	固碳释氧 (亿元/年)	林木积累营养物质 (亿元/年)	净化大气环境			生物多样性保护 (亿元/年)	森林防护 (亿元/年)	总价值量 (亿元/年)
					总计 (亿元/年)	吸滞 TSP (亿元/年)	吸滞 PM₂.₅ (亿元/年)			
内蒙古呼和浩特	0.08	0.02	0.02	<0.01	0.03	<0.01	0.02	0.02	—	0.17
内蒙古包头	0.01	<0.01	<0.01	<0.01	<0.01	<0.01	<0.01	<0.01	—	0.01
内蒙古乌海	0.01	0.01	0.01	<0.01	0.01	<0.01	<0.01	0.01	0.01	0.06
内蒙古乌兰察布	0.07	0.02	0.03	<0.01	0.04	<0.01	0.02	0.02	<0.01	0.18
内蒙古鄂尔多斯	0.06	0.02	0.03	<0.01	0.03	<0.01	0.02	0.02	0.04	0.20
内蒙古巴彦淖尔	<0.01	<0.01	<0.01	<0.01	<0.01	<0.01	<0.01	<0.01	—	<0.01
宁夏银川	0.02	0.12	0.15	<0.01	0.26	0.01	0.14	0.19	—	0.74
甘肃兰州	0.32	0.14	0.10	<0.01	0.08	0.01	0.10	0.11	0.23	0.98
甘肃白银	3.92	1.73	1.25	0.03	0.92	0.07	1.16	1.37	2.79	12.01
甘肃天水	2.08	0.92	0.67	0.02	0.49	0.04	0.62	0.73	—	4.91
甘肃平凉	5.33	2.35	1.70	0.04	1.25	0.09	1.58	1.86	3.79	16.32
甘肃庆阳	10.64	4.69	3.40	0.08	2.49	0.10	3.15	3.71	7.57	32.58
甘肃临夏	1.25	0.51	0.20	0.01	0.14	0.01	0.18	0.21	—	2.32
甘肃甘南	0.60	0.24	0.09	<0.01	0.07	0.01	0.09	0.10	—	1.10
陕西榆林	10.49	5.34	8.66	1.27	7.58	0.24	4.09	4.85	—	38.19
陕西延安	5.28	2.79	4.51	0.66	3.95	0.13	2.13	2.51	3.12	22.82
陕西宝鸡	3.15	1.08	2.32	0.37	1.92	0.06	1.04	1.24	—	10.08
陕西铜川	1.52	0.41	0.85	0.14	0.72	0.02	0.39	0.46	—	4.10
陕西渭南	8.50	2.50	5.26	0.84	4.46	0.14	2.41	2.90	—	24.46
陕西西安	1.11	0.29	0.60	0.10	0.51	0.02	0.27	0.33	—	2.94
陕西咸阳	0.79	0.25	0.52	0.08	0.11	<0.01	0.05	0.28	0.03	2.06
山西长治	0.23	0.14	0.16	0.04	0.22	0.01	0.12	0.14	—	0.93
山西运城	0.58	0.27	0.44	0.11	0.44	0.01	0.24	0.28	—	2.12
山西临汾	0.19	0.35	0.30	0.07	0.57	0.02	0.31	0.36	—	1.84
山西晋中	0.04	0.24	0.28	0.07	0.38	0.01	0.21	0.24	—	1.25
山西晋城	0.13	0.04	0.05	0.01	0.07	<0.01	0.04	0.05	—	0.35
山西吕梁	0.71	0.35	0.28	0.05	0.56	0.02	0.30	0.35	—	2.30
山西朔州	0.07	0.04	0.04	0.01	0.06	<0.01	0.03	0.04	0.07	0.33
山西太原	0.37	0.13	0.11	0.03	0.43	0.01	0.24	0.13	—	1.20

（续）

市级区域	涵养水源 (亿元/年)	保育土壤 (亿元/年)	固碳释氧 (亿元/年)	林木积累营养物质 (亿元/年)	净化大气环境			生物多样性保护 (亿元/年)	森林防护 (亿元/年)	总价值量 (亿元/年)
					总计 (亿元/年)	吸滞TSP (亿元/年)	吸滞PM$_{2.5}$ (亿元/年)			
山西忻州	0.37	0.16	0.14	0.03	0.26	0.01	0.14	0.16	0.67	1.79
河南郑州	0.91	0.26	0.17	0.02	0.33	0.01	0.18	0.20	0.02	1.91
河南开封	0.17	0.05	0.03	<0.01	0.06	<0.01	0.03	0.04	0.07	0.42
河南洛阳	1.42	1.84	0.86	0.10	2.34	0.08	1.27	1.43	0.15	8.14
河南濮阳	0.06	0.09	0.06	0.01	0.12	<0.01	0.06	0.07	0.13	0.54
河南焦作	0.96	0.21	0.13	0.02	0.26	0.01	0.14	0.16	0.02	1.76
河南三门峡	1.36	1.34	0.90	0.11	1.69	0.06	0.90	0.42	—	5.82
河南济源	1.73	0.44	0.27	0.04	0.55	0.02	0.30	0.33	0.57	3.93
河南新乡	1.64	0.49	0.26	0.03	0.62	0.02	0.33	0.39	0.59	4.02
合计	66.17	29.87	34.85	4.39	34.02	1.33	22.30	25.71	19.87	214.88

注：退耕还林工程中没有营造经济林的市级区域没有在表中出现。

4.3.3 灌木林生态效益

（1）**物质量**　长江、黄河流域中上游灌木林涵养水源总物质量为37.11亿立方米/年；固土总物质量为6502.32万吨/年，固定土壤氮、磷、钾和有机质物质量分别为14.83万吨/年、3.69万吨/年、106.70万吨/年和91.77万吨/年；固碳总物质量为320.12万吨/年，释氧总物质量为680.93万吨/年；林木积累氮、磷和钾物质量分别为5.82万吨/年、0.39万吨/年和3.35万吨/年；提供负离子总物质量为449.30×10^{22}个/年，吸收污染物总物质量为34.38万吨/年，滞尘总物质量为3639.24万吨/年（其中，吸滞TSP和PM$_{2.5}$总物质量分别为2911.38万吨/年和145.55万吨/年）；防风固沙总物质量为6642.04万吨/年（表4-25和表4-26）。

长江流域中上游灌木林涵养水源物质量为8.50亿立方米/年；固土物质量为1080.30万吨/年，固定土壤氮、磷、钾和有机质物质量分别为3.17万吨/年、0.78万吨/年、13.63万吨/年和24.78万吨/年；固碳物质量为39.34万吨/年，释氧物质量为82.38万吨/年；林木积累氮、磷和钾物质量分别为0.36万吨/年、0.06万吨/年和0.15万吨/年；提供负离子物质量为63.61×10^{22}个/年，吸收污染物物质量为4.34万吨/年，滞尘物质量为518.44万吨/年（其中，吸滞TSP和PM$_{2.5}$物质量分别为414.74万吨/年和20.73万吨/年）；防风固沙物质量为4.21万吨/年（表4-25）。

　　黄河流域中上游灌木林涵养水源物质量为28.61亿立方米/年；固土物质量为5422.02万吨/年，固定土壤氮、磷、钾和有机质物质量分别为11.66万吨/年、2.91万吨/年、93.07万吨/年和66.99万吨/年；固碳物质量为280.78万吨/年，释氧物质量为598.55万吨/年；林木积累氮、磷和钾物质量分别为5.45万吨/年、0.33万吨/年和3.20万吨/年；提供负离子物质量为385.69×10^{22}个/年，吸收污染物物质量为30.05万吨/年，滞尘物质量为3120.80万吨/年（其中，吸滞TSP和$PM_{2.5}$物质量分别为2496.64万吨/年和124.82万吨/年）；防风固沙物质量为6637.83万吨/年（表4-26）。

　　（2）价值量　长江、黄河流域中上游灌木林生态效益总价值量为1259.66亿元/年，其中，涵养水源价值量最大，为444.85亿元/年；净化大气环境价值量次之，为190.34亿元/年（其中，吸滞TSP和$PM_{2.5}$价值量分别为6.92亿元/年和118.11亿元/年）；生物多样性保护价值量居第三，为172.39亿元/年；保育土壤和森林防护价值量分别为146.58亿元/年和153.56亿元/年；固碳释氧价值量为134.81亿元/年；林木积累营养物质价值量最小，为17.13亿元/年（表4-27和表4-28）。

　　长江流域中上游灌木林生态效益总价值量为201.75亿元/年，其中，涵养水源价值量为101.87亿元/年，生物多样性保护价值量为39.24亿元/年，保育土壤价值量为25.24亿元/年，净化大气环境价值量为17.87亿元/年（其中，吸滞TSP和$PM_{2.5}$价值量分别为0.95亿元/年和16.52元/年），固碳释氧价值量为16.39亿元/年，林木积累营养物质价值量为1.08亿元/年，森林防护价值量为0.06亿元/年（表4-27）。

　　黄河流域中上游灌木林生态效益总价值量为1057.91亿元/年，其中，涵养水源价值量为342.98亿元/年，净化大气环境价值量为172.47亿元/年（其中，吸滞TSP和$PM_{2.5}$价值量分别为5.97亿元/年和101.59亿元/年），森林防护价值量为153.50亿元/年，生物多样性保护价值量为133.15亿元/年，保育土壤价值量为121.34亿元/年，固碳释氧价值量为118.42亿元/年，林木积累营养物质价值量为16.05亿元/年（表4-28）。

表4-25　长江流域中上游退耕还林灌木林生态效益物质质量

市级区域	涵养水源 (亿立方米/年)	保育土壤					固碳释氧		林木积累营养物质			净化大气环境					森林防护
		固土 (万吨/年)	氮 (万吨/年)	磷 (万吨/年)	钾 (万吨/年)	有机质 (万吨/年)	固碳 (万吨/年)	释氧 (万吨/年)	氮 (百吨/年)	磷 (百吨/年)	钾 (百吨/年)	提供负离子 (×10²²个/年)	吸收污染物 (万千克/年)	滞尘 (万吨/年)	吸滞TSP (万吨/年)	吸滞PM$_{2.5}$ (万吨/年)	防风固沙 (万吨/年)
甘肃陇南	0.36	34.36	0.41	0.15	0.03	0.73	1.66	3.53	3.53	0.29	2.06	5.51	189.54	19.47	15.58	0.78	—
陕西汉中	0.22	14.17	0.03	0.01	0.27	0.37	0.98	2.04	1.95	0.04	0.44	1.02	104.15	10.83	8.66	0.43	—
陕西安康	0.02	1.86	<0.01	<0.01	0.04	0.05	0.13	0.27	0.27	0.01	0.06	0.11	13.68	1.42	1.14	0.06	4.21
陕西商洛	0.08	8.11	0.02	0.01	0.16	0.22	0.56	1.17	1.16	0.02	0.26	0.47	59.64	6.20	4.96	0.25	—
贵州贵阳	0.01	1.62	<0.01	<0.01	0.01	0.04	0.09	0.19	0.07	0.01	0.06	0.09	8.78	0.93	0.74	0.04	—
贵州遵义	0.11	12.57	0.01	0.01	0.09	0.31	0.71	1.44	0.52	0.06	0.49	3.80	74.91	8.33	6.66	0.33	—
贵州安顺	0.08	17.04	0.02	0.01	0.12	0.40	0.87	1.79	0.58	0.06	0.54	1.70	93.17	10.32	8.26	0.41	—
贵州铜仁	0.14	15.37	0.02	0.01	0.11	0.37	0.82	1.68	0.66	0.07	0.62	2.14	80.73	8.81	7.05	0.35	—
贵州毕节	0.07	9.16	0.01	0.01	0.06	0.21	0.47	0.96	0.31	0.03	0.29	0.23	50.08	5.10	4.08	0.20	—
贵州六盘水	0.03	3.52	<0.01	<0.01	0.02	0.08	0.18	0.37	0.12	0.01	0.11	0.19	17.89	1.84	1.47	0.07	—
贵州黔东南	0.05	5.65	0.01	<0.01	0.04	0.13	0.30	0.62	0.24	0.03	0.23	0.31	29.85	3.08	2.46	0.12	—
贵州黔南	0.22	28.71	0.03	0.02	0.19	0.67	1.47	3.01	0.97	0.11	0.92	1.92	156.83	15.86	12.69	0.63	—
四川成都	0.04	4.33	<0.01	<0.01	0.07	0.11	0.11	0.22	0.10	0.01	0.01	0.20	9.69	1.18	0.94	0.05	—
四川自贡	0.12	12.58	0.01	0.01	0.19	0.31	0.32	0.64	0.28	0.03	0.03	0.59	28.14	3.43	2.74	0.14	—
四川攀枝花	0.04	19.89	0.02	0.01	0.29	0.47	0.70	1.56	0.63	0.07	0.07	1.05	49.77	5.11	4.09	0.20	—
四川泸州	0.28	31.26	0.03	0.02	0.48	0.78	0.80	1.59	0.70	0.07	0.07	1.47	69.92	8.52	6.82	0.34	—
四川德阳	0.01	1.64	<0.01	<0.01	0.03	0.04	0.04	0.08	0.04	<0.01	<0.01	0.08	3.66	0.45	0.36	0.02	—
四川绵阳	0.03	2.48	<0.01	<0.01	0.04	0.06	0.06	0.13	0.06	0.01	0.01	0.12	5.55	0.68	0.54	0.03	—

(续)

| 市级区域 | 涵养水源 (亿立方米/年) | 保育土壤 | | | | | 固碳释氧 | | 林木积累营养物质 | | | 净化大气环境 | | | | | 森林防护 |
		固土 (万吨/年)	氮 (万吨/年)	磷 (万吨/年)	钾 (万吨/年)	有机质 (万吨/年)	固碳 (万吨/年)	释氧 (万吨/年)	氮 (百吨/年)	磷 (百吨/年)	钾 (百吨/年)	提供负离子 (×10²²个/年)	吸收污染物 (万千克/年)	滞尘 (万吨/年)	吸滞TSP (万吨/年)	吸滞PM2.5 (万吨/年)	防风固沙 (万吨/年)
四川广元	0.19	17.51	0.02	0.01	0.27	0.45	0.45	0.89	0.40	0.04	0.04	1.08	39.16	4.77	3.82	0.19	—
四川遂宁	0.08	9.04	0.01	<0.01	0.14	0.23	0.23	0.46	0.20	0.02	0.02	0.43	20.22	2.46	1.97	0.10	—
四川内江	0.21	22.29	0.02	0.01	0.34	0.55	0.57	1.13	0.50	0.05	0.05	1.04	49.86	6.08	4.86	0.24	—
四川乐山	0.25	22.17	0.02	0.01	0.35	0.56	0.56	1.13	0.51	0.05	0.05	1.06	49.59	6.04	4.83	0.24	—
四川南充	0.05	14.92	0.02	0.01	0.23	0.37	0.38	0.76	0.34	0.04	0.04	0.70	33.37	4.07	3.26	0.16	—
四川宜宾	0.01	1.00	<0.01	<0.01	0.02	0.03	0.03	0.05	0.02	<0.01	<0.01	0.05	2.24	0.27	0.22	0.01	—
四川广安	0.22	26.55	0.03	0.01	0.41	0.67	0.68	1.35	0.61	0.06	0.06	1.26	59.37	7.23	5.78	0.29	—
四川达州	0.03	2.41	<0.01	<0.01	0.04	0.06	0.06	0.12	0.06	0.01	0.01	0.11	5.40	0.66	0.53	0.03	—
四川巴中	0.01	1.05	<0.01	<0.01	0.02	0.03	0.03	0.05	0.02	<0.01	<0.01	0.06	2.36	0.29	0.23	0.01	—
四川雅安	0.69	64.25	0.06	0.03	0.90	1.48	1.51	3.03	1.10	0.11	0.11	2.81	359.56	52.76	42.21	2.11	—
四川眉山	0.31	25.41	0.02	0.01	0.37	0.60	0.65	1.29	0.54	0.06	0.06	1.13	56.84	6.93	5.54	0.28	—
四川资阳	0.01	0.64	<0.01	<0.01	0.01	0.01	0.02	0.03	0.01	<0.01	<0.01	0.03	1.43	0.17	0.14	0.01	—
四川阿坝	0.72	115.58	0.11	0.06	1.66	2.72	2.72	5.44	2.02	0.21	0.21	5.21	646.84	94.92	75.94	3.80	—
四川甘孜	0.36	63.12	0.06	0.03	0.93	1.53	1.49	2.97	1.18	0.12	0.12	3.00	353.27	51.84	41.47	2.07	—
四川凉山	0.57	118.58	0.12	0.06	1.76	2.85	4.19	9.28	3.79	0.39	0.39	6.32	296.78	30.48	24.38	1.22	—
重庆	1.79	223.17	1.04	0.12	3.43	5.30	8.17	17.69	6.61	2.66	5.08	7.57	670.91	68.31	54.65	2.73	—
云南曲靖	0.05	1.99	0.02	<0.01	<0.01	0.01	0.14	0.28	0.07	0.01	0.04	0.14	14.25	1.47	1.18	0.06	—
云南迪庆	0.03	2.78	0.04	<0.01	<0.01	0.02	0.18	0.38	0.09	0.02	0.05	0.41	19.89	2.04	1.63	0.08	—
云南大理	0.18	18.90	0.24	0.02	<0.01	0.13	1.29	2.63	0.67	0.13	0.38	2.93	139.18	14.30	11.44	0.57	—

（续）

市级区域	涵养水源(亿立方米/年)	保育土壤					固碳释氧		林木积累营养物质			提供负离子(×10²²个/年)	净化大气环境				森林防护
		固土(万吨/年)	氮(万吨/年)	磷(万吨/年)	钾(万吨/年)	有机质(万吨/年)	固碳(万吨/年)	释氧(万吨/年)	氮(百吨/年)	磷(百吨/年)	钾(百吨/年)		吸收污染物(万千克/年)	滞尘(万吨/年)	吸滞TSP(万吨/年)	吸滞PM$_{2.5}$(万吨/年)	防风固沙(万吨/年)
云南昆明	0.09	9.37	0.12	0.01	<0.01	0.06	0.64	1.29	0.26	0.05	0.15	1.15	62.13	6.38	5.10	0.26	—
云南昭通	0.10	10.14	0.12	0.01	<0.01	0.07	0.71	1.44	0.33	0.07	0.19	0.72	72.70	7.49	5.99	0.30	—
云南丽江	0.14	15.54	0.20	0.01	<0.01	0.10	1.03	2.10	0.53	0.11	0.30	2.32	111.25	11.43	9.14	0.46	—
云南楚雄	0.13	13.16	0.16	0.01	<0.01	0.09	0.89	1.81	0.37	0.07	0.21	1.64	87.25	8.96	7.17	0.36	—
江西抚州	0.19	20.17	0.03	0.02	0.19	0.54	0.84	1.87	1.29	0.13	0.46	0.40	43.63	6.24	4.99	0.25	—
江西南昌	0.01	2.12	<0.01	<0.01	0.02	0.06	0.12	0.27	0.26	0.02	0.07	0.07	6.47	0.70	0.56	0.03	—
江西景德镇	0.01	0.71	<0.01	<0.01	0.01	0.02	0.03	0.07	0.07	0.01	0.02	0.03	1.88	0.23	0.18	0.01	—
江西九江	0.03	12.38	0.02	0.01	0.13	0.35	0.55	1.22	1.09	0.10	0.34	0.44	32.57	4.07	3.26	0.16	—
江西新余	<0.01	0.75	<0.01	<0.01	0.01	0.02	0.03	0.07	0.06	<0.01	0.02	0.03	1.69	0.23	0.18	0.01	—
江西鹰潭	0.01	1.08	<0.01	<0.01	0.01	0.03	0.05	0.11	0.08	0.01	0.03	0.04	2.64	0.35	0.28	0.01	—
江西赣州	0.01	1.52	<0.01	<0.01	0.01	0.04	0.06	0.13	0.07	0.01	0.03	0.05	4.19	0.44	0.35	0.02	—
江西吉安	0.03	6.92	0.01	0.01	0.04	0.18	0.35	0.82	0.40	0.06	0.20	0.13	20.31	2.14	1.71	0.09	—
江西宜春	0.06	8.64	0.01	0.01	0.06	0.22	0.34	0.75	0.34	0.05	0.16	0.18	19.08	2.52	2.02	0.10	—
江西上饶	0.01	1.08	<0.01	<0.01	0.01	0.03	0.04	0.09	0.05	0.01	0.02	0.04	2.88	0.31	0.25	0.01	—
江西萍乡	0.01	1.04	<0.01	<0.01	0.01	0.03	0.04	0.09	0.05	0.01	0.02	0.03	2.23	0.30	0.24	0.01	—
合计	8.50	1080.30	3.17	0.78	13.63	24.78	39.34	82.38	36.17	5.61	15.19	63.61	4337.40	518.44	414.74	20.73	4.21

注：1. 表中固碳为植物固碳与土壤固碳的物质质量总和；吸收污染物是森林吸收二氧化硫、氟化物和氮氧化物的物质质量总和。

2. 退耕还林工程中没有营造灌木林的市级区域没有在表中出现。

表4-26 黄河流域中上游退耕还林灌木林生态效益物质量

市级区域	涵养水源 (亿立方米/年)	保育土壤					固碳释氧		林木积累营养物质			净化大气环境					森林防护
		固土 (万吨/年)	氮 (万吨/年)	磷 (万吨/年)	钾 (万吨/年)	有机质 (万吨/年)	固碳 (万吨/年)	释氧 (万吨/年)	氮 (百吨/年)	磷 (百吨/年)	钾 (百吨/年)	提供负离子 ($\times 10^{22}$个/年)	吸收污染物 (万千克/年)	滞尘 (万吨/年)	吸滞TSP (万吨/年)	吸滞$PM_{2.5}$ (万吨/年)	防风固沙 (万吨/年)
内蒙古呼和浩特	1.35	192.12	0.16	0.08	2.96	1.04	7.31	15.49	15.25	1.02	15.25	6.75	804.05	85.43	68.34	3.42	1.60
内蒙古包头	1.14	179.36	0.15	0.08	2.77	0.97	6.83	14.46	14.26	0.95	14.26	2.80	750.68	79.76	63.81	3.19	146.30
内蒙古乌海	0.06	26.23	0.02	0.01	0.39	0.14	1.24	2.71	2.43	0.16	2.43	0.44	117.23	12.46	9.97	0.50	22.61
内蒙古乌兰察布	5.09	1113.21	0.98	0.48	17.61	6.16	42.37	89.73	90.65	6.04	90.65	40.13	4659.08	495.04	396.03	19.80	1016.01
鄂尔多斯内蒙古	2.84	648.36	0.55	0.27	9.89	3.52	30.56	67.06	61.07	4.07	61.07	11.09	2898.19	307.94	246.35	12.32	789.83
巴彦淖尔内蒙古	1.59	391.45	0.33	0.16	5.98	2.13	18.45	40.49	36.94	2.46	36.94	6.71	1749.81	185.92	148.74	7.44	466.28
宁夏固原	2.44	266.89	0.73	0.10	5.08	5.35	17.12	35.76	27.80	2.52	7.70	36.87	2071.23	210.35	168.28	8.41	—
宁夏石嘴山	<0.01	1.47	<0.01	<0.01	0.03	0.03	0.10	0.21	0.18	0.02	0.05	0.21	12.28	1.25	1.00	0.05	4.17
宁夏吴忠	2.64	471.35	1.34	0.18	9.32	9.82	32.55	68.06	58.06	5.27	16.08	69.02	3926.64	398.78	319.02	15.95	1123.91
宁夏银川	0.10	34.29	0.10	0.01	0.69	0.73	2.37	4.95	4.30	0.39	1.19	5.11	285.67	29.01	23.21	1.16	89.57
甘肃兰州	0.59	104.02	0.42	0.08	2.09	2.73	5.45	11.49	10.43	0.87	6.08	18.09	628.81	64.59	51.67	2.58	194.13
甘肃白银	0.92	161.28	0.66	0.13	3.24	4.23	8.45	17.82	16.17	1.35	9.43	28.05	974.92	100.14	80.11	4.01	300.98
甘肃定西	0.95	167.36	0.68	0.13	3.37	4.39	8.77	18.49	16.78	1.40	9.79	29.10	1011.68	103.92	83.14	4.16	312.33
甘肃天水	0.21	36.20	0.15	0.03	0.73	0.95	1.90	4.00	3.63	0.30	2.12	6.30	218.83	22.48	17.98	0.90	—
甘肃平凉	0.08	13.63	0.06	0.01	0.27	0.36	0.71	1.51	1.37	0.11	0.80	2.37	82.41	8.47	6.78	0.34	25.44
甘肃庆阳	0.62	109.29	0.44	0.08	2.20	2.87	5.73	12.08	10.96	0.91	6.39	19.01	660.64	67.86	54.29	2.71	203.96
甘肃临夏	1.21	114.21	1.37	0.49	0.09	2.43	5.53	11.74	11.72	0.98	6.84	18.31	630.05	64.72	51.78	2.59	—
甘肃甘南	0.26	24.88	0.30	0.11	0.02	0.53	1.21	2.56	2.55	0.21	1.49	3.99	137.25	14.10	11.28	0.56	—
陕西榆林	2.02	369.32	0.64	0.11	6.69	6.02	30.65	66.61	68.82	1.38	15.34	26.31	2792.17	290.35	232.28	11.61	920.35
陕西延安	1.28	241.44	0.43	0.07	4.47	4.02	20.04	43.55	46.03	0.92	10.26	15.36	1825.40	189.82	151.86	7.59	588.50

（续）

市级区域	涵养水源 (亿立方米/年)	保育土壤					固碳释氧		林木积累营养物质			净化大气环境					森林防护
		固土 (万吨/年)	氮 (万吨/年)	磷 (万吨/年)	钾 (万吨/年)	有机质 (万吨/年)	固碳 (万吨/年)	释氧 (万吨/年)	氮 (百吨/年)	磷 (百吨/年)	钾 (百吨/年)	提供负离子 (×10²²个/年)	吸收污染物 (万千克/年)	滞尘 (万吨/年)	吸滞TSP (万吨/年)	吸滞PM₂.₅ (万吨/年)	防风固沙 (万吨/年)
陕西宝鸡	0.03	4.47	0.01	<0.01	0.08	0.12	0.29	0.61	0.75	0.01	0.17	0.25	31.25	3.25	2.60	0.13	9.61
陕西铜川	0.08	10.46	0.02	0.01	0.19	0.27	0.69	1.43	1.71	0.03	0.38	0.64	73.15	7.61	6.09	0.30	131.25
陕西渭南	0.06	8.48	0.02	0.01	0.16	0.23	0.56	1.16	1.45	0.03	0.32	0.44	59.31	6.17	4.94	0.25	17.84
陕西西安	0.03	3.84	0.01	<0.01	0.07	0.10	0.25	0.53	0.64	0.01	0.14	0.25	26.87	2.79	2.23	0.11	8.31
山西长治	0.12	31.63	0.09	0.01	0.67	0.35	1.83	4.06	2.74	0.13	0.31	1.79	163.52	16.66	13.33	0.67	—
山西运城	0.02	7.55	0.02	<0.01	0.16	0.08	0.29	0.58	0.39	0.02	0.04	0.43	39.04	3.98	3.18	0.16	—
山西临汾	<0.01	45.06	0.13	0.02	0.96	0.50	1.93	3.98	2.69	0.13	0.30	2.55	232.95	23.73	18.98	0.95	—
山西晋中	0.01	53.00	0.16	0.02	1.13	0.59	2.47	5.19	3.50	0.16	0.39	1.23	273.97	27.91	22.33	1.12	—
山西晋城	0.09	9.42	0.03	<0.01	0.19	0.10	0.54	1.19	0.73	0.03	0.08	1.46	47.44	4.83	3.86	0.19	—
山西吕梁	0.02	170.42	0.48	0.06	3.43	1.76	6.22	12.41	6.85	0.32	0.77	9.01	821.75	83.71	66.97	3.35	—
山西朔州	1.06	177.00	0.50	0.07	3.59	1.87	6.55	12.94	7.94	0.37	0.89	9.78	891.82	90.84	72.67	3.63	27.19
山西太原	0.45	52.80	0.16	0.02	1.12	0.59	2.14	4.34	2.93	0.14	0.33	2.60	272.94	27.80	22.24	1.11	—
山西忻州	1.18	156.83	0.47	0.06	3.34	1.74	9.08	20.12	13.58	0.63	1.53	8.89	810.70	82.58	66.06	3.30	237.66
河南郑州	0.02	4.87	0.01	<0.01	0.01	0.06	0.12	0.25	0.04	0.02	0.05	0.07	12.86	1.31	1.05	0.05	—
河南三门峡	0.02	11.41	0.02	0.01	0.02	0.10	0.27	0.56	0.08	0.05	0.11	0.16	29.30	2.98	2.38	0.12	—
河南新乡	0.03	8.42	0.02	<0.01	0.02	0.10	0.21	0.43	0.07	0.05	0.10	0.12	22.24	2.26	1.81	0.09	—
合计	28.61	5422.02	11.66	2.91	93.07	66.99	280.78	598.55	545.47	33.47	320.09	385.69	30046.13	3120.80	2496.64	124.82	6637.83

注：1. 表中固碳为植物固碳与土壤固碳的物质质量总和；吸收污染物是森林吸收二氧化硫、氟化物和氮氧化物的物质质量总和。

2. 退耕还林工程中没有营造灌木林的市级区域没有在表中出现。

表4-27 长江流域中上游退耕还林灌木林生态效益价值量

市级区域	涵养水源(亿元/年)	保育土壤(亿元/年)	固碳释氧(亿元/年)	林木积累营养物质(亿元/年)	净化大气环境			生物多样性保护(亿元/年)	森林防护(亿元/年)	总价值量(亿元/年)
					总计(亿元/年)	吸滞TSP(亿元/年)	吸滞PM$_{2.5}$(亿元/年)			
甘肃陇南	4.37	1.62	0.70	0.11	0.50	0.04	0.63	0.74	—	8.04
陕西汉中	2.62	0.36	0.41	0.05	0.65	0.02	0.35	0.42	—	4.51
陕西安康	0.27	0.05	0.05	0.01	0.09	<0.01	0.05	0.06	0.06	0.59
陕西商洛	0.95	0.21	0.23	0.03	0.37	0.01	0.20	0.24	—	2.03
贵州贵阳	0.16	0.03	0.04	<0.01	0.06	<0.01	0.03	0.06	—	0.35
贵州遵义	1.30	0.20	0.29	0.02	0.50	0.02	0.27	0.49	—	2.80
贵州安顺	0.95	0.26	0.36	0.02	0.62	0.02	0.34	0.61	—	2.82
贵州铜仁	1.64	0.24	0.34	0.02	0.53	0.02	0.29	0.57	—	3.34
贵州毕节	0.85	0.14	0.19	0.01	0.31	0.01	0.17	0.33	—	1.83
贵州六盘水	0.39	0.05	0.07	<0.01	0.11	<0.01	0.06	0.13	—	0.75
贵州黔东南	0.60	0.09	0.12	0.01	0.19	0.01	0.10	0.21	—	1.22
贵州黔南	2.60	0.43	0.60	0.03	0.68	0.02	0.26	1.02	—	5.36
四川成都	0.54	0.09	0.04	<0.01	0.03	<0.01	0.04	0.15	—	0.85
四川自贡	1.48	0.25	0.13	0.01	0.09	0.01	0.11	0.45	—	2.41
四川攀枝花	0.47	0.39	0.30	0.02	0.13	0.01	0.17	0.66	—	1.97
四川泸州	3.40	0.63	0.32	0.02	0.22	0.02	0.28	1.11	—	5.70
四川德阳	0.17	0.03	0.02	<0.01	0.01	<0.01	0.01	0.06	—	0.29
四川绵阳	0.31	0.05	0.03	<0.01	0.02	<0.01	0.02	0.09	—	0.50
四川广元	2.26	0.36	0.18	0.01	0.12	0.01	0.16	0.61	—	3.54
四川遂宁	0.97	0.18	0.09	0.01	0.06	<0.01	0.08	0.32	—	1.63
四川内江	2.51	0.45	0.23	0.01	0.16	0.01	0.20	0.80	—	4.16
四川乐山	2.99	0.45	0.23	0.01	0.15	0.01	0.20	0.77	—	4.60
四川南充	0.61	0.30	0.15	0.01	0.10	0.01	0.13	0.53	—	1.70
四川宜宾	0.15	0.02	0.01	<0.01	0.01	<0.01	0.01	0.03	—	0.22
四川广安	2.69	0.54	0.27	0.02	0.18	0.01	0.24	0.93	—	4.63
四川达州	0.32	0.05	0.02	<0.01	0.02	<0.01	0.02	0.08	—	0.49
四川巴中	0.13	0.02	0.01	<0.01	0.01	<0.01	0.01	0.04	—	0.21
四川雅安	8.24	1.20	0.61	0.03	1.33	0.10	1.72	2.11	—	13.52
四川眉山	3.69	0.50	0.26	0.01	0.18	0.01	0.23	0.95	—	5.59
四川资阳	0.07	0.01	0.01	<0.01	<0.01	<0.01	0.01	0.02	—	0.11
四川阿坝	8.67	2.18	1.10	0.06	2.40	0.18	3.09	3.79	—	18.20
四川甘孜	4.28	1.21	0.60	0.03	1.31	0.10	1.69	1.97	—	9.40
四川凉山	6.80	2.31	1.82	0.10	0.79	0.06	0.99	4.63	—	16.45

（续）

市级区域	涵养水源（亿元/年）	保育土壤（亿元/年）	固碳释氧（亿元/年）	林木积累营养物质（亿元/年）	净化大气环境			生物多样性保护（亿元/年）	森林防护（亿元/年）	总价值量（亿元/年）
					总计（亿元/年）	吸滞TSP（亿元/年）	吸滞PM₂.₅（亿元/年）			
重庆	21.47	6.50	3.48	0.25	1.76	0.13	2.23	8.80	—	42.26
云南曲靖	0.58	0.08	0.06	<0.01	0.09	<0.01	0.05	0.10	—	0.91
云南迪庆	0.31	0.11	0.08	<0.01	0.12	<0.01	0.07	0.13	—	0.75
云南大理	2.16	0.73	0.53	0.02	0.86	0.03	0.47	0.93	—	5.23
云南昆明	1.07	0.36	0.26	0.01	0.39	0.01	0.21	0.47	—	2.56
云南昭通	1.22	0.38	0.29	0.01	0.45	0.01	0.24	0.53	—	2.88
云南丽江	1.73	0.61	0.42	0.02	0.69	0.02	0.37	0.75	—	4.22
云南楚雄	1.51	0.51	0.36	0.01	0.54	0.02	0.29	0.65	—	3.58
江西抚州	2.23	0.39	0.37	0.04	0.37	0.01	0.20	0.80	—	4.20
江西南昌	0.09	0.04	0.05	0.01	0.04	<0.01	0.01	0.09	—	0.32
江西景德镇	0.12	0.01	0.01	<0.01	0.01	<0.01	<0.01	0.03	—	0.18
江西九江	0.37	0.25	0.24	0.03	0.24	0.01	0.09	0.49	—	1.62
江西新余	0.02	0.01	0.01	<0.01	0.01	<0.01	0.01	0.03	—	0.08
江西鹰潭	0.14	0.02	0.02	<0.01	0.02	<0.01	0.01	0.05	—	0.25
江西赣州	0.08	0.03	0.03	<0.01	0.03	<0.01	0.01	0.06	—	0.23
江西吉安	0.33	0.12	0.16	0.01	0.13	<0.01	0.07	0.14	—	0.89
江西宜春	0.77	0.15	0.15	0.01	0.15	<0.01	0.03	0.16	—	1.39
江西上饶	0.14	0.02	0.02	<0.01	0.02	<0.01	<0.01	0.02	—	0.22
江西萍乡	0.08	0.02	0.02	<0.01	0.02	<0.01	<0.01	0.03	—	0.17
合计	101.87	25.24	16.39	1.08	17.87	0.95	16.52	39.24	0.06	201.75

注：退耕还林工程中没有营造灌木林的市级区域没有在表中出现。

表4-28 黄河流域中上游退耕还林灌木林生态效益价值量

市级区域	涵养水源（亿元/年）	保育土壤（亿元/年）	固碳释氧（亿元/年）	林木积累营养物质（亿元/年）	净化大气环境			生物多样性保护（亿元/年）	森林防护（亿元/年）	总价值量（亿元/年）
					总计（亿元/年）	吸滞TSP（亿元/年）	吸滞PM₂.₅（亿元/年）			
内蒙古呼和浩特	16.13	3.19	3.07	0.49	5.10	0.16	2.79	4.22	0.04	32.24
内蒙古包头	13.71	2.99	2.87	0.46	4.80	0.15	2.60	4.03	3.52	32.38
内蒙古乌海	0.73	0.43	0.53	0.08	0.75	0.02	0.41	0.49	0.54	3.55
内蒙古乌兰察布	60.98	18.75	17.80	2.89	29.84	0.95	16.14	31.57	24.42	186.25
内蒙古鄂尔多斯	34.04	10.60	13.15	1.95	18.54	0.59	10.04	11.76	18.98	109.02
内蒙古巴彦淖尔	19.05	6.41	7.94	1.18	11.19	0.36	6.06	7.09	11.21	64.07

（续）

市级区域	涵养水源（亿元/年）	保育土壤（亿元/年）	固碳释氧（亿元/年）	林木积累营养物质（亿元/年）	净化大气环境			生物多样性保护（亿元/年）	森林防护（亿元/年）	总价值量（亿元/年）
					总计（亿元/年）	吸滞TSP（亿元/年）	吸滞PM₂.₅（亿元/年）			
宁夏固原	29.23	7.08	7.12	0.79	12.57	0.40	6.86	8.51	—	65.30
宁夏石嘴山	0.05	0.04	0.04	0.01	0.08	<0.01	0.04	0.05	0.10	0.37
宁夏吴忠	31.62	13.05	13.55	1.64	24.08	0.77	13.00	16.09	27.01	127.04
宁夏银川	1.22	0.96	0.99	0.12	1.75	0.06	0.95	1.30	2.15	8.49
甘肃兰州	7.10	3.22	2.28	0.31	1.67	0.12	2.11	2.48	4.67	21.73
甘肃白银	11.01	4.99	3.54	0.48	2.59	0.19	3.26	3.84	7.23	33.68
甘肃定西	11.43	5.18	3.67	0.50	2.69	0.20	3.39	3.99	7.51	34.97
甘肃天水	2.47	1.12	0.79	0.11	0.58	0.04	0.73	0.86	—	5.93
甘肃平凉	0.93	0.42	0.30	0.04	0.22	0.02	0.28	0.32	0.61	2.84
甘肃庆阳	7.46	3.38	2.40	0.33	1.76	0.13	2.21	2.60	4.90	22.83
甘肃临夏	14.54	5.37	2.33	0.35	1.68	0.12	2.11	2.46	—	26.73
甘肃甘南	3.17	1.17	0.51	0.08	0.36	0.03	0.46	0.54	—	5.83
陕西榆林	24.18	8.41	13.08	1.81	17.52	0.56	9.47	9.37	13.81	88.18
陕西延安	15.31	5.57	8.57	1.21	11.45	0.36	6.19	6.67	8.83	57.61
陕西宝鸡	0.32	0.11	0.12	0.02	0.20	0.01	0.11	0.13	0.14	1.04
陕西铜川	0.97	0.26	0.29	0.05	0.46	0.01	0.25	0.30	1.97	4.30
陕西渭南	0.71	0.22	0.23	0.04	0.37	0.01	0.20	0.24	0.27	2.08
陕西西安	0.37	0.10	0.10	0.02	0.17	0.01	0.09	0.11	0.12	0.99
山西长治	1.43	0.83	0.79	0.07	1.00	0.03	0.54	0.64	—	4.76
山西运城	0.22	0.20	0.12	0.01	0.24	0.01	0.13	0.15	—	0.94
山西临汾	0.04	1.18	0.80	0.07	1.43	0.05	0.77	0.91	—	4.43
山西晋中	0.18	1.39	1.03	0.09	1.68	0.05	0.91	1.07	—	5.44
山西晋城	1.10	0.24	0.23	0.02	0.29	0.01	0.16	0.19	—	2.07
山西吕梁	0.20	4.23	2.51	0.18	5.05	0.16	2.73	3.21	—	15.38
山西朔州	12.71	4.43	2.62	0.21	5.48	0.17	2.96	3.48	5.71	34.64
山西太原	5.37	1.39	0.87	0.08	1.68	0.05	0.91	1.07	—	10.46
山西忻州	14.12	4.12	3.93	0.36	4.98	0.16	2.69	3.17	9.76	40.44
河南郑州	0.25	0.06	0.05	<0.01	0.08	<0.01	0.04	0.05	—	0.49
河南三门峡	0.29	0.14	0.11	<0.01	0.08	0.01	<0.01	0.11	—	0.73
河南新乡	0.34	0.11	0.09	<0.01	0.06	<0.01	<0.01	0.08	—	0.68
合计	342.98	121.34	118.42	16.05	172.47	5.97	101.59	133.15	153.50	1057.91

注：退耕还林工程中没有营造灌木林的市级区域没有在表中出现。

第五章

退耕还林工程生态效益特征、成因分析及应用展望

长江、黄河流域中上游是我国最重要的生态功能区，也是我国退耕还林工程的主要区域，退耕还林工程的实施对于改善当地的生态环境问题发挥了极大作用。本章主要对长江、黄河流域中上游退耕还林工程的生态效益特征及其主要影响因素进行了综合分析，并在此基础上对今后退耕还林工程生态效益评估的应用及前景进行了展望。

5.1 退耕还林工程生态效益特征

本次评估表明，退耕还林工程的实施对于从根本上解决长江、黄河流域中上游的水土流失问题，改善流域生态环境，为下游提供有效的生态保障发挥了重要作用。

从评估结果来看，长江、黄河流域中上游退耕还林工程生态效益特征主要体现在以下几个方面：

（1）减少了水土流失 13个长江、黄河中上游流经省份退耕还林工程营造林涵养水源总量达307.31亿立方米/年，相当于三峡水库蓄水深度达137米的库容量，即达到了三峡水库最大库容（393亿立方米）的78.20%。固土总物质量达4.47亿吨/年，约相当于2013年长江流域土壤侵蚀总量（5.55亿吨）（表5-1）的80.54%，约相当于2013年黄河流域土壤侵蚀总量（3.83亿吨）（表5-1）的1.17倍（中国水土保持公报，2013）；

长江、黄河流域中上游退耕还林工程营造林涵养水源量达259.00亿立方米/年，相当于三峡水库蓄水深度达115.5米的库容量，即达到了三峡水库最大库容的65.91%。其中，长江流域中上游退耕还林工程营造林涵养水源量194.91亿立方米/年，达到了丹江口水库最大库容（290.5亿立方米）的67.09%；黄河流域中上游退耕还林工程营造林涵

表5-1　长江、黄河流域土壤侵蚀量

流域	计算面积（万公顷）	多年平均（1950～1995年）		2013年	
		径流量（亿立方米）	侵蚀总量（亿吨）	径流量（亿立方米）	侵蚀总量（亿吨）
长江	14226	7659.10	23.87	6344.72	5.55
黄河	4915	364.70	16.00	304.50	3.83

参考：中国水土保持公报，2013。

养水源量64.09亿立方米/年，达到了丹江口水库最大库容的22.06%。长江、黄河流域中上游退耕还林工程营造林固土物质量达3.89亿吨/年，其中，长江流域中上游退耕还林工程年固土量（2.62亿吨/年）可抵消2013年长江流域土壤年侵蚀总量的47.21%；黄河流域中上游退耕还林工程固土量（1.27亿吨/年）可抵消2013年该流域土壤年侵蚀总量的33.16%。

13个长江、黄河中上游流经省份退耕还林工程营造林涵养水源和保育土壤价值量占其总价值量（10071.50亿元）的45.89%，其中，长江、黄河流域中上游退耕还林工程营造林涵养水源和保育土壤价值量占两大流域中上游退耕还林工程生态效益总价值量的46.03%（图4-24）。由此可见，退耕还林工程在涵养水源、保育土壤方面发挥了生态效益主导功能。

生态效益主导功能

以森林保护为目的，在森林生态系统的众多生态功能中，由于森林经营规划的树种组成、结构特征和所处位置不同而主要发挥的某一项或几项功能称为生态效益主导功能。

（2）增加了土壤肥力　13个长江、黄河中上游流经省份退耕还林工程营造林保肥总量达1524.33万吨/年，相当于2013年我国化肥施用量（5911.90万吨）的25.78%，其中，固定氮、磷、钾量（103.25万吨/年、32.18万吨/年、528.47万吨/年）相当于2013年全国氮、磷、钾肥施用量（2394.20万吨、830.60万吨、627.40万吨）的4.31%、3.87%和84.23%（中国统计年鉴，2014）。

长江、黄河流域中上游退耕还林每年减少土壤氮、磷、钾损失量分别为82.66万吨/年、29.46万吨/年、461.99万吨/年，相当于2013年我国氮、磷、钾肥施用量的3.45%、3.55%和73.64%。其中，长江流域中上游退耕还林工程减少的土壤氮（54.75万吨/年）、磷（23.50万吨/年）、钾（270.45万吨/年）损失量相当于2013年我国氮、磷、钾肥施用量的2.29%、2.83%和43.11%；黄河流域中上游退耕还林工程减少的土壤氮（27.91万吨/年）、磷（5.96万吨/年）、钾（191.54万吨/年）损失量相当于2013年我国氮、磷、钾肥施用量的1.17%、0.72%和30.53%。

（3）**增强了森林碳汇**　13个长江、黄河中上游流经省份退耕还林工程营造林固碳总量达3448.54万吨/年，相当于2013年全国标准煤消费量（375000万吨）所释放碳总量的1.37%。

长江、黄河流域中上游退耕还林工程每年累计固碳2936.70万吨/年，可抵消北京市59.52%能源消耗（7354.20万吨标准煤）（北京市统计局，2014）完全转化排放的二氧化碳量（标准煤与二氧化碳转化系数采用国家发改委推荐值2.46计算）。

（4）**净化了大气环境**　13个长江、黄河中上游流经省份退耕还林工程营造林提供负离子总物质量为6620.86×10^{22}个/年，吸收污染物总物质量为248.33万吨/年，滞尘总物质量为3.22亿吨/年（其中，吸滞TSP 2.58亿吨/年，吸滞$PM_{2.5}$ 1288.69万吨/年）。

长江、黄河流域中上游退耕还林工程营造林提供负离子总物质量为5715.91×10^{22}个/年，吸收污染物214.66万吨/年，滞尘2.82亿吨/年（其中，吸滞TSP 2.26亿吨/年、吸滞$PM_{2.5}$ 1128.04万吨/年）。长江、黄河流域中上游退耕还林工程营造林吸收污染物量远远超过了美国城市森林年污染物清理量（71.1万吨/年）（McDonald *et al.*，2007）。根据Nowak（2006）和Gehrig（2003）的研究结果，美国55个城市乔木和灌木共吸滞$PM_{2.5}$ 16.12万吨，仅为两大流域中上游退耕还林工程年吸滞$PM_{2.5}$量的1.43%。

（5）**提高了生物多样性**　13个长江、黄河中上游流经省份退耕还林工程营造林生物多样性保护价值量达1444.87亿元，占该地区退耕还林工程生态效益总价值量的14.35%。长江、黄河流域中上游退耕还林工程每年创造的生物多样性保护价值达1261.80亿元/年，占退耕还林工程生态效益总价值量的14.84%。其中，长江流域中上游退耕还林工程的生物多样性价值量为917.23亿元/年，占该流域退耕还林工程生态效益总价值量的15.73%。其原因主要是由于该流域的自然条件优越，林木种类更丰富。

（6）**降低了风沙侵蚀**　13个长江、黄河中上游流经省份退耕还林工程营造林防风固沙总物质量为1.79亿吨/年。长江、黄河流域中上游退耕还林工程防风固沙物质量达1.35亿吨/年，其中，黄河流域中上游营造的防风固沙林产生的防风固沙物质量达1.27亿吨/年，占两大流域中上游退耕还林工程防风固沙物质量的94.07%。退耕还林对于降低黄河流域中上游的风沙侵蚀效果尤为显著。

5.2 退耕还林工程生态效益特征成因分析

森林生态效益的发挥不仅取决于森林数量的提高，更依赖于森林质量的改善，而这一切是林业政策、自然环境条件和社会经济发展等多因素相互作用的结果。本节从退耕还林工程资源因素、自然环境因素、社会因素和经济因素等多个方面对退耕还林工程生态效益的影响因素进行分析。

5.2.1 退耕还林工程生态效益影响因素的理论分析

（1）水土保持影响因素分析 退耕还林工程营造林水土保持效果显著的原因：一是森林通过增加地上部分的地表粗糙度以增加径流的入渗时间。具体到不同林种，由于其自身特征、林内结构等因素的影响，对水源的保持作用也不同。由于生态林营造的是乔木，林下覆盖了更厚的枯落物层，有较大的有利于林下植被生长的林间空隙，这些因素都极大地增加了生态林的地表粗糙度，延长了径流的入渗时间，增加了入渗量。而且，乔木林具有更加庞大的地下根系，也会增加径流入渗，影响了径流在土壤中的再分配（Gish *et al.*，1998；Brankey *et al.*，2003）。二是通过地下部分改善土壤的理化性质以增加径流的入渗强度，最终实现对水源的涵养。研究表明森林土壤中众多的大孔隙由植物根系在生长过程中及死亡腐烂后形成（Hursh，1941；Wang and Yin，2002），这些大孔隙使得地表径流在土壤中可以快速迁移（Gish *et al.*，1998），从而加快了土壤的入渗速率。根系的腐解还可以使土壤中的有机质大量增加，从而影响土壤的结构及孔性，有机质对水分的吸收能力比较强，土壤的持水量及有效水含量都会随着有机质含量的增高而增高（康洁，2013）。

长江流域中上游和黄河流域中上游退耕还林工程涵养水源和保育土壤主导功能存在区域差异。生态修复的首要任务是修复植被，黄河流域中上游年均降水量在100～1000毫米，较低的降水量不利于对水分条件要求较高的乔木树种的存活与生长，导致该流域中上游的退耕还林工程营造林中灌木林面积占45%，这使得黄河流域中上游退耕还林工程涵养水源和保育土壤主导功能价值量占该流域中上游退耕还林工程生态效益总价值量的39.02%（图5-1），但仍然是评估的各个指标中占比最大的。长江流域中上游的年均降水量多在1000毫米以上，充足的水分条件可以满足各种林木的生长，且良好的水分条件加快了退耕还林工程的植被恢复速度。这使得长江流域中上游退耕还

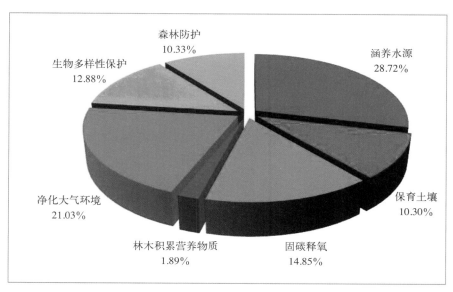

图5-1 黄河流域中上游退耕还林各指标生态效益价值量比例

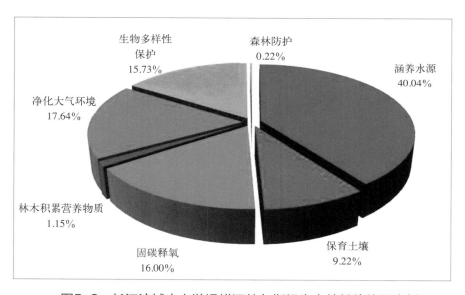

图5-2 长江流域中上游退耕还林各指标生态效益价值量比例

林工程涵养水源和保育土壤主导功能价值量占该流域中上游退耕还林工程生态效益总
价值量的49.26%（图5-2）。

　　（2）**土壤保肥影响因素分析**　　退耕还林工程营造林的保肥功能与土壤侵蚀量的
大小和土壤中的营养物质含量密切相关。在水热条件好、植被覆盖度高的区域，土壤
中的有机质含量也更高，在固持相同土壤量的情况下，能够避免更多的土壤养分流
失。而保育土壤功能主要与植被的地表覆盖度、植被类型、坡度和土壤类型等因子
密切相关（Zhang *et al.*，2008；张晓明等，2005，2006；段庆斌，2009；赵文武等，
2003；余新晓等，2006；江东等，2009）。

（3）**固碳释氧影响因素分析** 森林植被固碳能力受到树种、林种、林龄等的影响（Yang *et al.*，2011；Wang *et al.*，2013，2014）：一是树种决定了土壤中碳储量的变化率，其中针叶林>阔叶林，常绿林<落叶阔叶林。二是退耕还林工程营造林的林种类型会显著影响到土壤有机碳的积累。表层土壤有机碳在造乔木林后增加了68.6%，显著高于灌丛（43.7%）和果园（30.6%）（Song *et al.*，2014）。Deng等人的研究结果表明退耕还林还草对土壤碳储量有着积极的影响，与耕地转化为灌丛或草地相比，耕地转为林地（乔木）碳汇效益增加较缓慢，但是固碳能力更加持久（Deng *et al.*，2014）。三是林龄也会影响退耕还林后土壤碳储量的变化，随着恢复时间的持续，林木不断生长，土壤固碳能力明显增加（Deng *et al.*，2014）。Chen等（2009）通过对云南省退耕还林工程碳库的评估预测表明，在占云南省土地面积2.45%的退耕还林林地，相对于6.24%的全省森林面积，其林地碳库在2050年将达到20世纪90年代云南省全省森林植被碳库的10.82%～12.27%。由此可见，我国退耕还林工程的碳汇效益潜力巨大，这将为增强中国的固碳减排能力作出巨大贡献。

（4）**林木积累营养物质影响因素分析** 林木积累营养物质生态效益的发挥与所栽种林分的净初级生产力密切相关。而植物净初级生产力的大小与地区水热条件和树种组成密切相关。由中国净初级生产力空间分布示意图（高志强等，2008）可以发现，植被净初级生产力南北地区差异较大，地处我国西北的宁夏回族自治区植物净初级生产力明显低于地处东南部的江西省，但在宁夏回族自治区总退耕还林面积大于江西省约10万公顷的情况下，其退耕还林工程营造林林木积累氮、磷、钾的物质量却均小于江西省（图3-6至图3-8）。由此可见，退耕还林工程营造林净初级生产力的差异是引起区域林木积累营养物质差异的主要原因。陈雅敏等人（2012）统计了1993～2011年所发表的98篇涉及我国不同植被净初级生产力数据的代表性论文，得到不同植被类型的NPP表现出较大差异，基本规律为：热带雨林与季雨林>常绿阔叶林>常绿针叶林>混交林>落叶阔叶林>落叶针叶林>灌丛（图5-3）。

（5）**净化大气环境影响因素分析** 植物由于叶片表面的吸滞作用在过滤周围空气中扮演着一个重要的角色，能够有效吸滞和分解空气中的二氧化硫、氮氧化物、氟化物、粉尘等有害物质，并提供负离子等有益物质，起到净化空气、改善大气环境的作用。

森林净化大气环境的作用与树木的叶面积、树冠的构造、叶片表皮毛、化学成分和上叶面的蜡质结构等密切相关。植物吸收颗粒物的能力与光滑的叶片相比，具有粗糙表面结构的阔叶树种叶片，在捕获、截留颗粒物方面具有更好的效果，此外，松柏科的针叶树种具有较厚的表皮蜡质层，在积累颗粒物方面比阔叶树种具有更好的效果（Beckett *et al.*，1998）。而且，松柏类常绿树种在一年内都有累积污染物的潜在能力。总体来说，针叶林单位面积吸滞颗粒物的功能优于阔叶林。针叶林中空气负离子的含量显著高于阔叶林的；除树种特性的自身影响外，由地形地貌不同引起的小气候差异、海拔及林木生命活动强弱等因素也会影响林木的净化大气环境生态效益发挥（吴楚材等，2001）。

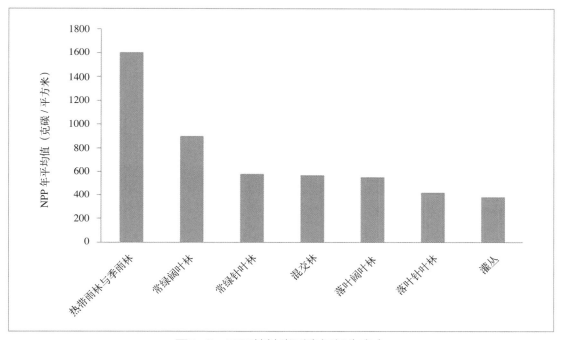

图5-3　不同植被类型净初级生产力

（6）**森林防护影响因素分析**　森林是防风的天然屏障，可通过多种途径对地表土壤形成保护，减少风蚀输沙量（Wolfe and Nickling，1993，1996）。森林防风固沙的作用机理：一是由于森林屏障的阻碍消耗了一部分动力，使森林附近风速降低，这时的气流密度加大，迫使一部分气流由森林上方越过而减弱；二是一部分气流进入森林后，风力消散在林木枝叶的摆动上，风速很快减弱；三是由于乔木、灌木、草本的根系错根盘结，纵横交错，沙地不能移动，从而得以固定；四是由于土壤结皮能够增加土壤稳定性、在防止风蚀方面具有重要的作用（李宁等，2006）。刘军利等（2013）将伊金霍洛旗退耕还林地与未退耕荒地进行了比较分析，结果表明三种退耕还林模式的防风固沙效益显著高于未退耕荒地。

5.2.2　退耕还林工程生态效益与影响因素的灰色关联度分析

退耕还林工程生态效益影响因素的分析表明，退耕还林工程生态效益是多因素综合作用的结果，且各个因素对其影响程度不同。因此，本节采用灰色关联度分析法分析退耕还林工程生态效益特征的关键影响因素。

（1）**指标选择**　为了较为系统地分析长江、黄河两大流域中上游退耕还林工程生态效益的影响因素，借鉴前人的相关研究，考虑到相关数据的可得性、连续性，从资源、环境、经济、社会四个方面选取评价指标，对两大流域中上游退耕还林工程生态效益特征的影响因素进行分析。本次分析选取退耕还林面积和生态林占退耕还林总面积的比例作为影响退耕还林生态效益的资源指标；降水量和温度作为环境指标；农民人均纯收入作为经济指标；林业政策中国家对退耕还林工程的资金投入数量作为社会指标。退耕还林工程生态效益的影响指标见表5-2。

表5-2　退耕还林工程生态效益影响因素指标

一级指标	二级指标	三级指标	单位
资源	面积	退耕还林面积	万公顷
	结构	生态林比例	%
环境	水分	降水量	毫米
	热量	温度（气温）	℃
经济	农村收入水平	农民人均纯收入	元/人
社会	林业政策	国家退耕还林工程投资	亿元

（2）**数据来源**　对于资源、环境、经济、社会各影响因素指标，考虑到自然环境、社会进步和经济发展对退耕还林生态效益影响的滞后性和长期性，在分析中选取相应多年平均数据和累计数据。其中，资源指标数据来自于退耕还林工程资源清查数据集；环境指标数据来自于退耕还林生态连清数据集；经济、社会指标数据均来自相应年份的中国统计年鉴。

（3）**灰色关联度分析**　灰色关联度分析结果如表5-3和表5-4所示。可以看出，各因素对长江中上游主要流经省份和黄河中上游主要流经省份的影响程度不同。表征退耕还林工程资源状况的退耕还林面积和生态林比例与长江中上游主要流经省份退耕还林工程生态效益的关联度系数较高（表5-3）；表征环境状况的降水量和表征社会指标的国家退耕还林工程投资和黄河中上游主要流经省份退耕还林工程生态效益的关联度系数更高（表5-4）。结果表明退耕还林面积和生态林比例对长江中上游主要流经省份退耕还林工程生态效益的影响更大，这是因为长江中上游主要流经省份的降水量大，能够充分满足各类林木的生长发育，退耕还林面积和林种组成是影响退耕还林工程生态效益的决定性因子；降水量和国家退耕还林工程投资对黄河中上游主要流经省份退耕还林工程生态效益的影响更大则是因为黄河中上游主要流经省份的水分条件差，影响了林木的生长，从而使影响植被生长的降水量和国家退耕还林工程投资额度成为其主要影响因素。

表5-3　长江中上游主要流经省份退耕还林生态效益与各影响因素之间的关联度系数

地区	退耕还林面积（万公顷）	生态林比例（%）	降水量（毫米）	温度（℃）	农民人均纯收入（元/人）	国家退耕还林工程投资（亿元）
四川	0.38	0.91	0.51	1.00	1.00	0.41
重庆	0.47	0.76	1.00	0.62	0.65	0.52
贵州	0.91	0.52	0.72	0.50	0.72	0.46
云南	0.81	1.00	0.79	0.48	0.74	0.89
湖北	1.00	0.57	0.62	0.46	0.44	0.65
湖南	0.62	0.63	0.68	0.57	0.52	0.95
江西	0.84	0.45	0.39	0.38	0.39	0.72
平均	0.72	0.69	0.67	0.57	0.64	0.66

表5-4　黄河中上游主要流经省份退耕还林生态效益与各影响因素之间的关联度系数

地区	退耕还林面积（万公顷）	生态林比例（%）	降水量（毫米）	温度（℃）	农民人均纯收入（元/人）	国家退耕还林工程投资（亿元）
内蒙古	1.00	0.37	0.45	0.45	0.59	0.55
宁夏	0.39	1.00	1.00	0.61	0.34	0.98
陕西	0.96	0.67	0.91	0.94	0.59	0.65
山西	0.33	0.56	0.92	0.75	1.00	0.87
河南	0.72	0.35	0.44	0.42	0.47	0.68
甘肃	0.43	0.93	0.62	0.66	0.53	0.75
平均	0.64	0.65	0.72	0.64	0.59	0.74

5.3 退耕还林工程生态效益评估的应用

　　本报告系统评估了13个长江、黄河中上游流经省份及长江流域中上游和黄河流域中上游退耕还林工程的生态效益。此次退耕还林工程生态效益评估在评估指标上涵盖面更广，根据评估区域存在的主要生态环境问题和当前人们广泛关注的大气环境问题，有针对性地增加了防风固沙指标和吸滞TSP和$PM_{2.5}$指标；在评估对象上，范围更广、目的性更强，涉及13个长江、黄河中上游流经省份，并针对退耕还林工程两大主战场对长江流域中上游和黄河流域中上游的退耕还林工程分别进行了评估；在数据上，对数据源进行了细化和精度修正，使评估结果更加真实。此次退耕还林工程生态效益评估对于前期退耕还林工程建设成效评估、新一轮退耕还林工程的实施、生态效益评估体系的完善乃至全国林业生态工程生态效益定量化补偿都具有重要意义。

　　（1）可以全面评估退耕还林工程建设生态成效　退耕还林工程在长江流域中上游和黄河流域中上游实施15年，其退耕还林工程生态建设成效通过此次评估可以得以量化，评估结果显示：

　　13个长江、黄河中上游流经省份退耕还林工程营造林涵养水源总量（307.31亿立方米/年）相当于三峡水库蓄水深度达137米的库容量，即达到了三峡水库最大库容的78.20%，高于2013年黄河流域总径流量（304.50亿立方米）（中国水土保持公报，2013）。

　　固土总物质量（4.47亿吨/年）相当于2013年长江流域土壤侵蚀总量（5.55亿吨）的80.54%，相当于2013年黄河流域土壤侵蚀总量（3.83亿吨）的1.17倍（中国水土保持公报，2013）；保肥总量（1524.33万吨/年）相当于2013年全国化肥施用量（5911.90万吨）的25.78%，其中，固定氮、磷、钾量（103.25万吨/年、32.18万吨/年、528.47万吨/年）相当于2013年全国氮、磷、钾肥施用量（2394.20万吨、830.60万吨、627.40万吨）的4.31%、3.87%和84.23%（中国统计年鉴，2014）。

　　固碳总量（3448.54万吨/年）相当于2013年全国标准煤消费量（375000万吨）所释放碳总量的1.37%。

　　吸收二氧化硫和氮氧化物总量（243.37万吨/年）相当于2013年全国二氧化硫和氮氧化物总排放量（3505.50万吨）的6.94%；滞尘总物质量（32217.40万吨）相当于2013年全国烟（粉）尘排放总量（1278.14万吨）的25.21倍。

防风固沙量（1.79亿吨）相当于2013年长江流域土壤侵蚀总量（5.55亿吨）的32.25%，相当于2013年黄河流域土壤侵蚀总量（3.83亿吨）的46.74%。

13个长江、黄河中上游流经省份退耕还林工程营造林一年创造的生态效益总价值量（10071.50亿元）是截至2013年全国退耕还林工程总投资额度（3541亿元）的2.84倍。

（2）可以推进退耕还林工程生态效益定量化补偿工作 本次退耕还林工程生态效益评估科学真实地反映了长江、黄河中上游流经省份和两大流域中上游退耕还林工程的生态效益差异，针对性强，区域特色明显，有助于生态效益定量补偿制度的实施。第一，由于退耕还林工程生态效益评估结果的数量化为退耕还林工程生态效益定量化补偿提供了基础。第二，退耕还林工程生态效益评估方法在全国范围内的统一，使得区域间的退耕还林工程生态效益具有可比性。根据"谁受益、谁补偿，谁破坏、谁恢复"的原则，对提供生态效益较高的退耕还林工程区提高生态补偿力度，有利于促进生态保护和生态恢复。

（3）可以进一步完善退耕还林工程生态连清体系 本次退耕还林工程生态效益评估从两方面完善了退耕还林工程生态连清体系。第一，本次评估针对退耕还林工程生态效益评估地区的主要生态环境问题及当前人们广泛关注的大气环境问题，在《退耕还林工程生态效益监测国家报告（2013）》的基础上，新增了防风固沙评估指标，并将退耕还林工程营造林"吸滞TSP"和"吸滞PM$_{2.5}$"2个指标从净化大气环境功能中分离出来，进行了单独评估。进一步完善了退耕还林工程生态效益连清体系中的监测评估指标体系。第二，通过本次评估与2013年退耕还林工程生态效益评估相比，随着退耕还林工程生态效益监测站点的增多，评估结果的精准性将会大大提高。可以通过建立以退耕还林工程生态效益监测为目的的森林生态站，以站带点，呈辐射状建立退耕还林工程生态效益专项监测站，进一步完善退耕还林生态连清技术体系，为今后获得更精准的退耕还林工程生态效益评估结果提供基础数据。

（4）可以提供新一轮退耕还林工程顺利实施的理论依据 退耕还林工程生态效益评估结果显示，在过去15年的退耕还林工程中，坡耕地和沙化耕地的退耕还林工程发挥出了较高的生态效益，特别是坡耕地实施退耕还林工程后发挥出的涵养水源和保育土壤功能及沙化耕地实施退耕还林后所发挥出的防风固沙功能显著。然而，尽管退耕还林工程建设取得了明显成效，但从整体来看，水土流失和风沙危害仍是我国最突出的生态问题，全国还有4240万亩的坡耕地和沙化耕地在继续耕种，造成地力衰退、江河淤积和重要水源地涵养水源的能力下降，严重威胁人民群众生产生活和生命财产安全，制约生态文明建设进程和经济社会可持续发展。

为了顺利推进新一轮退耕还林工程的实施，第一，应进一步加大坡耕地，特别是25°以上坡耕地和沙化耕地的退耕还林实施力度，在25°以上坡耕地营造水土保持林，在沙化耕地营造防风固沙林，以发挥退耕还林工程的生态效益主导功能。第二，应在水热条件和土壤条件较好的长江流域以及降水量较高、风力侵蚀较低的黄河流域地区栽植乔木树种组成的生态林；在干旱少雨、风沙侵蚀严重的黄河流域地区加大灌木林的营造面积，以充分发挥退耕还林营造林的生态效益；在水热条件好的贫困地区，可以营造经济林以促进地方经济发展。第三，应加大退耕还林工程的投资力度。我国现有的1.39亿亩退耕还林土地，90%以上是生态林。从2013年开始，退耕还林补贴政策将陆续到期。在自然条件相对恶劣的黄河流域，地方经济落后，巩固退耕成果较难。国家应加大退耕还林工程投资力度，在确保新一轮退耕还林顺利实施的前提下，对以往的退耕还林工程营造林给予适当补偿，以确保其生态效益的可持续发挥。

（5）**可以为退耕还林工程生态效益监测站点的建设提供科学依据**　通过本次评估与第一次退耕还林工程生态效益评估发现，随着退耕还林工程生态效益监测站点的增多，评估结果的精准性将会大大提高。因此，建议增加退耕还林工程生态效益监测站点的数量，建立以退耕还林工程生态效益监测为目的的森林生态站，以站带点，呈辐射状建立退耕还林工程生态效益专项监测点，为下一次获得更精准的退耕还林工程生态效益评估结果提供基础数据。

5.4　退耕还林工程前景展望

（1）**随着时间的推移，退耕还林工程将会发挥出更高的生态效益**　森林在生长发育过程中，在不同林龄阶段，由于林木的生物学和生态学特性及其与周围环境的作用程度不同，所产生的生态效益不同。一般来说随着林龄增加，森林的地表覆盖度越大，林地土壤的理化性质越好，有利于地表水分的入渗，森林生态系统的涵养水源和保育土壤功能越大。在森林生态系统中，蓄积量的增加就意味着生物量的提高，这必然会带来生态效益的提高。成熟林的生物量显著高于幼龄林和中龄林。目前退耕还林工程新造林多处于幼林龄和中林龄阶段，随着时间的推移，退耕还林工程新造林进入成熟林阶段后将会发挥出更高的生态效益。

（2）**随着新一轮工程的实施，退耕还林的工作重点将会进一步明确**　从监测评估结果看，退耕还林是解决当前我国一些地方，特别是生态区位特别重要的西部地区国土资源利用不当和不充分问题的主要途径。总体来看，水土流失和风沙危害仍是我国最突出的生态问题，全国还有大面积的坡耕地和沙化耕地在继续耕种，严重制约生态文明建设进程和经济社会可持续发展。

习近平总书记在中央财经领导小组第五次会议上强调，要扩大退耕还林、退牧还草，有序实现耕地、河湖休养生息，让河流恢复生命、流域重现生机。李克强在2015年的政府工作报告中提出，2015年新增退耕还林还草1000万亩。十八届三中全会又将稳定和扩大退耕还林范围，作为全面深化改革的336项重点任务之一大力推进。2014年6月下旬，国务院正式批准了《新一轮退耕还林还草总体方案》，提出到2020年将全国具备条件的坡耕地和严重沙化耕地约4240万亩。今后的工作重点应当按照建设生态文明总要求，将西部地区的陡坡耕地，特别是25°以上的坡耕地和重要水源地10°～25°的坡耕地和严重沙化耕地实施退耕还林，以扩大森林面积、优化国土空间利用格局。

（3）随着新一轮工程的政策完善，退耕还林生态效益主导功能将会得到更大发挥　首先，与前一轮退耕还林工程相比，新一轮退耕还林工程的补助方式发生极大改变。退耕还林中央每亩补助1500元（5年计），分3次下达，第一年800元、第三年300元、第五年400元。退耕还草中央每亩补助800元（3年计）。其中，财政专项资金安排现金补助680元，中央预算内投资安排种苗种草费120元；分2次下达，第一年500元，第三年300元。其次，新一轮退耕还林工程不再规定生态林、经济林比例，充分尊重人民群众的意愿。这对于推进任务的落实和成果巩固具有积极作用。但是，从新一轮退耕还林政策导向看，有利于优先选取经济价值更为直接的经济林树种，因此，要重视引导，有必要针对特殊区域营造的纯生态林给予政策扶持和支持。第三，新一轮退耕还林工程主要针对25°以上坡耕地、严重沙化耕地和丹江口库区及三峡库区15°～25°坡耕地实施退耕还林，25°以上坡耕地的水土流失和严重沙化耕地的风沙危害更为严重，在该区域实施的退耕还林也必将发挥出更大的涵养水源、保育土壤和防风固沙功能。

（4）随着监测站点的增多，退耕还林工程生态效益评估结果的精准性将进一步提高　数据源是决定退耕还林工程生态效益评估结果精准的基础。针对退耕还林工程生态效益的专项评估，退耕还林工程生态效益专项监测站点的数量尤显不足。当前，在未设置监测站点的退耕还林林地，用森林生态功能修正系数对来自于其他监测站点同一生态单元同一目标林分类型的实测数据进行修正来获得其生态参数以弥补监测站点的不足。今后，随着退耕还林工程生态效益监测站点的增多，可获得的实测数据越来越多，数据进一步细化，退耕还林生态效益评估结果的精确性也将越来越高，将会为领导的科学决策与工程的精细管理提供更好的服务。

加大退耕还林力度，巩固和扩大退耕还林成果，是我国改善生态和改善民生、顺应广大人民群众期待的迫切需要，对建设生态文明和美丽中国具有重大的现实意义和深远的历史意义。退耕还林工程生态效益监测评估的开展，对推进各级林业部门更好地服务生态文明建设产生积极的促进作用，必将对提升退耕还林工程建设和管理水平，特别是更好地落实生态林业和民生林业建设的各项要求，提供有力的支撑和保障。

参考文献

Beckett K P, Freer-Smith P H, Taylor G. 1998. Urban woodlands: their role in reducing the effects of particulate pollution [J]. Environmental Pollution, 99: 347–360.

Beckett K P, Freer-Smith P H, Taylor G. 2000. Particulate pollution capture by urban trees: effects of species and windspeed [J]. Global Change Biology, 6: 995–1003.

Brankey H, Hutson J, Tyerman S D. 2003. Floodwater infiltration through root channels on a sodic clay floodplain and the influence on a local tree species Eucalyptus largiflorens[J]. Plant and Soil, 253:275-286.

Chen X G, Zhang X Q, Zhang Y P, et al. 2009. Carbon sequestration potential of the stands under the Grain for Green Program in Yunnan Province, China[J]. Forest Ecology and Management, 258:199–206.

Ciais P, Cramer W, Jarvis P, et al. 2000. Summary for policymakers: Land-use, land use change and forestry. In: Watson R T , Noble I R, Bolin B, et al . (Eds), Land use , land_use change, and forestry, A special report of the IPCC[M] .Cambridge University Press, 23-51.

Deng L, Liu G B, Shangguan Z P. 2014. Land-use conversion and changing soil carbon stocks in China's 'Grain-for-Green' Program: a synthesis[J]. Global Change Biology. 20(11):3544-3556.

Dzierżanowski K, Popek R, Gawronska H, et al. 2011. Deposition of particulate matter of different size fractions on leaf surfaces and in waxes of urban forest species [J]. International Journal of Phytoremediation, 13:1037–1046.

Fang J Y, Chen A P, Peng C H, et al. 2001. Changes in forest biomass carbon storage in China between 1949 and 1998[J]. Science, 292: 2320-2322.

Fowler D, Cape J N, Unsworth M H. 1989. Deposition of atmospheric pollutants on forests [J]. Philosophical Transactions of the Royal Society of London Series B-Biological Sciences, 324: 247-265.

Gehrig R, Buchmann B. 2003. Characterising seasonal variations and spatial distribution of ambient PM_{10} and $PM_{2.5}$ concentrations based on long-term Swiss monitoring data[J]. Atmospheric Environment, (37): 2571-2580.

Gish T J, Rawls W J. 1998. Impact of roots on ground water quality[J]. Plant and Soil, 200:47-54.

Hang Y B, Cao N, Xu X H, et al. 2014. Relationship between soil and water conservation practices and soil conditions in Low Mountain and Hilly Region of Northeast China[J]. Chinese Geographical Science, 24(2):147-162.

Hursh H. 1941. Soil profile characteristics pertinent to hydrologic study in the Southern Appalachian as attalachians[J]. Soil Science, 6: 414-422.

IPCC. 2003. Good practice guidance for land use, land-use change and forestry [J]. The Institute for Global Environmental Strategies (IGES).

Jouraeva V A , Johnson D L, Hassett J P, et al. 2002. Differences in accumulation of PAHs and metals on the leaves of *Tilia xeuchlora* and *Pyrus calleryana* [J]. Environmental Pollution, 120: 331–338.

Kaupp H, Blumenstock M, and McLachlan MS. 2000. Retention and mobility of atmospheric particle accociated organic pollutant PCDD/Fs and PAHs on maize leaves [J]. New. Phytol. 148: 473–480.

Liu J G, Li S X, Ouyang Z Y, et al. 2008. Ecological and socioeconomic effects of China's policies for ecosystem services[J]. PNAS, 105(28): 9477-9482.

Lu Y H, Fu B J, Feng X M, et al. 2012. A Policy-driven large scale ecological restoration: quantifying ecosystem services changes in the Loess Plateau of China [J]. PLoS ONE 7(2): e31782.

McDonald A G, Bealey W J, Fowler D, et al. 2007. Quantifying the effect of urban tree planting on concentrations and depositions of PM_{10} in two UK conurbations [J]. Atmospheric Environment, 41(38): 8455-8467.

McTainsh G H, Lynch A W, Tew s E K. 1998. Climate controls upon dust storm occurrence in eastern Australia[J]. Journal of Arid Environment s, 39: 457-466.

Niu X, Wang B, Liu S R. 2012. Economical assessment of forest ecosystem services in China: Characteristics and Implications[J]. Ecological Complexity, 11:1-11.

Niu X, Wang B. 2014. Assessment of forest ecosystem services in China: A methodology[J]. Journal of Food, Agriculture & Environment, 11 (3&4): 2249-2254.

Niu X,Wang B, Wei W J. 2013. Chinese Forest Ecosystem Research Network: A platform for observing and studying sustainable forestry[J]. Journal of Food, Agriculture & Environment, 11(2): 1008-1016.

Nowak D J, Crane D E, Stevens J C. 2006. Air pollution removal by urban trees and shrubs in the United States [J]. Urban Forestry & Urban Greening, 4: 115–123.

Papyrakis E, Gerlagh R. 2004. The resource cursehypothesis and its transmission channels [J]. Journal of Comparative Economics, 32:181-193.

Robert G, Brigitte B. 2003. Characterising seasonal variations and spatial distribution of ambient PM_{10} and $PM_{2.5}$ concentrations based on long-term Swiss monitoring data [J]. Atmospheric Environment, 37: 2571–2580.

Song X Z, Peng C H, Zhou G M, et al. 2014. Chinese grain for green program led to highly increased soil organic carbon levels: A meta-analysis[J]. Scientific Reports, Doi: 10.1038/srep 04460.

Wang B, Cui X H, Yang F W. 2004. Chinese Forest Ecosystem Research Network (CFERN) and its development[J]. China E-Publishing, 4: 84-91.

Wang B, Wang D, Niu X. 2013a. Past, present and future forest resources in China and the implications for carbon sequestration dynamics [J]. Journal of Food, Agriculture & Environment, 11(1): 801-806.

Wang B, Wei W J, Liu C J, et al. 2013b. Biomass and carbon stock in Moso Bamboo forests in subtropical China: Characteristics and Implications[J]. Journal of Tropical Forest Science, 25(1): 137-148.

Wang B, Wei W J, Xing Z K, et al. 2012. Biomass carbon pools of *Cunninghamia lanceolata* (Lamb.) Hook. forests in subtropical China: Characteristics and Potential[J].Scandinavian Journal of Forest Research: 1-16.

Wang D L, Yin C Q. 2002. Functions of the root channaels in the soil system[J]. Ecology, 20(5):869-874.

Wang D, Wang B, Niu X. 2014a. Effects of natural forest types on soil carbon fractions in Northeast China [J]. Journal of Tropical Forest Science, 26(3): 362-370.

Wang D, Wang B, Niu X. 2014b. Forest carbon sequestration in China and its benefit [J]. Scandinavian Journal of Forest Research, 29 (1): 51-59.

Wolfe S A, Nickling W G. 1993. The protective role of sparse vegetation in wind erosion[J]. Progress in Physical Geography, 17(1): 50- 68.

Wolfe S A, Nickling W G. 1996. Shear stress partitioning in sparsely vegetated desert canopies[J]. Earth Surface Processes and Landforms, 21: 607- 620.

Xue P P, Wang B, Niu X. 2013. A simplified method for assessing forest health, with application to Chinese fir plantations in Dagang Mountain, Jiangxi, China[J]. Journal of Food, Agriculture & Environment, 11(2):1232-1238.

Yang J, McBride J, Zhou J, et al. 2005. The urban forest in Beijing and its role in air pollution reduction [J]. Urban Forestry & Urban Greening, 3(2): 65-78.

Yang Y H, Luo Y Q, Adrien C F. 2011. Carbon and nitrogen dynamics during forest stand development: a global synthesis [J]. New Phytologist, 190: 977–989.

Yen T M, Lee J S. 2011. Comparing aboveground carbon sequestration between moso bamboo (*Phyllostachys heterocycla*) and China fir (*Cunninghamia lanceolata*) forests based on the allometric model [J]. Forest Ecology and Management, 261(6): 995-1002.

Zhang J H, Su Z A, and Liu G C.2008. Effects of terracing and agroforestry on soil and water loss in hilly areas of the Sichuan basin, China[J]. Journal of Mountain Science, 5: 241-248.

Zhang J J, Fu M C, Zeng H, et al. 2013. Variations in ecosystem service values and local economy in response to land use: A case study of Wu'an, China[J]. Land Degradation & Development, 24: 236-249.

Zhang K, Dang H, Tan S, et al. 2010. Change in soil organic carbon following the 'Grain-for-Green' programme in China [J]. Land Degradation & Development, 21: 13–23.

"中国森林资源核算研究"项目组". 2015. 生态文明制度构建中的中国森林资源核算研究[M]. 北京: 中国林业出版社.

陈国阶, 何锦蜂, 涂建军. 2005. 长江上游生态服务功能区域差异研究[J]. 山地学报, 23(4): 4406-4412.

陈雅敏, 张韦倩, 杨天翔, 等. 2012. 中国不同植被类型净初级生产力变化特征[J]. 复旦学报(自然科学版), 51(3): 377-381.

重庆市人民政府网, http://www.cq.gov.cn/cqgk/ 82826.shtml. 2015-02-21.

段庆斌. 2009. 黄土高原森林植被对径流与侵蚀产沙的影响研究[D]. 北京林业大学.

范建荣, 王念忠, 陈光, 等. 2011. 东北地区水土保持措施因子研究[J]. 中国水土保持科学, 9(3): 75-78.

伏晴艳. 2009. 上海市空气污染排放清单及大气中高浓度细颗粒物的形成机制[D].复旦大学.

高志强, 刘纪远 .2008. 中国植被净生产力的比较研究[J]. 科学通报, 53(3): 317-326.

古丽努尔·沙布尔哈孜, 尹林克, 热合木都拉·阿地拉, 等. 2004a. 塔里木河中下游退耕还林还草综合生态效益评价研究[J]. 水土保持学报, 18(5): 80-83.

古丽努尔·沙布尔哈孜, 尹林克, 热合木都拉·阿地拉, 等. 2004b. 塔里木河中下游退耕还林还草综合生态效益评价研究——以新疆生产建设兵团农二师33团为例[J].干旱区研究, 21(2): 161-165.

贵州省人民政府网. http://info.gzgov.gov.cn /dcgz/index.shtml#.2015-02-21.

国家林业局. 2003. 森林生态系统定位观测指标体系(LY/T 1606-2003). 4-9.

国家林业局. 2004. 国家森林资源连续清查技术规定. 5-51.

国家林业局. 2005. 森林生态系统定位研究站建设技术要求(LY/T 1626-2005). 6-16.

国家林业局. 2007a. 干旱半干旱区森林生态系统定位监测指标体系(LY/T 1688-2007). 3-9.

国家林业局. 2007b. 暖温带森林生态系统定位观测指标体系(LY/T 1689-2007). 3-9.

国家林业局. 2007c. 热带森林生态系统定位观测指标体系(LY/T 1687-2007). 4-10.

国家林业局. 2008a. 国家林业局陆地生态系统定位研究网络中长期发展规划(2008-2020年). 62-63.

国家林业局. 2008b. 寒温带森林生态系统定位观测指标体系(LY/T 1722-2008). 1-8.

国家林业局. 2008c. 森林生态系统服务功能评估规范(LY/T 1721-2008). 3-6.

国家林业局. 2010a. 森林生态系统定位研究站数据管理规范(LY/T 1872-2010). 3-6.

国家林业局. 2010b. 森林生态站数字化建设技术规范(LY/T 1873-2010). 3-7.

国家林业局. 2013. 退耕还林工程生态效益监测评估技术标准与管理规范(办退字[2013]16号). 8-11.

国家林业局. 2014. 中国森林资源报告(2009-2013)[M]. 北京: 中国林业出版社.

国家林业局.2008. 森林生态系统服务功能评估规范(LY/T 1721-2008).3-6.

国家林业局.2011. 森林生态系统长期定位观测方法(LY/T 1952-2011).4-121.

国家林业局.2014.退耕还林工程生态效益监测国家报告(2013) [M].北京:中国林业出版社.

国家林业局《退耕还林工程生态林与经济林认定标准》(林退发[2001] 550号).

国家林业局《退耕还林工程生态林与经济林认定标准》(林退发[2001] 550号).

国家林业局和财政部.2009. 国家级公益林区划界定办法(林资发[2009]214号).

国家林业局和财政部.2013.国家级公益林管理办法(林资发(2013) 71号).

国家统计局. 2014. 中国统计年鉴 [M]. 北京: 中国统计出版社.

河南省人民政府网. http://www.henan.gov.cn/zwgk/system/2013/12/16/ 010441537.shtml. 2015-02-21.

黄东, 李保玉, 于百川, 等. 2009. 2008年退耕还林工程县社会经济效益监测报告[J]. 林业经济, 9: 65-73.

黄玫, 季劲钧, 曹明奎, 等. 2006. 中国区域植被地上与地下生物量模拟[J]. 生态学报,

26(12): 4156-4163.

贾治邦.2009.中国森林资源清查报告——第七次全国森林资源清查[M].北京:中国林业
出版社.

江东, 卢喜平, 蒋光毅, 等. 2009. 降雨因素对紫色土坡地土壤侵蚀影响的试验研究[J]. 西
南大学学报: 自然科学版, 31(1): 140-144.

康洁. 2013.玉米根系分布特征及其对土壤物理特性的影响[D].杨凌:西北农林科技大学.

李蕾. 2004. 西部退耕还林还草效益评价与补偿政策研究 [D]. 北京：中国农业大学.

李宁, 杜子漩, 刘忠阳. 2006. 沙尘暴发生过程中的风速和土壤湿度变化[J]. 自然灾害学
报, 15(6): 28-30.

李世东. 2004. 中国退耕还林研究[M]. 北京: 科学出版社.

李晓明, 梅莹, 牛栋瑜. 2007. 退耕还林工程效益评价与对策建议——以合肥市郊区三县
为例[J]. 林业经济问题, 27(3) : 243-248

林轩. 2007. 退耕还林赢来江河安澜——长江流域及南方地区退耕还林综述[J]. 中国林
业, 9B: 12-13

刘军利, 秦富仓, 岳永杰, 等. 2013. 内蒙古伊金霍洛旗风沙区退耕还林还草生态效益评
价[J]. 水土保持研究, 20(5): 104-107,118.

莫宏伟, 任志远, 王欣. 2006. 植被生态系统防风固沙功能价值动态变化研究—以榆阳区
为例[J]. 干旱区研究, 23(1): 56-59.

牛香,王兵. 2012b. 基于分布式测算方法的福建省森林生态系统服务功能评估[J]. 中国水
土保持科学, 10(2): 36-43.

牛香. 2012a. 森林生态效益分布式测算及其定量化补偿研究——以广东和辽宁省为例
[D]. 北京林业大学.

裴新富, 甘枝茂, 刘啸. 2003. 黄河流域退耕还林有关技术问题研究[J]. 干旱区资源与环
境, 3: 98-102.

齐永红. 2005. 退耕还林工程应重视灌木林的建设[J]. 林业科技, 3: 21-22.

全国绿化委员会,国家林业局.关于开展古树名木普查建档工作的通知(全绿字[2001] 15
号).2-10.

山西省人民政府网.http://www.shanxigov.cn/n16/n8319541/n8319597/n8319777/ 8393537.
Html. 2015-02-21.

陕西省地情网. http://www.sxsdq.cn/sqgk/.2015-02-21.

十八大报告.2012.坚定不移沿着中国特色社会主义道路前进　为全面建成小康社会而奋斗.

十八届三中全会. 2013. 中共中央关于全面深化改革若干重大问题的决定.

石培基, 冯晓淼, 宋先松, 等. 2006. 退耕还林政策实施对退耕者经济纯效益的影响评价——以甘肃 4 个退耕还林试点县为例[J]. 干旱区研究, 23(3): 459-465.

水利部水利建设经济定额站. 2002. 中华人民共和国水利部水利建筑工程预算定额[M]. 北京:黄河水利出版社.

四川省人民政府网. http://www.sc.gov.cn/10462/wza2012/scgk/scgk.shtml. 2015-02-21.

苏志尧. 1999. 植物特有现象的量化[J].华南农业大学学报, 20(1): 92-96.

孙鸿烈. 2000. 中国资源科学百科全书[M]. 北京：中国大百科全书出版社.

陶可. 2012. 森林资源与经济发展水平的关系分析[J]. 企业导报, 11: 5-6.

退耕还林网. http://www.forestry.gov.cn/portal/tghl/s/3815/content-618012.Html. 2015-02-21.

汪松, 解炎. 2004.中国物种红色名录(第一卷:红色目录)[M].北京:高等教育出版社.

王兵, 崔向慧, 杨锋伟. 2004. 中国森林生态系统定位研究网络的建设与发展[J]. 生态学杂志, 23(4): 84-91.

王兵, 崔向慧. 2003. 全球陆地生态系统定位研究网络的发展[J]. 林业科技管理, (2): 15-21.

王兵, 丁访军. 2010. 森林生态系统长期定位观测标准体系构建[J]. 北京林业大学学报, 32(6):141-145.

王兵, 丁访军. 2012.森林生态系统长期定位研究标准体系[M].北京:中国林业出版社.

王兵, 李少宁. 2006. 数字化森林生态站构建技术研究[J]. 林业科学, 42(1):116-121.

王兵, 宋庆丰. 2012. 森林生态系统物种多样性保育价值评估方法[J]. 北京林业大学学报, 34(2): 157-160.

王兵. 2010. 中国森林生态服务功能评估[M].北京:中国林业出版社.

王兵. 2011. 广东省森林生态系统服务功能评估[M]. 北京: 中国林业出版社.

吴楚材, 郑群明, 钟林生. 2001. 森林游憩区空气负离子水平的研究[J]. 林业科学, 37(5): 75-81.

吴永彬. 2010. 广东省人工生态林造林树种选择及生态效益研究[D].华南农业大学.

谢高地, 鲁春霞, 冷允法, 等. 2003. 青藏高原生态资产的价值评估[J].自然资源学报, 18(2):189-196

杨传金,戴前石. 2011. 退耕地还林成果巩固中存在的问题及对策[J].中南林业调查规划, 30(4): 11-14.

杨建波, 王利. 2003. 退耕还林生态效益评价方法[J].中国土地科学, 17(5): 54-58.

杨旭东. 2004.中国西部地区退耕还林工程效益评价及其影响研究 [D]. 北京: 北京林业大学.

杨正礼. 2002. 黄土高原退耕还林方略与植被恢复模式研究[D].中国林业科学研究院.

余新晓, 张晓明, 武思宏, 等. 2006. 黄土区林草植被与降水对坡面径流和侵蚀产沙的影响[J]. 山地学报, 24(1):19-26.

张国宏,郭幕萍,赵海英.2008.近45年山西省降水变化特征[J].干旱区研究, 25 (6):858-862.

张小全, 武曙红, 何英, 等. 2005. 森林、林业活动与温室气体的减排增汇[J]. 林业科学, 41(6): 150-156.

张晓明, 余新晓, 武思宏,等. 2005. 黄土区森林植被对坡面径流和侵蚀产沙的影响[J]. 应用生态学报, 19(9):1613-1617.

张晓明, 余新晓, 武思宏, 等. 2006. 黄土区森林植被对流域径流和输沙的影响[J].中国水土保持科学, 4(3): 48-53.

赵晨曦, 王玉杰, 王云琦, 等. 2013. 细颗粒物(PM$_{2.5}$)与植被关系的研究综述[J]. 生态学杂志, 32(8) : 2203-2210.

赵文昌. 2012. 空气污染对城市居民的健康风险与经济损失的研究[D].上海交通大学.

赵文武, 傅伯杰, 陈利顶. 2003.陕北黄土丘陵沟壑区地形因子与水土流失的相关性分析[J].水土保持学报, 17(5):67-69.

支玲. 2001. 从中外退耕还林背景看我国以粮代赈目标的多样性[J]. 林业经济, (7): 29-31.

中国财经报. 2013. 用"生态GDP"核算美丽中国. http://finance.china.com.cn/roll/20130402/ 1365492.shtml. 2013-04-02.

中国科学院中国植被图编辑委员会.2008.中国植被机器地理格局—中华人民共和国植被图(1:1000000)说明书[M].北京: 地质出版社.

中国绿色时报. 2013. 生态GDP:生态文明评价制度创新的抉择. http://www.gov. cn/gzdt/2013-02/26/ content_2340409.htm. 2013-02-26.

中国绿色时报.2013.一项开创性的里程碑式研究——探寻中国森林生态系统服务功能研究迹.http://www.greentimes.com/green/news/yaowen/zhxw/content/ 2013-02/04/content_211358.htm.2013-02-04.

中国森林生态服务功能评估项目组.2010.中国森林生态服务功能评估[M].北京:中国林业出版社.

中国森林生态系统定位研究网络.2010a.大连市森林生态效益公报.

中国森林生态系统定位研究网络.2010d. 贵州省黔东南州森林生态系统服务功能评估.

中国森林生态系统定位研究网络.2011a. 广东省森林生态系统服务功能及其效益评估.

中国森林生态系统定位研究网络.2011b. 辽宁省森林生态系统服务功能及其效益评估.

中国森林生态系统定位研究网络.2012.吉林省森林生态系统服务功能及其效益评估.

中国森林生态系统定位研究网络.2007.河南省森林生态系统服务功能及其效益评估.

中国森林生态系统定位研究网络.2010b.福建省森林生态服务功能及其价值评估.

中国森林生态系统定位研究网络.2010c. 广西壮族自治区森林生态系统服务功能及其价值评估报告.

中国水利年鉴编辑委员会. 1994. 中国水利年鉴(1993)[M].北京: 中国水利水电出版社.

中国水利年鉴编辑委员会. 1995. 中国水利年鉴(1994)[M].北京: 中国水利水电出版社.

中国水利年鉴编辑委员会. 1996. 中国水利年鉴(1995)[M].北京: 中国水利水电出版社.

中国水利年鉴编辑委员会. 1997. 中国水利年鉴(1996)[M].北京: 中国水利水电出版社.

中国水利年鉴编辑委员会. 1997. 中国水利年鉴(1997)[M].北京: 中国水利水电出版社.

中国水利年鉴编辑委员会. 1998. 中国水利年鉴(1998)[M].北京: 中国水利水电出版社.

中国水利年鉴编辑委员会. 1999. 中国水利年鉴(1999)[M].北京: 中国水利水电出版社.

中国退耕还林网.2014.研究发现退耕还林比还草更能提高土壤碳含量. http://www. forestry.gov.cn/portal/tghl/s/934/content-667129.html.2015-03-01.

中华人民共和国水利部. 2013. 第一次全国水利普查水土保持情况公报.

中华人民共和国卫生部. 2012. 中国卫生统计年鉴(2012) [M]. 北京:中国协和医科大学出版社.

中科院可持续发展战略研究组. 2013. 中国可持续发展战略报告——未来10年的生态文明之路[M]. 北京:科学出版社.

仲伟元,赵星,杨中记,等.2008. 不同整地方式对蓄水保土和光华栗结实的影响[J].山东林业科技, 38(3):39-41.

周红, 张晓珊, 缪杰. 2005.贵州省退耕还林生态效益监测与评价初探[J]. 绿色中国, 3:48-49.

朱红春, 张友顺. 2003. 黄土高原坡耕地生态退耕的植被建设研究[J]. 西北大学学报 (自然科学版), 3: 337-340.

附　录

附件1　名词术语

生态文明：ecological civilization

人类遵循人与自然、社会和谐协调，共同发展的客观规律而获得的物质文明与精神文明成果，是人类物质生产与精神生产高度发展的结晶，是自然生态和人文生态和谐统一的文明形态。

生态系统功能：ecosystem function

生态系统的自然过程和组分直接或间接地提供产品和服务的能力，包括生态系统服务功能和非生态系统服务功能。

生态系统服务：ecosystem service

生态系统中可以直接或间接地为人类提供的各种惠益，生态系统服务建立在生态系统功能的基础之上。

生态系统服务转化率：ecosystem service conversion

生态系统实际所发挥出来的服务功能占潜在服务功能的比率，通常用百分比（%）表示。

退耕还林工程生态效益科学化补偿：ecological benefit compensation in the conversion of cropland to forest program

在政府引导下，政府对实施退耕还林的农民或者其他使用者实施的一种科学化经济补偿，这种补偿既满足农民等基本生活需求，同时保证经济收入不发生明显下降，退耕还林经济补偿额年限应该由退耕后产业结构调整取得显著成效所需的时间来决定。

退耕还林工程生态效益全指标体系连续观测与清查（退耕还林生态连清）：ecological continuous inventory in conversion of cropland to forest program

以生态地理区划为单位，以退耕还林监测站和国家现有森林生态站为依托，采用长期定位观测技术和分布式测算方法，定期对退耕还林工程生态效益进行全指标体系观测与清查，它与国家森林资源和退耕还林资源连续清查耦合，评价一定时期内退耕还林工程生态效益，进一步了解退耕还林的动态变化。

退耕还林工程生态效益监测评估：observation and evaluation of ecological effects of conversion of cropland to forest program

通过定位监测、野外试验等手段，运用森林生态效益评价的原理和方法，通过退耕后林地的生态环境与退耕前农耕地、坡耕地的生态环境发生的变化作对比，对退耕还林工程的净化大气环境、涵养水源、保育土壤、林木积累营养物质、固碳释氧、防风固沙、生物多样性等生态效益进行评估。

退耕还林工程生态效益专项监测站：special observation station of ecological effects of conversion of cropland to forest program

承担退耕还林工程生态效益监测任务的各类野外观测台站。

森林生态功能修正系数（FEF-CC）：forest ecological function correction coefficient

基于森林生物量决定林分的生态质量这一生态学原理，森林生态功能修正系数是指评估林分生物量和实测林分生物量的比值。反映森林生态服务评估区域森林的生态功能状况，还可以通过森林生态质量的变化修正森林生态系统服务的变化。

退耕还林工程三种植被恢复类型：three types of vegetation restoration in conversion of cropland to forest program

在退耕还林工程的实施过程中，根据不同的气候、水文及土壤立地条件，将植被恢复类型划分为退耕地还林、宜林荒山荒地造林和封山育林三种类型。其中，退耕地还林是将生产力低下的农田逐步恢复成有林地；宜林荒山荒地造林是在尚未达到有林地标准的荒山荒地进行人工造林；封山育林是利用森林的天然更新能力，禁止一切人类破坏活动，以恢复森林植被的一种育林方式。

贴现率：discount rate

又称门槛比率，指用于把未来现金收益折合成现在收益的比率。

绿色GDP：green gross domestic product

在现行GDP核算的基础上扣除资源消耗价值和环境退化价值。

生态GDP：ecological gross domestic product

在现行GDP核算的基础上，减去资源消耗价值和环境退化价值，加上生态系统的生态效益，也就是在绿色GDP核算体系的基础上加入生态系统的生态效益。

等效替代法：equivalent substitution approach

是当前生态环境效益经济评价中最普遍采用的一种方法，是生态系统功能物质量向价值量转化的过程中，在保证某评估指标生态功能相同的前提下，将实际的、复杂的生态问题和生态过程转化为等效的、简单的、易于研究的问题和过程，来估算生态系统各项功能价值量的研究和处理方法。

权重当量平衡法：weight parameters equivalent balance approach

生态系统功能价值量评估过程中，当选取某个替代品的价格进行等效替代核算某项评估指标的价值量时，应考虑计算所得的各评估指标价值量在总价值量中所占的权重，使其保持相对平衡。

替代工程法：alternative engineering strategy

又称影子工程法，是一种工程替代的方法，即为了估算某个不可能直接得到的结果的损失项目，假设采用某项实际效果相近但实际上并未进行的工程，以该工程建造成本替代待评估项目的经济损失的方法。

替代市场法：surrogate market approach

研究对象本身没有直接市场交易与市场价格来直接衡量时，寻找具有这些服务的替代品的市场与价格来衡量的方法。

附表1 IPCC推荐使用的木材密度（D）（单位：吨干物质／立方米鲜材积）

气候带	树种组	D	气候带	树种组	D
北方生物带、温带	冷杉	0.40	热带	陆均松	0.46
	云杉	0.40		鸡毛松	0.46
	铁杉柏木	0.42		加勒比松	0.48
	落叶松	0.49		楠木	0.64
	其他松类	0.41		花榈木	0.67
	胡桃	0.53		桃花心木	0.51
	栎类	0.58		橡胶	0.53
	桦	0.51		楝	0.58
	槭树	0.52		椿	0.43
	樱桃	0.49		柠檬桉	0.64
	其他硬阔类	0.53		木麻黄	0.83
	椴	0.43		含笑	0.43
	杨	0.35		杜英	0.40
	柳	0.45		猴欢喜	0.53
	其他软阔类	0.41		银合欢	0.64

引自IPCC（2003）。

附表2　IPCC推荐使用的生物量转换因子（BEF）

编号	a	b	森林类型	R^2	备注
1	0.46	47.50	冷杉、云杉	0.98	针叶树种
2	1.07	10.24	桦	0.70	阔叶树种
3	0.74	3.24	木麻黄	0.95	阔叶树种
4	0.40	22.54	杉木	0.95	针叶树种
5	0.61	46.15	柏木	0.96	针叶树种
6	1.15	8.55	栎类	0.98	阔叶树种
7	0.89	4.55	桉树	0.80	阔叶树种
8	0.61	33.81	落叶松	0.82	针叶树种
9	1.04	8.06	照叶树	0.89	阔叶树种
10	0.81	18.47	针阔混交林	0.99	混交树种
11	0.63	91.00	檫树落叶阔叶混交林	0.86	混交树种
12	0.76	8.31	杂木	0.98	阔叶树种
13	0.59	18.74	华山松	0.91	针叶树种
14	0.52	18.22	红松	0.90	针叶树种
15	0.51	1.05	马尾松、云南松	0.92	针叶树种
16	1.09	2.00	樟子松	0.98	针叶树种
17	0.76	5.09	油松	0.96	针叶树种
18	0.52	33.24	其他松林	0.94	针叶树种
19	0.48	30.60	杨	0.87	阔叶树种
20	0.42	41.33	杉、柳杉、油杉	0.89	针叶树种
21	0.80	0.42	热带雨林	0.87	阔叶树种

引自Fang 等（2001），$BEF=a+b/x$，a、b为常数，x为实测林分的蓄积量。

附表3　各树种组单木生物量模型及参数

序号	公式	树种组	建模样本数	模型参数	
1	$B/V=a(D^2H)^b$	杉木类	50	0.788432	-0.069959
2	$B/V=a(D^2H)^b$	马尾松	51	0.343589	0.058413
3	$B/V=a(D^2H)^b$	南方阔叶类	54	0.889290	-0.013555
4	$B/V=a(D^2H)^b$	红松	23	0.390374	0.017299
5	$B/V=a(D^2H)^b$	云冷杉	51	0.844234	-0.060296
6	$B/V=a(D^2H)^b$	落叶松	99	1.121615	-0.087122
7	$B/V=a(D^2H)^b$	胡桃楸、黄波罗	42	0.920996	-0.064294
8	$B/V=a(D^2H)^b$	硬阔叶类	51	0.834279	-0.017832
9	$B/V=a(D^2H)^b$	软阔叶类	29	0.471235	0.018332

引自李海奎和雷渊才（2010）。

附表4 退耕还林工程生态效益评估社会公共数据表（推荐使用价格）

编号	名称	单位	2014年数值	2013年数值	数值来源及依据
1	水库建设单位库容投资	元/吨	8.79	8.44	根据1993～1999年《中国水利年鉴》平均水库库容造价为2.17元/吨，国家统计局公布的2012年原材料、燃料、动力类价价格指数为3.725，即得到2012年单位库容造价为8.08元/吨，再根据贴现率转换为2013年的现价，即8.44元/吨。
2	水的净化费用	元/吨	3.20	3.07	采用网格法得到2012年全国各大中城市的居民用水价格的平均值，为2.94元/吨，贴现到2013年为3.07元/吨。
3	挖取单位面积土方费用	元/立方米	65.63	63.00	根据2002年黄河水利出版社出版的《中华人民共和国水利部水利建筑工程预算定额》（上册）中人工挖土方Ⅰ类和Ⅱ类土类每土100立方米需42个工时，按2013年每个人工150元/天计算。2013年挖取单位面积土方费用为63元/立方米。
4	磷酸二铵含氮量	%	14.00	14.00	化肥产品说明。
5	磷酸二铵含磷量	%	15.01	15.01	化肥产品说明。
6	氯化钾含钾量	%	50.00	50.00	化肥产品说明。
7	磷酸二铵化肥价格	元/吨	3437.78	3300.00	根据中国化肥网（http://www.fert.cn）2013年春季公布的磷酸二铵和氯化钾化肥平均价格，磷酸二铵为3300元/吨，氯化钾化肥价格
8	氯化钾化肥价格	元/吨	2916.90	2800.00	为2800元/吨；有机质价格根据中国农资网（www.ampcn.com）
9	有机质价格	元/吨	833.40	800.00	2013年鸡类有机肥的春季平均价格得到，为800元/吨。
10	固碳价格	元/吨	1334.48	1281.00	采用欧盟二氧化碳市场得到2006年二氧化碳市场价31欧元/吨，再根据贴现率转换为2013年的现价，即1281元/吨。
11	制造氧气价格	元/吨	1353.31	1299.07	采用中华人民共和国卫生部网站（http://www.nhfpc.gov.cn）2007年春季氧气平均价格（1000元/吨），再根据贴现率转换为2013年的现价，即1299.07元/吨。

（续）

编号	名称	单位	2014年数值	2013年数值	数值来源及依据
12	负离子生产费用	元/10⁻¹⁸个	9.85	9.46	根据企业生产的适用范围30平方米（房间高3米），功率为6瓦，负离子浓度1000000个/立方米，使用寿命为10年，价格每个65元的KLD-2000型负离子发生器和负离子寿命（10分钟）及2013年电费（0.65元/千瓦时）推断获得负离子生产费用为9.46元/10⁻¹⁸个。
13	二氧化硫治理费用	元/千克	1.93	1.85	采用中华人民共和国国家发展和改革委员会等四部委2003年第31号令《排污费征收标准及计算方法》中北京市高硫煤二氧化硫排污费收标准为1.20元/千克，氟化物排污费标准为0.69元/千克，氮氧化物排污费收费标准为0.63元/千克；一般性粉尘排污费收费标准为0.15元/千克。贴现到2013年二氧化硫排污费收费标准为1.85元/千克，氟化物排污费收费标准为1.06元/千克；氮氧化物排污费收费标准为0.97元/千克；一般性粉尘排污费收费标准为0.23元/千克。
14	氟化物治理费用	元/千克	1.10	1.06	
15	氮氧化物治理费用	元/千克	1.01	0.97	
16	降尘清理费用	元/千克	0.24	0.23	
17	工业粉尘排污费收标准	元/吨	240	—	0.23元/千克。
18	由$PM_{2.5}$所造成的健康危害经济损失	元/千克	81.5	—	参考赵文昌2012年研究得到的2009年上海市$PM_{2.5}$造成的健康危害经济损失（72.48亿元）和伏晴艳（2009）统计的2006年上海市$PM_{2.5}$排放总量（11.12万吨），经贴现得到2006年上海市单位质量$PM_{2.5}$造成的健康危害经济损失，最后根据贴现率将现率贴现为2014年的价格。
19	生物多样性保护价值	元/(公顷·年)	—	—	根据Shannon-Wiener指数计算生物多样性保护价值，采用2008年价格参数，即：Shannon-Wiener指数<1时，$S_生$为3000元/(公顷·年)；1≤Shannon-Wiener指数<2，$S_生$为5000元/(公顷·年)；2≤Shannon-Wiener指数<3，$S_生$为10000元/(公顷·年)；3≤Shannon-Wiener指数<4，$S_生$为20000元/(公顷·年)；4≤Shannon-Wiener指数<5，$S_生$为30000元/(公顷·年)；5≤Shannon-Wiener指数<6，$S_生$为40000元/(公顷·年)；指数≥6时，$S_生$为50000元/(公顷·年)。通过贴现率（d）贴现为2013年的价格参数。

注：2014年的价格由2013年的价格通过贴现率贴现所得。